超简单
用DeepSeek+实用AI工具

让Office高效办公飞起来

快学习教育◎编著

北京理工大学出版社
BEIJING INSTITUTE OF TECHNOLOGY PRESS

图书在版编目（CIP）数据

超简单：用DeepSeek+实用AI工具让Office高效办公飞起来 / 快学习教育编著. -- 北京：北京理工大学出版社，2025. 7.

ISBN 978-7-5763-5511-6

Ⅰ. TP317.1-39

中国国家版本馆CIP数据核字第2025C0K534号

责任编辑：江　立　　**文案编辑：**江　立

责任校对：周瑞红　　**责任印制：**施胜娟

出版发行 / 北京理工大学出版社有限责任公司

社　址 / 北京市丰台区四合庄路6号

邮　编 / 100070

电　话 /（010）68944451（大众售后服务热线）

（010）68912824（大众售后服务热线）

网　址 / http://www.bitpress.com.cn

版 印 次 / 2025年7月第1版第1次印刷

印　刷 / 三河市中晟雅豪印务有限公司

开　本 / 889 mm × 1194 mm　1 / 24

印　张 / 10

字　数 / 204千字

定　价 / 79.80元

前言 Preface

人工智能（AI）技术是近年来发展最快的技术之一，它已经悄然渗入了社会的方方面面，并且发挥着越来越重要的作用。在这一背景下，DeepSeek 于 2025 年 1 月正式发布了开源推理模型 DeepSeek-R1。该模型凭借在数学、代码、自然语言推理等任务上的出色表现，使得 DeepSeek 的用户数量呈现爆发式增长。上线仅仅 20 天，其日活跃用户就迅速突破了 2000 万大关；而 DeepSeek App 更是在上线一个月内，累计下载量达到了惊人的 1 亿次，将 AI 技术的应用推向了一个全新的高度。

DeepSeek 的成功让许多职场“打工人”深刻意识到，AI 不再是实验室中可望而不可即的空中楼阁，而是一种可以真真切切地影响和改变自己工作方式的技术力量，被 AI 取代的焦虑感也随之而来。实际上，这种担心是没有必要的。正如历史上每一次技术革命一样，新技术的出现往往会改变工作方式和工作内容，但它们同时也会创造出新的机会和挑战。与其惶恐不安，不如抱着开放和积极的心态去研究和学习 AI，利用它为工作赋能，协助自己在职场上占据先机。

本书就是一本专门为办公人员编写的 AI 工具应用教程，精选了 20 余款实用的 AI 工具，通过精心设计的案例讲解如何运用它们实现高效办公。

第 1 ～ 3 章主要讲解如何在文案相关工作中运用 DeepSeek、通义千问、文心一言、腾讯元宝等文本生成类 AI 工具，又快又好地完成文案的撰写、修改、润色、翻译等。

第 4 章主要介绍辅助 Excel 办公的 AI 工具，用户不需要精通 Excel 的操作和工作表函数，只需要用自然语言下达指令，AI 工具就能完成数据的处理和统计，或者编写复杂的公式。

第 5 章主要介绍辅助演示文稿设计的 AI 工具，它们可以帮助用户将更多的精力聚焦在“想法”和“创意”上，从而制作出更有吸引力、更具说服力的演示文稿。

第 6 章主要讲解如何运用图像生成类 AI 工具高效地完成图像绘制和处理工作，如生成文章配图、绘制商业插画、创作人物图像、处理电商图片等。

第 7 章主要讲解如何运用音视频生成和处理类 AI 工具完成背景音乐创作、文本转语音、生成视频素材、音视频剪辑等工作。

第 8 章主要讲解如何借助 AI 工具进行自然语言编程，来处理更复杂的任务或实现定制化的功能。

第 9 章通过一个综合案例讲解如何融会贯通地应用多个 AI 工具实现高效办公。

本书的适用范围非常广泛，无论您从事的是行政、文秘、财务、人事、广告、营销等传统职业，还是电商运营、自媒体创作、新媒体编辑等新兴职业，都可以从本书获得实用的知识和技能，从而游刃有余地应对各种工作场景中的挑战。此外，AI 技术的爱好者及相关专业的学生和研究人员也可以通过阅读本书了解 AI 技术的应用前景和发展趋势。

由于 AI 技术的更新和升级速度很快，加之编者水平有限，本书难免有不足之处，恳请广大读者批评指正。

编　者

2025 年 5 月

目 录
Contents

第 1 章 认识对话式 AI

第 2 章 用 DeepSeek 让文本飞起来

第 3 章 更多的 AI 文本处理工具

第 4 章　用 AI 工具让 Excel 飞起来

第 5 章　用 AI 工具让 PowerPoint 飞起来

第 6 章 AI 图像的惊艳亮相

第 7 章 AI 影音的创新突破

第 8 章 用 AI 辅助编程为办公加速

第 9 章　AI 工具实战综合应用

第 1 章 认识对话式 AI

随着科技的飞速发展与持续创新，各行各业都在积极探寻新的技术突破点，力求提高生产力和工作效率。对话式 AI 技术，作为人工智能领域的重要分支，正以其独特的魅力和巨大的潜力，逐渐受到各界的广泛关注与高度重视。本章将主要讲解以 DeepSeek 为代表的对话式 AI 的基本使用方法，帮助读者了解对话式 AI 在日常工作中的应用。

1.1 初识 DeepSeek

在探索人工智能的广阔天地时，我们不可避免地会遇到各种创新的对话式 AI 工具。DeepSeek，作为这一领域的新星，正以其独特的魅力和强大的功能吸引着越来越多的关注。本节将带您初步了解 DeepSeek，并探讨以它为代表的对话式 AI 在办公领域中的应用。

1. 从 ChatGPT 到 DeepSeek

在人工智能领域，对话式 AI 正以前所未有的速度改变着我们的工作与生活方式。ChatGPT，作为 OpenAI 推出的一款革命性对话模型，无疑是这一浪潮中的佼佼者。它以强大的自然语言处理能力、广泛的知识覆盖以及流畅的对话体验，迅速在全球范围内赢得了广泛的关注与应用。然而，随着技术的不断进步和应用需求的日益多样化，人们开始探索更多可能，DeepSeek 便是在这样的背景下应运而生。

DeepSeek 是一款旨在超越 ChatGPT，提供更加个性化、高效与智能对话体验的高级对话式 AI 工具。它不仅继承了 ChatGPT 在自然语言理解和生成方面的优势，还通过引入更先进的算法模型、更大的数据训练集以及更精细的调优策略，实现了在特定领域或任务上的深度优化。这意味着 DeepSeek 能够更好地理解用户的意图，提供更加精准、有价值的回答和建议。

2. DeepSeek 的核心之处

为了充分发挥 DeepSeek 的潜力，我们必须深入了解其核心竞争力。DeepSeek 之所以能够在对话式 AI 领域脱颖而出，主要得益于以下三个方面的优势。

（1）深度学习能力。DeepSeek 通过深度学习技术，不断从海量数据中汲取营养，优化其模型结构。这使得它能够准确理解复杂的语言结构和语义关系，无论是日常对话还是专业术语，都能应对自如。

（2）知识图谱整合。DeepSeek 不仅拥有强大的学习能力，还巧妙地整合了知识图谱。这一特性让它能够轻松掌握丰富的知识储备，无论是通用知识还是特定行业的专业知识，都能信手拈来，为用户提供准确、权威的信息。

（3）个性化交互体验。DeepSeek 的一大亮点在于个性化交互体验。它通过分析用户的对话历史、偏好和行为模式，逐步构建出精准的用户画像。这使得 DeepSeek 能够更加贴合用户的需求，提供个性化的对话体验，让每一次交流都充满温度。

3．对话式 AI 在工作中的应用

具体到日常的工作场景，以 DeepSeek 为代表的对话式 AI 可以在以下方面成为工作人员的得力助手：

（1）提供灵感和思路。对话式 AI 可以针对各种指定的话题进行“头脑风暴”，帮助工作人员启发灵感和思路。

（2）命题写作。对话式 AI 可以完成多种体裁文本的写作，包括小说、散文、诗歌、剧本、新闻、评论、应用文等。它尤其擅长写作有一定“套路”的体裁，如工作总结、会议通知、培训计划、活动方案、格式合同、商务邮件、营销文案、自媒体文章等。

（3）文字编辑。对话式 AI 能够纠正文本中的语法错误，对文本进行校对和润色。

（4）总结要点。对话式 AI 能够总结文本的要点或提取文本的关键词，可以用它来自动编写会议纪要、新闻摘要等。

（5）翻译。对话式 AI 是基于大量的多语种语料库训练而来的，所以也具备不错的翻译能力，在准确度和流畅度方面甚至超过了一些专业的机器翻译工具。

（6）提取信息。对话式 AI 的实体识别能力可以用于从文本中提取关键信息，如从地址中提取省份和城市。

（7）工作自动化编程。没有编程基础的工作人员也能在对话式 AI 的帮助下编写脚本或程序来提高工作效率。

以上列举的应用场景只是很小的一部分，工作人员可以尽情地发挥想象力，探索和拓展对话式 AI 的应用领域。

1.2　了解提示词在对话式 AI 中的作用

与 AI 对话时，用户提交的问题实际上有一个专门的名称——提示词（prompt）。它是人工智能和自然语言处理领域中的一个重要概念。提示词的设计可以影响机器学习模型处理和组织信息的方式，从而影响模型的输出。清晰和准确的提示词可以帮助模型生成更准确、更可靠的输出。

1. 提示词设计的基本原则

提示词设计的基本原则没有高深的要求，其与人类之间交流时要遵循的基本原则是一致的，主要有以下 3 个方面。

（1）提示词应没有错别字、标点错误和语法错误。

（2）提示词要简洁、易懂、明确，尽量不使用模棱两可或容易产生歧义的表述。例如，“请写一篇介绍 DeepSeek 的文章，不要太长”是一个不好的提示词，因为其对文章长度的要求过于模糊；“请写一篇介绍 DeepSeek 的文章，不超过 1 000 字”则是一个较好的提示词，因为其明确地指定了文章的长度。

（3）提示词最好包含完整的信息。如果提示词包含的信息不完整，就会导致需要用多轮对话去补充信息或纠正 DeepSeek 的回答方向。提示词要包含的内容并没有特定的规则，一般而言可由 4 个要素组成，具体见表 1-1。

表 1-1

名称	是否必选	含义	示例
指令	是	希望 AI 执行的具体任务	请对以下这篇文章进行改写
背景信息	否	任务的背景信息	读者对象是10岁的孩子
输入数据	否	需要 AI 处理的数据	（原文章的具体内容，从略）
输出要求	否	对 AI 输出内容的具体要求，如类型、格式、字数、写作风格等	改写后的文章不超过500字

2. 提示词设计的常用技巧

在设计提示词时，除了要遵循上述基本原则，还可以使用一些技巧来优化提示词。

（1）用特殊符号分隔指令和输入数据。在翻译、总结要点、提取信息等应用场景中，提示词必然会包含指令和待处理的文本（即输入数据）。为便于 AI 进行区分，可以使用“###”或“"""”将待处理的文本括起来。演示对话如下[①]。

① 以下将用文本形式展示对话的内容，其中代表用户的问题，代表 DeepSeek 的回答。

请从以下文本中提取 3 个关键词：

文本："""

DeepSeek 是一家创新型科技公司，于 2023 年 7 月 17 日正式成立，其创立者为业界知名的量化资产管理巨头—幻方量化。自成立以来，DeepSeek 一直专注于研发前沿的大语言模型（LLM）及其相关技术。值得一提的是，作为大厂之外唯一一家储备有上万张 A100 芯片的公司，幻方量化为 DeepSeek 的技术研发提供了强大的硬件支持。

"""

1. DeepSeek
2. 大语言模型（LLM）
3. A100 芯片

（2）提供示例。有时一些需求难以用简洁的文字准确地表达出来，可以通过提供示例来帮助 DeepSeek 更好地理解需求。演示对话如下。

请从以下地址中提取省份并输出其全称。

例如：重庆渝中区人民路→重庆市

地址："""

广东广州东风中路

新疆喀什市人民东路

"""

广东广州东风中路→广东省

新疆喀什市人民东路→新疆维吾尔自治区

（3）设定角色身份。为了让 AI 以我们期望的方式工作，可以在提示词中为 AI 设定一个角色身份。通常在提示词的开头进行这种设定。演示对话如下。

我需要你扮演一个翻译机器人。我将输入英文的原文，你只需要给出中文的译文，不需要做任何额外的解释。

好的，请输入您要翻译的英文原文。

Today's large language models predict the next series of words based on patterns they have previously seen, including the text input the user provides. In some cases, the next most likely words may not be factually accurate.

现今的大型语言模型基于它们之前所见到的模式预测下一个单词序列，包括用户提供的文本输入。在某些情况下，下一个最可能的单词可能不是事实上准确的。

3. 提示词设计的参考实例

表 1-2 中是一些实用的提示词实例，供读者参考。

表 1-2

职业领域	提示词实例
新闻传媒	请撰写一则新闻，主题是“全市创建文明城市动员大会召开”，不超过 1000 字
行政文秘	×× 公司的 CEO 将在 ×× 会议（行业活动）中发表演讲，请撰写一篇演讲稿
人力资源	请撰写一篇人力资源论文，主要内容包括：企业文化的重要性；企业应如何营造积极和高效的工作环境
人力资源	我需要你扮演一名职业咨询师。我将为你提供寻求职业生涯指导的人的信息，你的任务是帮助他们根据自己的技能、兴趣和经验确定最适合的职业。你还应该研究各种可能的就业选项，解释不同行业的就业市场趋势，并介绍有助于就业的职业资格证书。我的第一个请求是“请为想进入建筑行业的土木工程专业应届毕业生提供求职建议”
广告营销	请撰写一系列社交媒体帖子，突出展示 ×× 公司的产品或服务的特点和优势
广告营销	我需要你扮演广告公司的创意总监。你需要创建一个广告活动来推广指定的产品或服务。你将负责选择目标受众，制定活动的关键信息和口号，选择宣传媒体和渠道，并决定实现目标所需的任何其他活动。我的第一个请求是“请为一个潮流服饰品牌策划一个广告活动”
自媒体	请撰写一个 iPhone 手机开箱视频的脚本，要求使用 B 站热门 up 主的风格，风趣幽默，视频时长约 3 分钟

续表

职业领域	提示词实例
自媒体	请以小红书博主的文章结构撰写一篇重庆旅游的行程安排建议，要求使用 emoji 增加趣味性，并提供段落配图的链接
软件开发	请撰写一篇软件产品需求文档中的功能清单和功能概述，产品是类似拼多多的 App，产品的主要功能有：支持手机号登录和注册；能通过手机号加好友；可在首页浏览商品；有商品详情页；有订单页；有购物车
网站开发	我需要你扮演网站开发和网页设计的技术顾问。我将为你提供网站所属机构的详细信息，你的职责是建议最合适的界面和功能，以增强用户体验，并满足机构的业务目标。你应该运用你在 UX/UI 设计、编程语言、网站开发工具等方面的知识，为项目制定一个全面的计划。我的第一个请求是“请为一家拼图销售商开发一个电子商务网站”
教育培训	我需要你扮演一个人工智能写作导师。我将为你提供需要论文写作指导的学生的信息，你的任务是向学生提供如何使用人工智能工具（如自然语言处理工具）改进其论文的建议。你还应该利用你在写作技巧和修辞方面的知识和经验，针对如何更好地以书面形式表达想法提供建议。我的第一个请求是“请为一名需要修改毕业论文的大学本科学生提供建议”
数据处理	我需要你扮演基于文本的 Excel 软件。你只需要回复给我一个基于文本的、有 8 行的 Excel 工作表，其中行号为数字，列号为字母（A 到 H）。第一列的表头应该为空，以便引用行号。我会告诉你要在哪些单元格中写入什么内容，你只需要基于文本回复 Excel 工作表的结果，不需要做任何解释。我会给你公式，你需要执行这些公式，然后基于文本回复 Excel 工作表的结果。首先，请回复一个空白的 Excel 工作表

1.3　与 DeepSeek 进行对话

了解提示词的写作原则和技巧后，就可以编写提示词与 DeepSeek 进行对话。与 DeepSeek 的所有对话记录都会保存在当前浏览器的本地缓存中，用户可以随时浏览对话内容或继续进行对话。

实战演练 与 DeepSeek 进行对话并管理对话记录

本案例将让 DeepSeek 撰写情人节咖啡店的促销方案，以此来演示如何与 DeepSeek 进行对话并管理对话记录。

步骤01 **打开官网**。在网页浏览器中打开网址 https://www.deepseek.com/，单击页面中的“开始对话”按钮，如图 1-1 所示。

图 1-1

步骤02 **输入手机号码获取验证码**。初次使用 DeepSeek 需要先注册并登录。❶输入作为账号的手机号码，❷单击“发送验证码”按钮，如图 1-2 所示。❸在弹出的窗口中根据提示单击图中最小的黄色长方体，如图 1-3 所示。

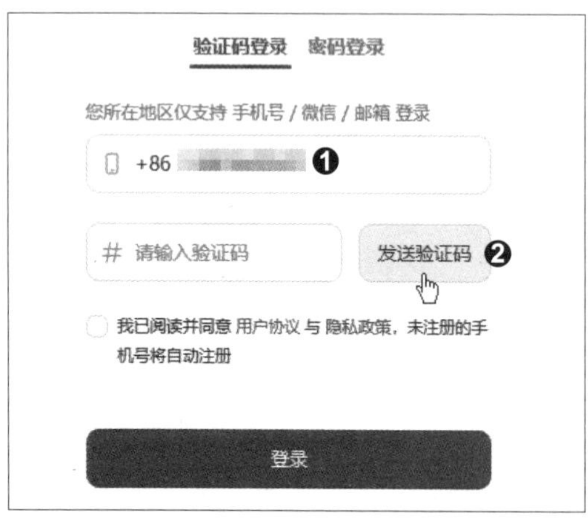

图 1-2

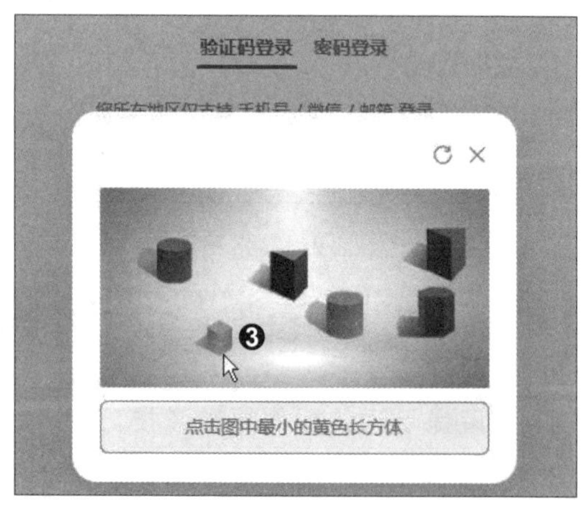

图 1-3

步骤03　**输入验证码登录 DeepSeek**。随后 DeepSeek 会向步骤 02 中输入的手机号码发送一条包含验证码的短信，❶输入短信中获取的 6 位数验证码，❷勾选下方的“我已阅读并同意用户协议与隐私政策，未注册的手机号将自动注册”复选框，❸然后单击“登录”按钮，如图 1-4 所示，即可完成注册。

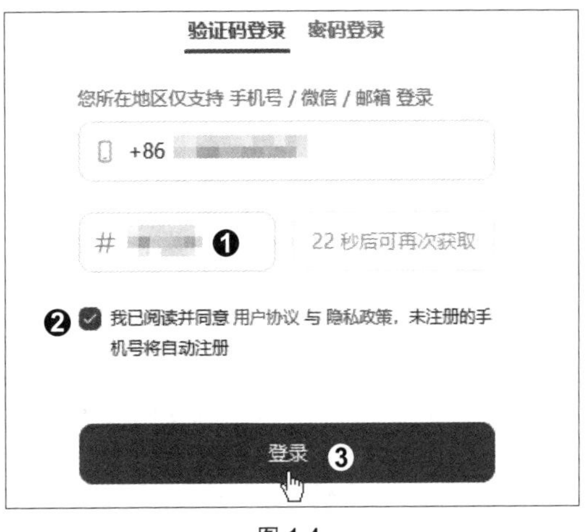

图 1-4

提　示

除了使用手机号码进行注册登录外，DeepSeek 还支持使用微信账号或邮箱进行注册登录。

步骤04　**输入问题**。完成注册后，将会自动登录，进入 DeepSeek 的首页。❶在页面的文本框中输入要让 DeepSeek 回答的问题，❷再单击右侧的 ⬆ 按钮或按〈Enter〉键提交问题，如图 1-5 所示。

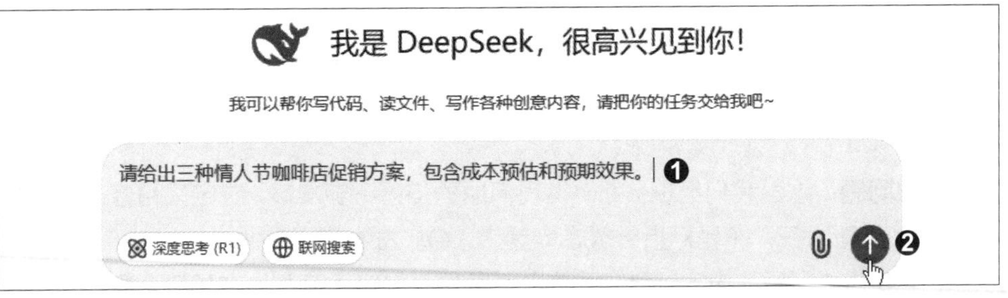

图 1-5

提　示

在输入问题时，如果需要换行，可以按〈Shift+Enter〉组合键。

步骤05　**查看回答**。等待一会儿，页面中将以“一问一答”的形式依次显示用户输入的问题和 DeepSeek 给出的回答，如图 1-6 所示。

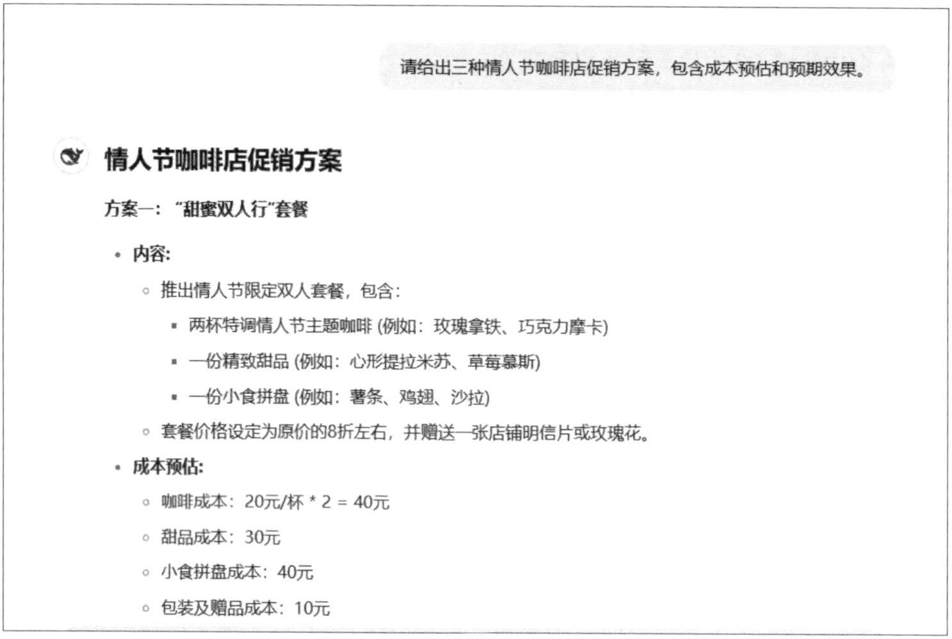

请给出三种情人节咖啡店促销方案，包含成本预估和预期效果。

情人节咖啡店促销方案

方案一："甜蜜双人行"套餐

- **内容:**
  - 推出情人节限定双人套餐，包含:
    - 两杯特调情人节主题咖啡 (例如：玫瑰拿铁、巧克力摩卡)
    - 一份精致甜品 (例如：心形提拉米苏、草莓慕斯)
    - 一份小食拼盘 (例如：薯条、鸡翅、沙拉)
  - 套餐价格设定为原价的8折左右，并赠送一张店铺明信片或玫瑰花。
- **成本预估:**
  - 咖啡成本：20元/杯 * 2 = 40元
  - 甜品成本：30元
  - 小食拼盘成本：40元
  - 包装及赠品成本：10元

图 1-6

提　示

当 DeepSeek 的回答质量不高或不符合要求时，可以让它重新回答。如果不需要更改问题的描述，可以单击回答内容下方的“重新生成”按钮；如果需要更改问题的描述，让其更具体、更准确，可以进行追问（即在文本框中输入修改后的问题），也可以直接修改问题。

步骤 06　**修改问题**。这里我们经过分析，发现问题的描述不够准确，决定采用修改问题的方式让 DeepSeek 重新回答。将鼠标指针放在问题上，❶单击右侧浮现的“编辑消息”按钮，进入编辑状态，❷修改问题的内容，❸然后单击“发送”按钮保存并提交更改，❹ DeepSeek 就会根据修改后的问题重新生成回答，如图 1-7 所示。

步骤 07　**更改对话记录标题**。在完成回答后，界面的左侧边栏中会出现此次对话的记录，对话记录的标题是根据对话的内容自动生成的。如果要修改对话记录的标题，将鼠标移至标题位置，❶单击标题右侧的 ⋯ 按钮，❷在展开的列表中单击“重命名”选项，如图 1-8 所示，❸然后输入新的标题，按〈Enter〉键确认修改，如图 1-9 所示。

方案名称	活动内容	成本预估	预期效果
1. 情侣套餐优惠	推出情人节限定情侣套餐，包含两杯特调咖啡和一份甜点，价格优惠20%。	食材成本：每套约30元	吸引情侣顾客，提升客单价，预计销量增加30%。
2. 买一送一活动	活动期间，顾客购买任意一杯咖啡，可免费获得第二杯（限同款或指定款）。	食材成本：每杯约15元	增加客流量，提升品牌曝光度，预计销量增加50%。
3. 情人节抽奖活动	顾客消费满100元可参与抽奖，奖品包括免费咖啡券、甜点券、情人节限定礼品等。	奖品成本：约1000元	提高顾客消费意愿，增加单笔消费金额，预计活动期间营业额提升20%。

图 1-7

图 1-8

图 1-9

步骤08 **删除记录和开启新对话**。如果要删除对话记录，❶单击标题右侧的⋯按钮，❷在展开的菜单中单击“删除”选项，如图 1-10 所示。❸如果要开启新的对话，则单击“开启新对话”按钮，如图 1-11 所示。

图 1-10

图 1-11

实战演练 与 DeepSeek 进行多轮交流

与其他对话式 AI 相似，DeepSeek 也具有一定的记忆上下文的能力，用户可以根据 DeepSeek 的回答调整提问的方式，从而得到更令人满意的答案。假设我们需要向 10 岁的小朋友介绍区块链技术及其特点，下面通过与 DeepSeek 进行多轮交流，循序渐进地得到满意的答案。

步骤01　**开启对话**。打开 DeepSeek 页面，单击“开启新对话”按钮，新建对话，先让 DeepSeek 介绍一下区块链技术及该技术的特点，对话过程如下。可以看到，由于我们在提问时没有指定目标受众，DeepSeek 给出的回答中有较多专业术语，10 岁的孩子理解起来有一定难度。

请介绍一下区块链技术及其特点，300 字左右。

区块链技术是一种去中心化的分布式账本技术，通过加密算法确保数据的安全性和不可篡改性。其核心特点包括：

1. 去中心化：区块链不依赖单一中心节点，数据由网络中的多个节点共同维护，避免了单点故障和中心化控制的风险。
2. 透明性：所有交易记录公开透明，参与者可查看链上数据，确保信息的公开和可追溯。
3. 不可篡改性：一旦数据写入区块链，便无法随意修改或删除，确保了数据的真实性和完整性。
4. 安全性：通过加密算法（如哈希函数、非对称加密）保障数据安全，防止恶意攻击和数据泄露。
5. 智能合约：区块链支持自动执行的智能合约，能够在满足预设条件时自动触发交易或操作，提升效率并减少人为干预。

区块链技术广泛应用于金融、供应链、医疗等领域，推动了信任机制的革新和业务流程的优化。

提　示

DeepSeek 只能感知当前对话的上下文，不能在当前对话中“回忆”其他对话的历史记录。

步骤02　**进行追问**。继续向 DeepSeek 提问，指定内容的目标受众，对话过程如下。可以看到，DeepSeek 在新的回答中明显减少了专业术语的使用，尽量使用类比、举例等方式来说明问题，语气也更有亲和力。

我想向 10 岁的小朋友介绍区块链技术及其特点，请修改以上内容，让其变得通俗易懂。

好的！我来用简单的方式向 10 岁的小朋友介绍区块链技术：

区块链就像是一个大家一起写的“超级安全日记本”，用来记录重要的信息。这个日记本有很多特别的地方：

1. 大家一起保管：这个日记本不是放在一个人手里，而是由很多人一起保管。每个人都有一个副本，所以谁也不能随便改里面的内容。
2. 透明又公平：日记本里的内容所有人都能看到，谁写了什么、改了什么都清清楚楚，这样大家都会觉得公平。
3. 写上去就改不了：一旦信息写进日记本，就不能随便擦掉或修改，就像用魔法笔写的一样，特别安全。
4. 超级安全：日记本用了很厉害的密码保护，只有经过大家同意，才能往里面写东西，坏人很难捣乱。
5. 自动完成任务：区块链还可以用“智能合约”，就像一个小机器人，当满足条件时，它会自动完成任务，比如自动发奖励。

区块链可以用来记录钱、游戏道具，甚至保护重要的信息，让我们的生活更方便、更安全！是不是很酷呢？

步骤 03 **继续追问**。在上一轮对话中，DeepSeek 已经改用更加通俗易懂的语言来阐述区块链技术，并通过分点的方式详细介绍了它的多个特点。接下来，继续要求 DeepSeek 基于这些先前的回答，对区块链技术的概念以及特点进行总结，对话过程如下。

能不能将以上内容用一段话来总结概括一下呢？

当然可以！区块链就像一个大家一起用的“超级安全日记本”，每个人都能看到里面的内容，但不能随便修改，信息一旦写进去就永远保存下来。它通过密码保护确保安全，还能用“智能合约”自动完成任务。区块链可以用来记录钱、游戏道具或重要信息，让事情变得更公平、透明和安全！

实战演练 用 DeepSeek 进行深度思考

DeepSeek 推出了 DeepSeek-R1 推理模型，该模型在后训练阶段大规模使用了强化学习技术，在仅有很少标注数据的情况下极大提升了模型的推理能力，在数学、代码编程、自然语言推理等任务上，性能比肩 OpenAI 开发的 GPT-o1 模型正式版。下面就调用 DeepSeek-R1 模型，让其通过深度思考后介绍人工智能技术的应用以及发展前景。

步骤01　**编辑提示词调用 DeepSeek-R1 模型**。开启一个新对话，❶在页面的文本框中输入提示词:“人工智能在现代社会中有哪些重要应用？它的发展前景如何？”❷单击左下角的“深度思考（R1）”按钮，❸然后单击右侧的⬆按钮或按〈Enter〉键提交问题，如图 1-12 所示。

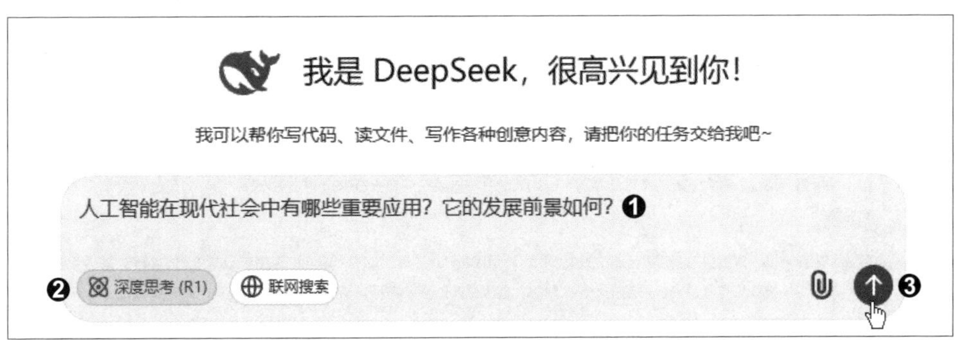

图 1-12

步骤02　**进入思考模式**。DeepSeek 进入深度思考模式，在思考时，该模型将拆解提问背后的深层内容，逐一将思考的过程表述出来，并以灰色文字显示，如图 1-13 所示。

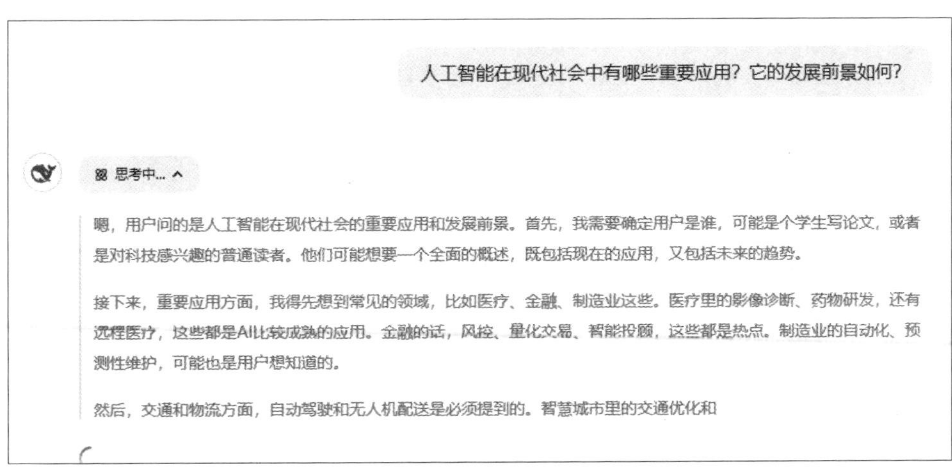

图 1-13

步骤03　**思考完成并解答**。DeepSeek 给出完整的思考过程后，如图 1-14 所示，再给出详细的解答内容，如图 1-15 所示。

人工智能在现代社会中有哪些重要应用？它的发展前景如何？

已深度思考（用时 29 秒）

嗯，用户问的是人工智能在现代社会的重要应用和发展前景。首先，我需要确定用户是谁，可能是个学生写论文，或者是对科技感兴趣的普通读者。他们可能想要一个全面的概述，既包括现在的应用，又包括未来的趋势。

接下来，重要应用方面，我得先想到常见的领域，比如医疗、金融、制造业这些。医疗里的影像诊断、药物研发，还有远程医疗，这些都是AI比较成熟的应用。金融的话，风控、量化交易、智能投顾，这些都是热点。制造业的自动化、预测性维护，可能也是用户想知道的。

然后，交通和物流方面，自动驾驶和无人机配送是必须提到的。智慧城市里的交通优化和能源管理，可能用户不太了解，需要解释清楚。教育领域的个性化学习，比如智能辅导系统，还有教育资源的公平分配，这部分可能对教育工作者有帮助。

媒体和娱乐方面，内容生成和推荐系统，比如ChatGPT和Netflix的推荐算法，这些都是用户日常接触的例子。农业和环境方面，精准农业和气候预测，可能用户不太熟悉，但也是AI的重要应用，特别是现在环保问题越来越受重视。

伦理和法律问题也需要提一下，比如隐私、算法偏见，虽然用户没问，但发展前景部分可能需要涉及挑战，这样回答更全面。

图 1-14

总的来说，回答需要全面、结构清晰，既有现状也有未来，兼顾技术和伦理，满足用户的信息需求，同时引发进一步思考。

人工智能（AI）作为21世纪最具变革性的技术之一，已深度融入现代社会的各个领域，并在持续推动技术、经济和社会结构的转型。以下是其重要应用和发展前景的分析：

一、人工智能的重要应用

1. **医疗健康**
    - **疾病诊断与影像分析**：AI算法（如深度学习）在医学影像（CT、MRI）识别中准确率超过人类专家，例如肺癌筛查和糖尿病视网膜病变检测。
    - **药物研发**：通过AI模拟分子相互作用，缩短研发周期（如DeepMind的AlphaFold预测蛋白质结构）。
    - **个性化治疗**：基于患者基因数据和病史，制定精准治疗方案。
    - **远程医疗**：AI驱动的问诊机器人和健康监测设备，提升医疗资源覆盖范围。
2. **金融领域**
    - **风险管理与欺诈检测**：实时分析交易数据，识别异常行为（如PayPal的欺诈检测系统）。

图 1-15

提　示

有时 DeepSeek 在生成回答时会因为超出了长度限制而中断输出。此时用户可以输入指令"/ 续写"，DeepSeek 就会接着上次中断的地方继续输出内容。

1.4　在 Word 中接入 DeepSeek R1 模型

在日常工作中，Microsoft Word 是大多数人首选的文字编辑工具。然而，随着工作节奏的日益加快，人们对文档处理效率的要求也在不断提升，手动编写方式逐渐显得力不从心。鉴于 DeepSeek 在自然语言处理领域的卓越能力，将 DeepSeek-R1 模型接入 Word 组件，可以在 Word 文档中轻松利用 AI 大模型处理文字内容，大幅提升工作效率。本节就来详细介绍具体的操作方法。

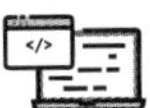

◎ 原始文件：实例文件 / 01 / 1.4 / 代码.txt
◎ 最终文件：无

步骤01　**打开官网**。进入 DeepSeek 官网，单击右上角的"API 开放平台"，如图 1-16 所示。在打开的页面中根据提示完成账户的注册和登录。

图 1-16

步骤02 **创建 API key**。进入“deepseek 开放平台”页面，❶单击页面左侧的“API keys”标签，❷在展开的“API keys”界面中单击“创建 API key”按钮，如图 1-17 所示。

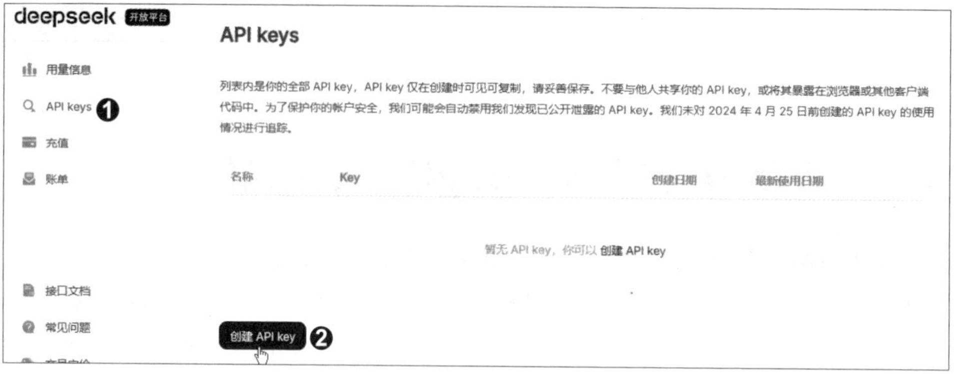

图 1-17

步骤03 **复制创建的 API key**。弹出“创建 API key”对话框，单击对话框中的“创建”按钮，如图 1-18 所示，随后会生成一条 API key，单击“复制”按钮，复制生成的 API key，如图 1-19 所示。

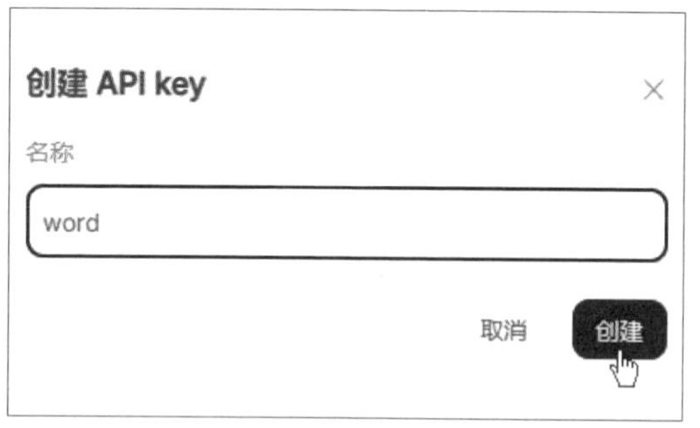

图 1-18

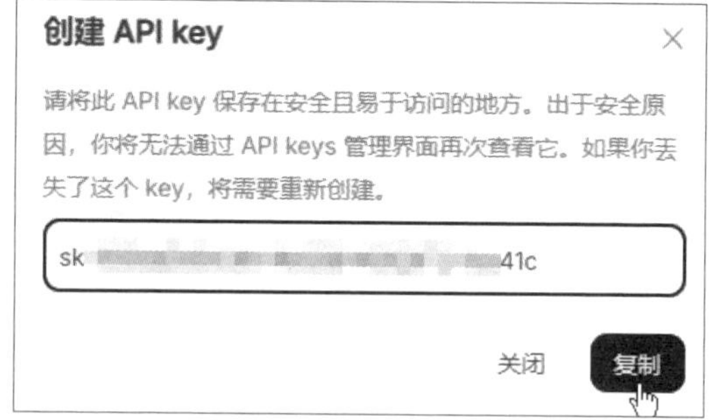

图 1-19

提 示

API key 是在 DeepSeek 平台上进行身份验证的关键凭证。若此类密钥被未经授权的第三方获取，则可能导致该第三方在 DeepSeek 平台上产生的所有费用直接从您的账户中扣除。因此，务必妥善保管 API key，避免向他人泄露。

步骤04 **启用开发工具**。准备好 API key 密钥后，打开 Word 组件，执行“文件→选项”菜单命令，弹出“Word 选项”对话框，❶单击对话框左侧的“自定义功能区”标签，❷在展开的界面中勾选“自定义功能区”下方的“开发工具”复选框，如图 1-20 所示。

图 1-20

步骤05　**调整信任设置**。❶单击“Word 选项”对话框左侧的“信任中心”标签，❷在展开的界面中单击“信任中心设置”按钮，如图 1-21 所示。

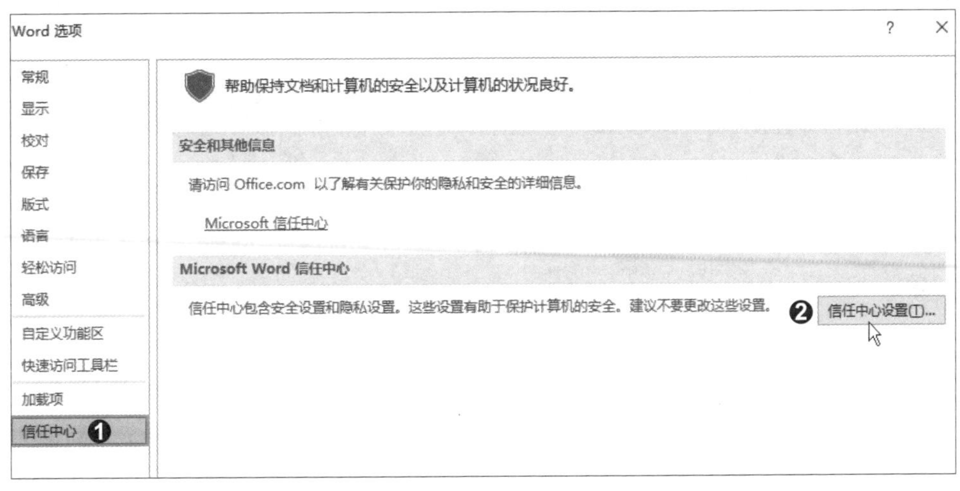

图 1-21

步骤 06 **设置宏权限**。弹出“信任中心”对话框，默认情况下是禁用所有宏的，但是为了接入 DeepSeek，❶这里勾选“启用所有宏 (不推荐；可能会运行有潜在危险的代码)”复选框，❷然后单击“确定”按钮，如图 1-22 所示。设置完成后单击“确定”按钮，退出选项设置对话框。

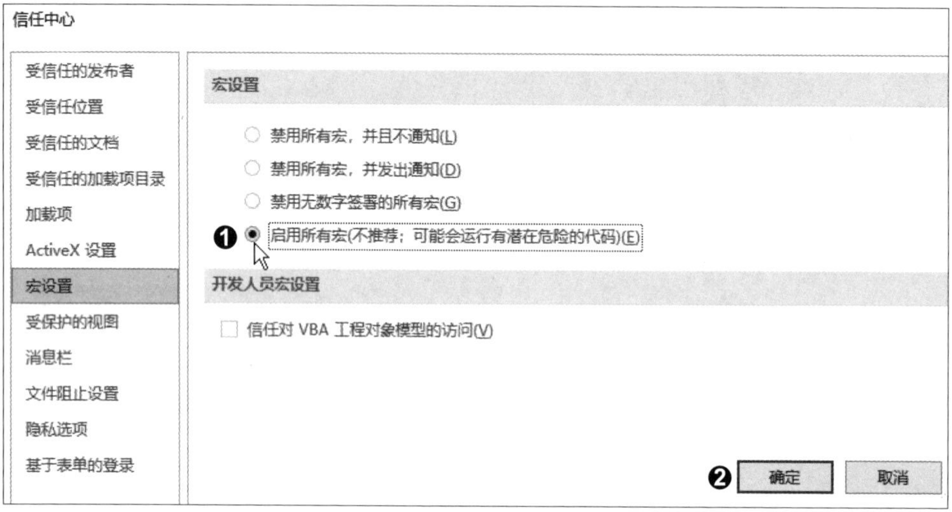

图 1-22

步骤 07 **打开 Visual Basic 编辑器**。返回 Word 页面，❶单击“开发工具”标签，切换至“开发工具”选项卡，❷单击“代码”组中的“Visual Basic”按钮或按快捷键〈Alt+F11〉，如图 1-23 所示。

图 1-23

步骤 08 **插入代码模块**。打开“Microsoft Visual Basic for Applications”窗口，❶执行“插入→模块”菜单命令，如图 1-24 所示。❷在窗口左侧的工程资源管理器中会显示新增的“模块 1”，❸窗口中间“文档 1- 模块 1（代码）”区域则为该模块的代码编辑区，如图 1-25 所示。

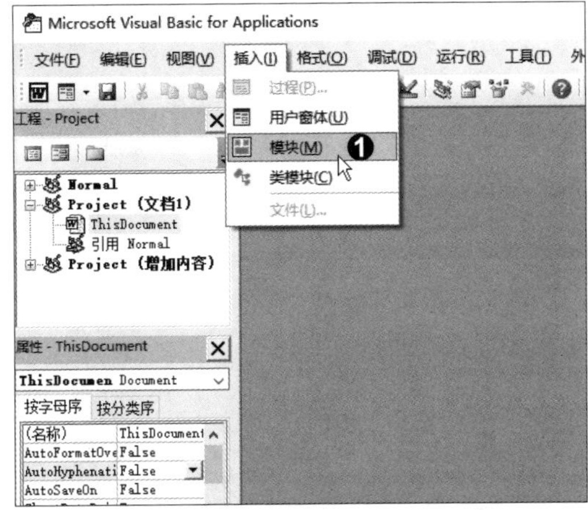

图 1-24

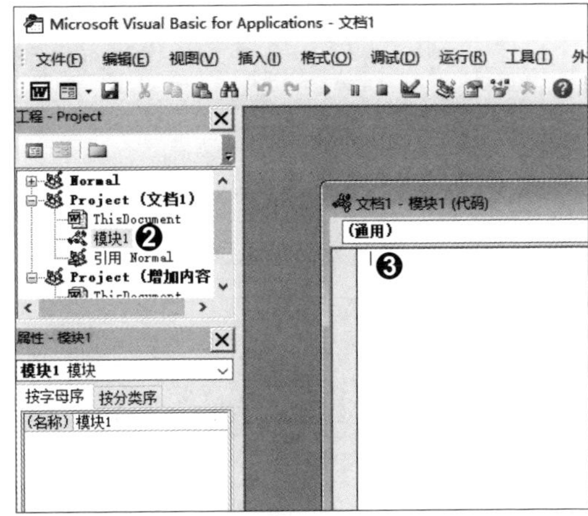

图 1-25

步骤 09　**输入 API Key**。打开“代码 .txt”文件，将之前复制的 API Key 粘贴到“api_key=”后面引号里的位置，如图 1-26 所示。

步骤 10　**选择并复制代码**。连续按快捷键〈Ctrl+A〉和〈Ctrl+C〉，全选并复制文本，如图 1-27 所示。

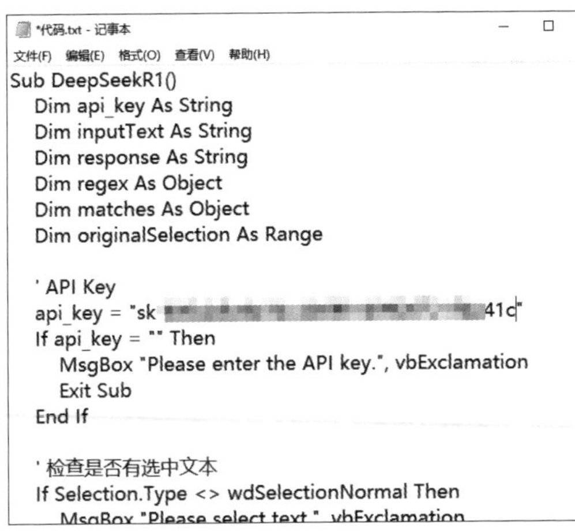

```
Sub DeepSeekR1()
    Dim api_key As String
    Dim inputText As String
    Dim response As String
    Dim regex As Object
    Dim matches As Object
    Dim originalSelection As Range

    ' API Key
    api_key = "sk                         41c"
    If api_key = "" Then
        MsgBox "Please enter the API key.", vbExclamation
        Exit Sub
    End If

    ' 检查是否有选中文本
    If Selection.Type <> wdSelectionNormal Then
        MsgBox "Please select text.", vbExclamation
```

图 1-26

```
            response = Replace(response, "&", "") ' 过滤 `&`，防止意外符号

            ' 让光标移动到文档末尾，防止覆盖已有内容
            Selection.Collapse Direction:=wdCollapseEnd
            Selection.TypeParagraph
            Selection.TypeText Text:=response

            ' 将光标移回原来选中文本的末尾
            originalSelection.Select

        Else
            MsgBox "Failed to parse API response.", vbExclamation
        End If
    Else
        MsgBox response, vbCritical
    End If
End Sub
```

图 1-27

步骤 11　**将代码粘贴至模块中**。返回“Microsoft Visual Basic for Applications”窗口，将光标插入点定位于模块 1 中，按快捷键〈Ctrl+V〉，粘贴文本，如图 1-28 所示。此时直接关闭窗口即可保存模块。

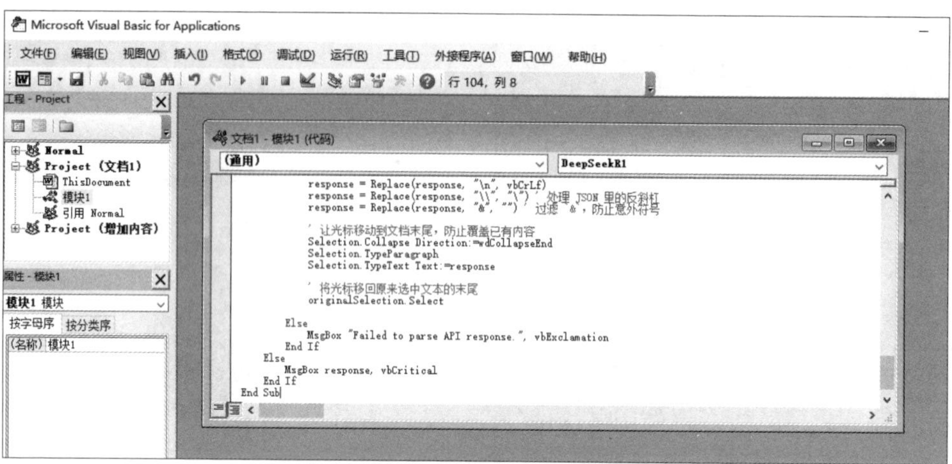

图 1-28

步骤 12 **启用开发工具创建新组。**再次执行“文件→选项”菜单命令，弹出“Word 选项”对话框，❶单击对话框左侧的“自定义功能区”标签，❷在展开的界面中单击“自定义功能区”下方的“开发工具”选项卡，❸单击下方的“新建组”按钮，如图 1-29 所示。

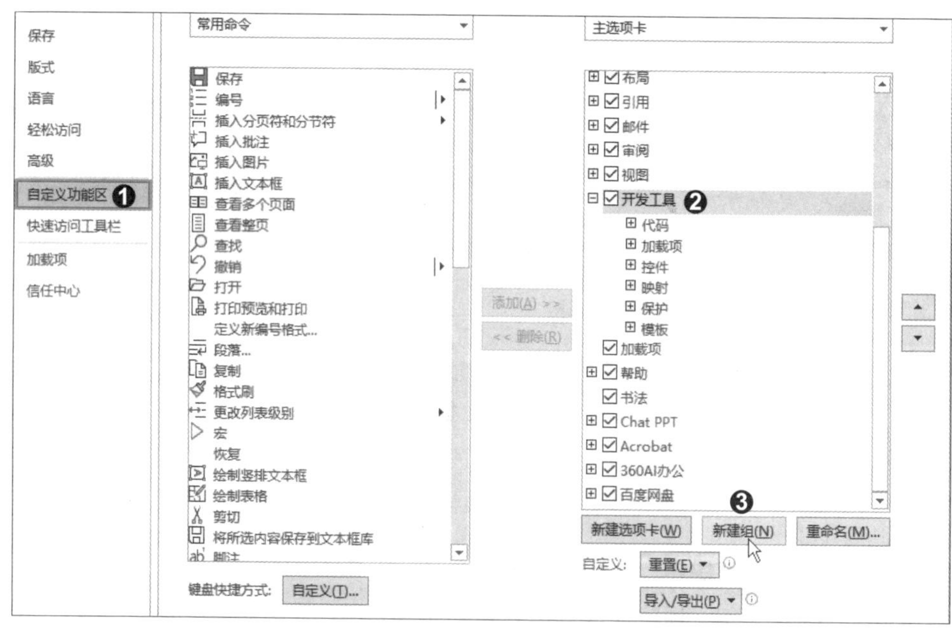

图 1-29

步骤13　**重命名创建的新组**。此时“开发工具”选项卡下创建了一个“新建组（自定义）”，❶单击“重命名”按钮，如图 1-30 所示。弹出“重命名”对话框，❷在“显示名称”右侧的文本框中输入“deepseek”，❸输入后单击“确定”按钮，如图 1-31 所示，更改选项组名称。

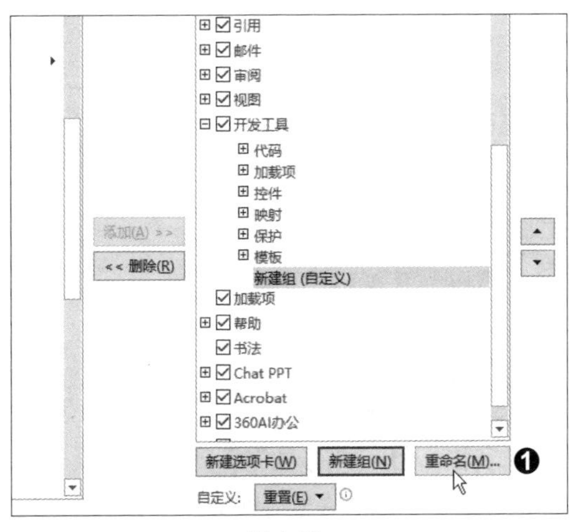

图 1-30

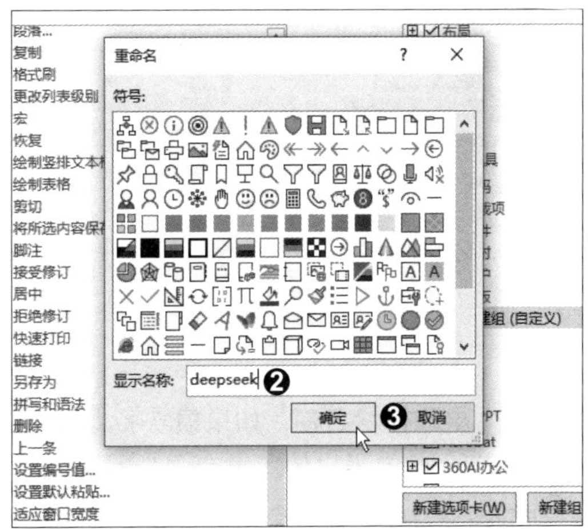

图 1-31

步骤14　**添加配置模块**。❶单击“从下列位置选择命令”右侧的下拉按钮，❷在展开的下拉列表中选择“宏”选项，如图 1-32 所示。可以看到刚刚配置的“Project. 模块 1.DeepSeekR1”模块，❸单击“添加”按钮，❹将该模块添加到新创建的“deepseek”组中，如图 1-33 所示。

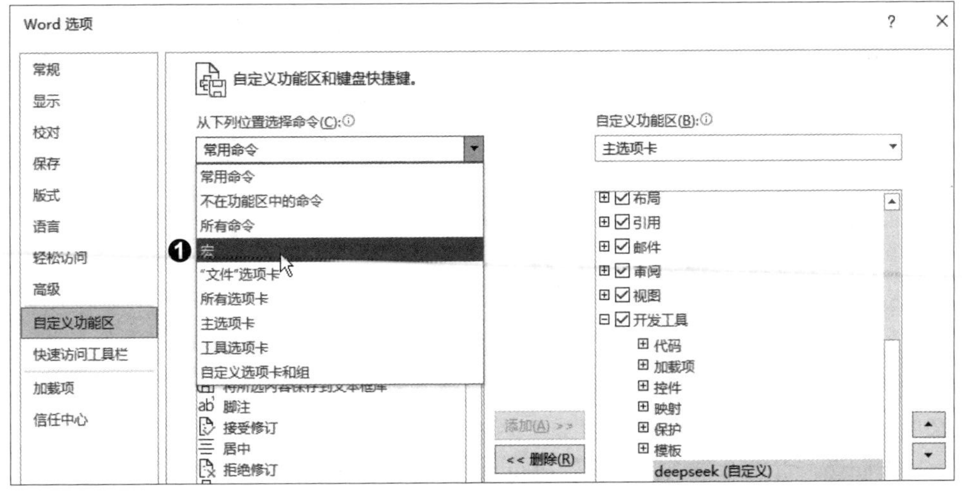

图 1-32

图 1-33

步骤15 **更改模块名称**。如果模块名太长，可以修改模块名称，❶单击“重命名”按钮，如图 1-34 所示。❷在弹出的“重命名”对话框中重新输入名称，❸在“符号”下方单击选择一个喜欢的图标，❹设置后单击“确定”按钮，如图 1-35 所示。最后单击“Word 选项”对话框右下角的“确定”按钮，完成设置。

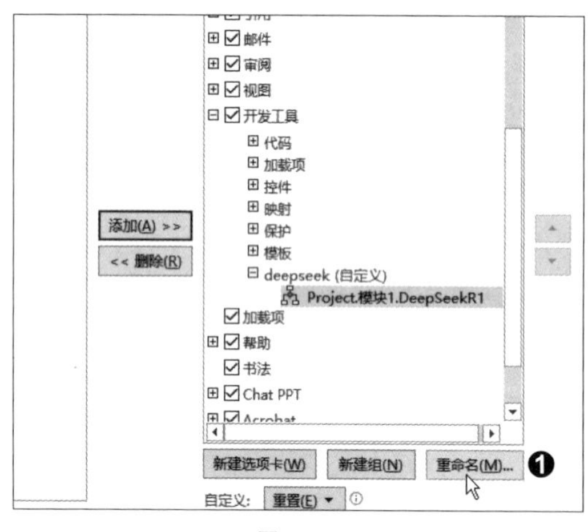

图 1-34

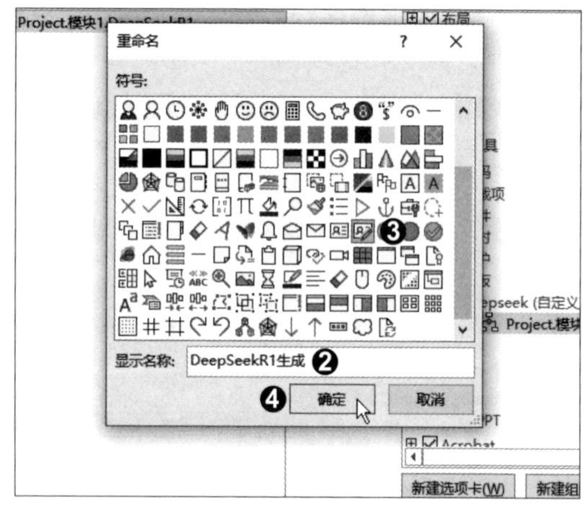

图 1-35

步骤16 **接入并运行 DeepSeek**。返回 Word 文档页面，单击“开发工具”标签，在选项卡功能区中可以看到“DeepSeekR1 生成”功能按钮，表示已经成功接入 DeepSeek。❶在文档中输入问题，并选中输入的文字，❷再单击“DeepSeekR1 生成”按钮，❸稍等片刻，DeepSeek 就会生成回答，如图 1-36 所示。

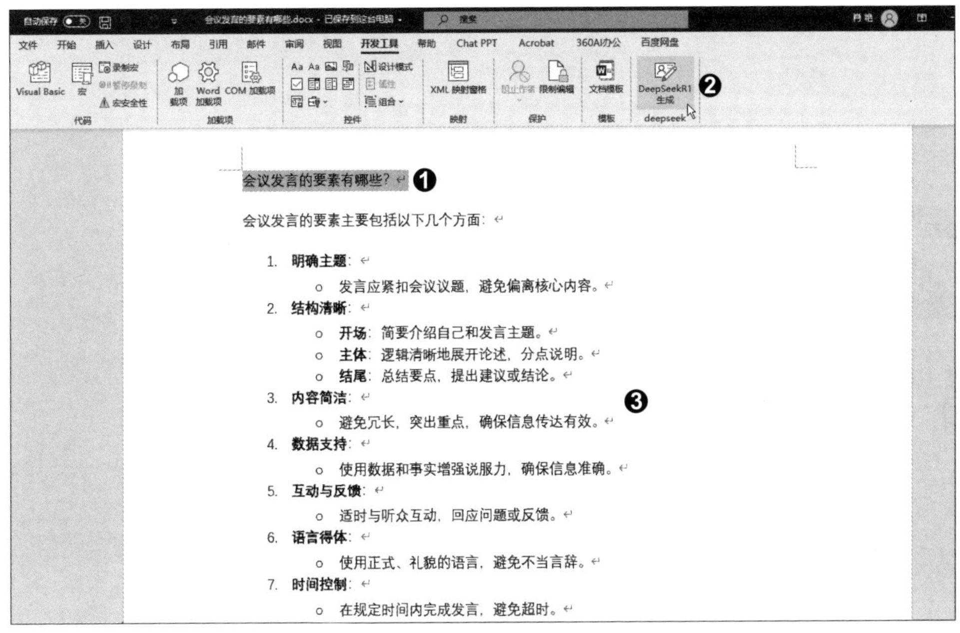
文件
开始
插入
设计
布局
引用
邮件
审阅
视图
开发工具
帮助
Chat PPT
Acrobat
360AI办公
百度网盘
Visual Basic
宏
录制宏
宏安全性
代码
Word 加载项
COM 加载项
加载项
设计模式
组合
控件
XML 映射窗格
映射
限制编辑
保护
文档模板
模板
DeepSeekR1 生成
deepseek
会议发言的要素有哪些？
会议发言的要素主要包括以下几个方面：
1. 明确主题：
发言应紧扣会议议题，避免偏离核心内容。
2. 结构清晰：
开场：简要介绍自己和发言主题。
主体：逻辑清晰地展开论述，分点说明。
结尾：总结要点，提出建议或结论。
3. 内容简洁：
避免冗长，突出重点，确保信息传达有效。
4. 数据支持：
使用数据和事实增强说服力，确保信息准确。
5. 互动与反馈：
适时与听众互动，回应问题或反馈。
6. 语言得体：
使用正式、礼貌的语言，避免不当言辞。
7. 时间控制：
在规定时间内完成发言，避免超时。

图 1-36

第2章

用 DeepSeek 让文本飞起来

在第 1 章中，我们已经初步了解了 DeepSeek 的使用方法。本章将通过一系列生动典型的案例，详细介绍如何利用 DeepSeek 的强大功能，让文本在我们的手中真正“飞起来”，实现前所未有的创意与表达。

2.1 “从无到有”地撰写文案

过去，我们在撰写文案之前可能需要先收集大量的相关资料，然后花费时间构思框架、组织语言、反复修改和润色，以确保文案的质量和吸引力。而现在，有了 DeepSeek 这样的智能工具之后，只需要简单地指定文案的类型和主题，它就会根据内置的算法和大量数据，快速生成一篇结构清晰、语言流畅、符合要求的文案，极大地简化了文案创作的流程。

实战演练 撰写一篇公众号文章

在数字化时代，公众号已成为企业和个人进行品牌推广、知识分享及互动沟通的重要平台。不论是企业营销人员、自媒体从业者还是内容创作者，他们都可能需要撰写公众号文章来扩大影响力、吸引粉丝或传递信息。本案例将使用 DeepSeek 快速撰写一篇公众号文章。

步骤 01 **提供信息撰写文章**。首先告诉 DeepSeek 要写作的文章主题以及发布的平台，让它根据提供的信息撰写文章。对话过程如下。

写一篇关于公众号文章，主题：AI 时代来临，打工人将何去何从?

AI 时代来临，打工人将何去何从?

你是否也曾被这样的新闻刷屏? 某某公司引入 AI 客服，裁员数百人；某某工厂实现无人化生产，效率提升数倍……AI 技术日新月异，仿佛一夜之间，我们就站在了时代的十字路口，前方是机遇与挑战并存的未来，身后是逐渐被自动化取代的传统岗位。

焦虑吗? 迷茫吗? 别担心，这篇文章将带你拨开迷雾，看清 AI 时代的职场真相，找到属于你的生存之道。

一、AI 来袭，哪些岗位岌岌可危?

不可否认，AI 正在取代一些重复性高、技术含量低的工作。例如：

· 流水线工人：自动化生产线正在取代传统的人工操作，效率更高，成本更低。

· 客服人员：AI 客服可以 24 小时在线，解答简单问题，处理大量咨询。

· 数据录入员：自动化工具可以快速准确地完成数据录入，减少人工错误。

这些岗位的消失，是时代发展的必然趋势。与其焦虑，不如提前规划，寻找新的方向。

二、AI 时代，哪些技能更吃香?

虽然 AI 可以取代部分工作，但它无法取代人类的创造力、情感力和批判性思维。以下技能将在 AI 时代更加吃香：

· 创造力：设计、写作、艺术等领域需要人类的独特创意，AI 难以模仿。

· 情感力：心理咨询、教育、护理等领域需要人与人之间的情感交流，AI 无法替代。

· 批判性思维：数据分析、战略规划、决策制定等领域需要人类的分析判断能力，AI 只能提供辅助。

· 学习能力：AI 技术更新迭代迅速，只有不断学习新知识、新技能，才能跟上时代步伐。

三、打工人如何应对 AI 挑战？

· 拥抱变化，积极学习：不要害怕 AI，而是要主动学习 AI 相关知识，将其作为提升工作效率的工具。

· 培养核心竞争力：找到自己的优势，并将其发挥到极致，成为不可替代的人才。

· 关注新兴行业：AI 时代将催生许多新兴行业，例如人工智能训练师、数据分析师等，提前布局，抢占先机。

· 保持终身学习：时代在变，学习永无止境，只有不断学习，才能保持竞争力。

四、AI 时代，机遇与挑战并存

AI 时代的到来，既是挑战，也是机遇。与其被动等待被淘汰，不如主动拥抱变化，提升自身能力，在 AI 时代找到属于自己的位置。

未来已来，你准备好了吗？

#AI 时代 # 职场生存 # 未来趋势

步骤 02 **追加提问补充内容**。在 DeepSeek 生成的文章中，关于如何应对挑战的部分内容写得太过宽泛，可以进一步深入提问，让它提供具体的应对策略。对话过程如下。

请在文章中增加一些更加具体的应对策略。

AI 时代来临，打工人将何去何从？

你是否也曾被这样的新闻刷屏？某某公司引入 AI 客服，裁员数百人；某某工厂实现无人化生产，效率提升数倍……AI 技术日新月异，仿佛一夜之间，我们就站在了时代的十字路口，前方是机遇与挑战并存的未来，身后是逐渐被自动化取代的传统岗位。焦虑吗？迷茫吗？别担心，这篇文章将带你拨开迷雾，看清 AI 时代的职场真相，找到属于你的生存之道。

一、AI 来袭，哪些岗位岌岌可危？

（略）

二、AI 时代，哪些技能更吃香？

（略）

三、打工人如何应对 AI 挑战？

· 拥抱变化，积极学习：

学习 AI 工具：掌握一些常用的 AI 工具，例如 ChatGPT、Midjourney 等，提升工作效率。

参加培训课程：报名参加数据分析、人工智能等相关培训课程，系统学习新知识。

关注行业动态：关注 AI 领域的最新发展，了解行业趋势，提前做好准备。

· 培养核心竞争力：

找到自身优势：每个人都有自己的优势和特长，找到自己的核心竞争力，并将其发挥到极致。

打造个人品牌：在专业领域深耕细作，积累经验，打造个人品牌，提升行业影响力。

发展跨领域能力：除了专业技能外，还要培养沟通能力、团队合作能力等软技能，成为复合型人才。

· 关注新兴行业：

人工智能训练师：负责训练和优化 AI 模型，需要具备编程、数据分析等技能。

数据分析师：负责收集、分析和解读数据，为企业决策提供支持。

用户体验设计师：负责设计用户友好的产品和服务，需要具备设计思维和用户研究能力。

· 保持终身学习：

制定学习计划：根据自身情况制定学习计划，并坚持执行。

利用碎片化时间学习：利用通勤时间、午休时间等碎片化时间学习新知识。

向优秀的人学习：向行业内的优秀人士学习，借鉴他们的经验和技巧。

四、AI 时代，机遇与挑战并存

AI 时代的到来，既是挑战，也是机遇。与其被动等待被淘汰，不如主动拥抱变化，提升自身能力，在 AI 时代找到属于自己的位置。

未来已来，你准备好了吗？

#AI 时代 # 职场生存 # 未来趋势

实战演练 撰写活动策划方案

在组织和实施各类活动时，撰写活动策划方案是必不可少的一步。活动策划方案详细地说明活动的各个环节、时间安排、人员分工、资源调配等，为活动的顺利进行提供清晰的指导。本案例将使用 DeepSeek 撰写一份活动策划方案。

步骤01 **生成活动策划方案**。为了从 DeepSeek 那里得到高质量的回答，要先设计好提示词，这里先为 DeepSeek 设定“职业策划人”的角色，然后告诉活动的主题，让其撰写策划方案。对话过程如下。

你是一名职业策划人，请帮我写一个线下读书会活动的策划方案，需要包含活动背景与目的、基本信息、日程安排、宣传策略、预算规划、评估与总结等。

线下读书会活动策划方案

一、活动背景与目的

1. 背景：

· 随着数字化阅读的普及，越来越多的人倾向于通过电子设备获取信息，但纸质书籍的深度阅读体验和社交互动逐渐减少。

· 线下读书会作为一种传统的文化交流形式，能够为参与者提供一个面对面交流、分享阅读心得的平台，促进深度阅读和思想碰撞。

2. 目的：

· 通过线下读书会活动，激发参与者的阅读兴趣，培养深度阅读习惯。

· 提供一个社交平台，促进书友之间的交流与互动，拓展社交圈。

· 通过分享与讨论，提升参与者的表达能力和批判性思维。

二、基本信息

1. 活动名称：书香满溢 · 线下读书会

2. 活动主题：经典与当代文学的碰撞

3. 活动时间：2025 年 4 月 18 日（周六）14:00—17:00

4. 活动地点：×× 市 ×× 区 ×× 咖啡馆（安静、舒适的环境，适合讨论）

5. 参与人数：20 ~ 30 人

6. 目标人群：热爱阅读的成年人，年龄不限，职业不限

7. 主办方：×× 读书俱乐部

8. 合作方：×× 咖啡馆、×× 书店

三、日程安排

1. 14:00—14:15：签到与欢迎

· 参与者签到，领取活动手册（包含活动流程、讨论主题等）。

· 主办方致欢迎辞，介绍活动背景与目的。

2. 14:15—14:45：书籍分享环节

· 每位参与者用 3 ~ 5 分钟分享自己带来的书籍，简要介绍书籍内容、阅读感受及推荐理由。

· 分享书籍范围：经典文学、当代小说、社科类书籍等。

3. 14:45—15:30：主题讨论环节

· 围绕"经典与当代文学的碰撞"这一主题，分组讨论以下问题：

经典文学与当代文学的区别与联系？

你认为哪些当代作品有可能成为未来的经典？

· 每组推选一名代表总结讨论结果。

4. 15:30—15:45：茶歇与自由交流

提供茶点，参与者自由交流，结识新朋友。

5. 15:45—16:30：嘉宾分享环节

· 邀请本地知名作家或文学评论家作为嘉宾，分享其对经典与当代文学的见解，并与参与者互动问答。

6. 16:30—17:00：总结与合影

· 主办方总结活动，感谢参与者与嘉宾。

· 集体合影留念，活动结束。

四、宣传策略

1. 线上宣传：

· 社交媒体：通过微信公众号、微博、小红书等平台发布活动预告，吸引书友报名。

· 读书社群：在本地读书群、豆瓣小组等平台发布活动信息，精准触达目标人群。

· 合作方推广：与 ×× 书店、×× 咖啡馆合作，利用其线上渠道进行宣传。

2. 线下宣传：

· 海报张贴：在 ×× 咖啡馆、×× 书店等人流量较大的场所张贴活动海报。
· 口碑传播：通过现有读书会成员的口碑传播，邀请更多朋友参与。
3. 报名方式：
· 通过线上表单（如问卷星、金数据）进行报名，填写姓名、联系方式及分享书籍信息。
· 报名截止日期：2023 年 11 月 15 日。
五、预算规划
1. 场地费用：×× 咖啡馆提供场地，费用为 500 元（含茶点）。
2. 宣传费用：
· 海报设计与印刷：200 元
· 线上推广费用：300 元（社交媒体广告）
3. 嘉宾费用：邀请嘉宾的交通与礼品费用，预计 500 元。
4. 活动物料：
· 活动手册印刷：100 元
· 签到表、笔等：50 元
5. 其他费用：备用金 200 元（用于突发情况）。
6. 总预算：1850 元
六、评估与总结
1. 活动评估：
· 参与人数：统计实际参与人数，评估活动吸引力。
· 反馈收集：通过线上问卷收集参与者对活动的反馈，包括活动内容、组织安排、场地选择等。
· 社交媒体互动：统计活动相关帖子的阅读量、点赞量及评论数，评估宣传效果。
2. 活动总结：
· 成功之处：总结活动中的亮点，如嘉宾分享环节的互动效果、讨论环节的深度等。
· 改进建议：根据参与者反馈，提出改进建议，如增加讨论时间、优化签到流程等。
· 未来计划：根据本次活动效果，规划下一次读书会的主题与形式，逐步扩大活动影响力。
七、风险预案
1. 突发情况：
· 如遇嘉宾临时无法到场，准备备用方案（如播放相关文学纪录片或延长讨论时间）。

· 如报名人数过多，提前与场地方沟通，确保场地容纳能力。

2. 安全保障：

· 确保场地安全，提前检查消防设施。

· 提醒参与者注意个人物品安全，避免遗失。

八、联系方式

1. 活动负责人：×××

2. 联系电话：×××-××××××××

3. 邮箱：×××@×××.com

通过以上策划方案，本次线下读书会活动将能够为参与者提供一个深度阅读与交流的平台，同时通过有效的宣传与组织，确保活动的顺利进行与圆满成功。

步骤02 **用表格整理日程安排和预算规划**。DeepSeek 按要求生成了一份较为详细的活动策划方案，接下来让 DeepSeek 用表格的方式展示日程安排和预算规划部分，使其更加清晰明了。对话过程如下。

请将“日程安排”和“预算规划”整理为表格的形式。

日程安排与预算规划表格

日程安排

时间段	环节名称	内容描述
14:00—14:15	签到与欢迎	参与者签到，领取活动手册；主办方致欢迎辞，介绍活动背景与目的
14:15—14:45	书籍分享环节	每位参与者用 3～5 分钟分享自己带来的书籍，简要介绍内容、阅读感受及推荐理由
14:45—15:30	主题讨论环节	围绕“经典与当代文学的碰撞”分组讨论，每组推选代表总结讨论结果
15:30—15:45	茶歇与自由交流	提供茶点，参与者自由交流，结识新朋友
15:45—16:30	嘉宾分享环节	邀请嘉宾分享见解，并与参与者互动问答
16:30—17:00	总结与合影	主办方总结活动，感谢参与者与嘉宾；集体合影留念，活动结束

预算规划

项目	费用（元）	备注
场地费用	500	××咖啡馆提供场地，含茶点
宣传费用	500	海报设计与印刷 200 元；线上推广费用 300 元（社交媒体广告）
嘉宾费用	500	邀请嘉宾的交通与礼品费用
活动物料	150	活动手册印刷 100 元；签到表、笔等 50 元
其他费用	200	备用金，用于突发情况
总预算	1850	

通过表格形式，日程安排和预算规划更加清晰明了，便于活动执行与财务管理的参考。

2.2 改进已有文案

除了从零开始创作之外，DeepSeek 还能按要求提升和改进已有文案，包括润色、修改文案、更换写作风格、扩写和续写内容等。

实战演练 为文章润色

为了提升文章的质量与吸引力，使其更加流畅且富有表现力，有时需要对文章进行精心的润色。而今，随着科技的进步，借助先进的 AI 技术已成为高效润色文章的新途径。本案例将详细介绍如何利用 DeepSeek 这一智能工具，对已有的文案进行深度润色处理。

步骤 01 **提供视频广告创意**。首先将需要润色的文案提供给 DeepSeek，让它运用更加优美、富有诗意的语言来对其进行润色处理，对话过程如下。

以下是为服装品牌“逸韵”创作的一则品牌故事：

"""

在时光的长河里，有一抹风韵悠然绽放——“逸韵”，一个承载着东方美学与现代简约融合的服装品牌。自诞生之日起，逸韵便以匠心独运，织就每一件衣物的灵魂。它不仅仅是布料与剪裁的艺术，更是对自然、和谐生活态度的深刻理解。设计师们游走于古典园林与现代都市之间，汲取灵感，将流云的飘逸、山水的宁静融入设计，让每一件逸韵服饰都成为穿戴者个性的延伸。我们相信，真正的时尚不在于追逐潮流，而在于那份由内而外散发的独特韵味。逸韵，致力于为追求品质生活、崇尚自由精神的您，打造既能彰显个性，又不失舒适雅致的衣橱之选。在这里，每一件衣物都能讲述一个故事，关于美，关于自我，关于逸韵与您共同走过的每一个优雅瞬间。

"""

请运用更加优美、富有诗意的语言来润色这篇品牌故事。

在时光的涓涓细流中，有一抹风韵如晨曦般悄然绽放——“逸韵”，一个将东方美学的深邃与现代简约的清新完美交织的服装品牌。自其诞生之初，逸韵便以匠心独运，精心编织每一件衣物的灵魂。这不仅仅是布料与剪裁的巧妙结合，更是对自然之美与和谐生活的深刻领悟。设计师们穿梭于古典园林的静谧与现代都市的繁华之间，捕捉灵感，将流云的飘逸、山水的宁静融入每一针每一线，使逸韵服饰成为穿戴者独特个性的延伸。我们深信，真正的时尚不在于盲目追随潮流，而在于那份由内而外自然流露的独特韵味。逸韵，致力于为那些追求品质生活、崇尚自由精神的您，打造既能彰显个性，又不失舒适雅致的衣橱之选。在这里，每一件衣物都承载着一个故事，关于美的追求，关于自我的表达，关于逸韵与您共同编织的每一个优雅瞬间。

步骤 02　**添加修辞手法**。经过 DeepSeek 润色后的文章更加优美，且富有诗意和感染力。还可以让 DeepSeek 在文案中添加一些修辞手法，对话过程如下。

使用比喻和排比等修辞手法，提升文案的文学性和感染力。

在时光的织锦上，逸韵如一缕轻纱，轻轻拂过岁月的长河，绽放出东方美学的温婉与现代简约的清新。她不仅是一件衣物，更是一幅流动的画卷，一曲悠扬的诗篇，一段心灵的独白。

逸韵的设计师们，如同园丁般在古典园林的幽径中寻觅灵感，又如画家般在现代都市的喧嚣中捕捉色彩。他们将流云的飘逸，比作风中舞者的裙摆；将山水的宁静，化作衣袂间的涟漪；将晨曦的温柔，织入每一根纱线。逸韵的每一件作品，都是对自然之美的礼赞，对和谐生活的颂歌。

在这里，时尚不再是潮流的奴隶，而是个性的绽放，是自由的呼吸，是灵魂的低语。

逸韵，为那些在繁华中寻找宁静，在喧嚣中追求优雅的您，量身打造。每一件衣物，都是一次心灵的旅行，一次与自我的对话，一次与逸韵共同编织的优雅瞬间。

逸韵，是您衣橱中的诗，是您生活中的画，是您心灵深处的歌。在这里，每一次选择，都是对美的追求；每一次穿着，都是对自我的肯定；每一次回眸，都是与逸韵共同书写的优雅篇章。

步骤03 **添加场景和细节描述**。为了更深层次地触动消费者情感，提升品牌认同感，可以让 DeepSeek 在文案中添加更具体的生活场景或细节描述，让消费者仿佛置身于品牌故事之中，与品牌建立更加紧密而深刻的情感联系。对话过程如下。

在文案中加入一些更具体的场景或细节。

在时光的织锦上，逸韵如一缕轻纱，轻轻拂过岁月的长河，绽放出东方美学的温婉与现代简约的清新。她不仅是一件衣物，更是一幅流动的画卷，一曲悠扬的诗篇，一段心灵的独白，将古典的雅致与现代的简约巧妙融合。

逸韵的设计师们，如同园丁般在古典园林的幽径中寻觅灵感，那石径旁轻轻摇曳的竹叶，那池塘中悠然游弋的锦鲤，都成为他们笔下灵动的线条。又如画家般在现代都市的喧嚣中捕捉色彩，那霓虹灯下的匆匆行人，那摩天大楼间的一线天光，都被他们巧妙地融入设计之中。他们将流云的飘逸，比作风中舞者的裙摆，轻盈而自由；将山水的宁静，化作衣袂间的涟漪，深邃而平和；将晨曦的温柔，织入每一根纱线，细腻而温暖。逸韵的每一件作品，都是对自然之美的礼赞，对和谐生活的颂歌。

在这里，时尚不再是潮流的奴隶，而是个性的绽放，是自由的呼吸，是灵魂的低语。

逸韵，为那些在繁华中寻找宁静，在喧嚣中追求优雅的您，量身打造。想象在春日午后，您身着一袭逸韵长裙，漫步于樱花树下，花瓣随风轻舞，与您的裙摆交织成一幅美丽的画卷；或是在秋日的黄昏，一件简约的逸韵风衣，搭配一双舒适的小白鞋，让您在落叶纷飞的小径上，展现出独特的都市风情。每一件衣物，都是一次心灵的旅行，一次与自我的对话，一次与逸韵共同编织的优雅瞬间。

逸韵，是您衣橱中的诗，是您生活中的画，是您心灵深处的歌。在这里，每一次选择，都是对美的追求；每一次穿着，都是对自我的肯定；每一次回眸，都是与逸韵共同书写的优雅篇章。在逸韵的陪伴下，每一天都将成为您生命中最美的风景。

实战演练　更改文章的写作风格

为了使内容更加引人入胜且易于理解，以更有效地触达目标受众，往往需要变换写作风格来更好地契合与传达主要信息。本节将介绍如何让 DeepSeek 按指定的方式改写产品评测文章。

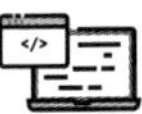

◎ 原始文件：实例文件 / 02 / 2.2 / 评测文章.docx
◎ 最终文件：实例文件 / 02 / 2.2 / 评测文章（改写）.docx

步骤01　**上传附件**。开启一个新对话，单击右下角的“上传附件”按钮，如图 2-1 所示。

图 2-1

步骤02　**选择文档**。弹出“打开”对话框，❶单击选择需要进行润色的文档，❷单击“打开”按钮，如图 2-2 所示。

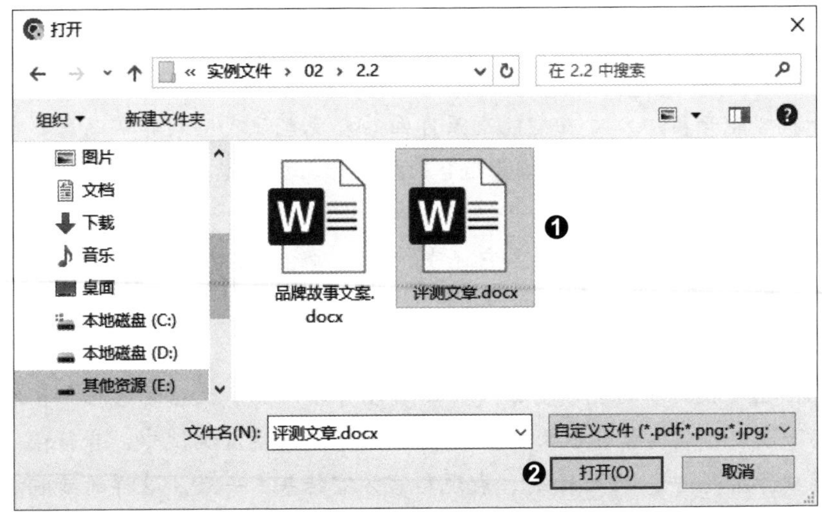

图 2-2

步骤 03　**采用第一人称改写**。文档上传成功后，在页面的文本框中输入提示词，这里为了增加文章的亲切感和可信度，先让 DeepSeek 采用第一人称改写文案。对话过程如下。

使用第一人称改写文章，直接表达个人的体验、感受和观点。

评测文章：全新 ×× 智能音箱深度体验

在智能家居设备越来越普及的今天，智能音箱已经成为许多家庭的必备品。最近，我有幸体验了一款全新的 ×× 智能音箱，经过一段时间的使用，我想和大家分享一下我的真实感受和体验。

一、外观设计

首先，×× 智能音箱的外观设计给我留下了深刻的印象。它的机身线条圆润流畅，整体看起来非常简约时尚。外壳的材质摸起来手感很好，而且有一定的抗刮擦能力，日常使用中不用担心轻易留下划痕。音箱顶部的触控按键设计得非常直观，操作起来非常方便。总的来说，我觉得这款音箱的外观设计既美观又实用，能够轻松融入各种家居风格中。

二、音质表现

音质是我最关心的部分，毕竟音箱的核心功能就是播放音乐。×× 智能音箱搭载了高保真音频技术，音质表现让我感到惊喜。在试听过程中，我发现它的中高频段表现非常出色，人声清晰细腻，乐器的层次感也很分明。虽然低频部分稍显不足，但考虑到它的价格定位，这样的音质表现已经让我非常满意了。

三、智能交互

作为一款智能音箱，×× 在智能交互方面的表现也让我感到非常满意。它支持多种语音助手，我可以通过简单的语音指令来控制音箱播放音乐、查询天气、设定闹钟等。在实际使用中，我发现它的语音识别准确率很高，响应速度也很快，基本上能够准确理解并执行我的指令。此外，它还支持与多种智能家居设备联动，这让我的生活变得更加便捷。

四、续航能力

续航能力也是我关注的一个重点。×× 智能音箱内置了大容量电池，官方宣称在满电状态下可以持续播放音乐长达 ×× 小时。在我的实际测试中，音箱在中等音量下连续播放音乐超过了 ×× 小时，表现与官方宣传基本一致。这样的续航能力完全能够满足我的日常使用需求，不需要频繁充电。

五、性价比分析

从性价比的角度来看，我觉得 ×× 智能音箱非常值得入手。它的音质表现、智能交互功能和续航能力都让我感到满意。虽然和一些高端智能音箱相比，它在某些方面可能稍显不足，但考虑到它的价格定位，我觉得这样的表现已经非常不错了。

六、总结

总的来说，我对这款 ×× 智能音箱的整体表现非常满意。它不仅在外观设计上符合我的审美，音质表现也让我感到惊喜，智能交互功能更是让我的生活变得更加便捷。虽然它在一些细节上还有提升空间，但总体而言，我认为这是一款性价比非常高的智能音箱。如果你正在寻找一款价格亲民、功能全面的智能音箱，我强烈推荐你考虑一下这款 ×× 智能音箱。

步骤04 **更改文案写作语气**。从 DeepSeek 改写的结果来看，新的文案在保留原文核心信息的基础上，语言风格更加鲜明且富有感染力。接下来可以再让 DeepSeek 采用热情与积极的语气进一步改写文案。对话过程如下。

采用热情、积极的语气，多用积极、正面的词汇和短语，表达对产品的喜爱和满意。

评测文章：全新 ×× 智能音箱深度体验——一款让我爱不释手的智能好物！

在智能家居设备风靡的今天，智能音箱已经成为现代家庭的必备神器！最近，我有幸体验了全新的 ×× 智能音箱，经过一段时间的使用，我简直被它的出色表现深深折服！今天，我迫不及待地想和大家分享这款让我爱不释手的智能好物！

一、外观设计：简约时尚，一见倾心！

×× 智能音箱的外观设计简直让我一见倾心！它的机身线条圆润流畅，简约而不失时尚感，摆在家里就像一件精致的艺术品。外壳材质手感细腻，还具备抗刮擦性能，日常使用完全不用担心磨损。顶部的触控按键设计得非常直观，操作起来得心应手。无论是放在客厅、卧室还是书房，它都能完美融入各种家居风格，简直是颜值与实用性的完美结合！

二、音质表现：震撼听觉，音乐盛宴！

音质是智能音箱的灵魂，而 ×× 智能音箱在这方面表现得尤为出色！它搭载了高保真音频技术，音质清晰饱满，尤其是中高频段的表现让我惊艳不已！人声细腻动人，乐器声层次分明，仿佛置身于音乐现场。虽然低频部分稍显柔和，但整体音质表现已经远超我的预期！无论是听流行音乐、古典乐还是播客，它都能带来一场听觉盛宴，让我每天都沉浸在美妙的音乐世界中！

三、智能交互：聪明贴心，生活更轻松！

×× 智能音箱的智能交互功能简直让我惊叹！它支持多种语音助手，只需一句话，我就能轻松控制音箱播放音乐、查询天气、设定闹钟，甚至还能控制家里的其他智能设备！它的语音识别准确率超高，响应速度也快得惊人，几乎每次都能准确理解并执行我的指令。有了它，我的生活变得更加智能、便捷，简直是居家生活的得力助手！

四、续航能力：持久耐用，畅享无忧！

续航能力也是 ×× 智能音箱的一大亮点！它内置了大容量电池，官方宣称可以持续播放音乐长达 ×× 小时。在我的实际使用中，它在中等音量下连续播放音乐超过了 ×× 小时，完全符合官方宣传！这样的续航表现让我完全不用担心频繁充电的问题，无论是日常使用还是外出携带，都能畅享音乐，毫无后顾之忧！

五、性价比分析：物超所值，诚意满满！

从性价比的角度来看，×× 智能音箱绝对是物超所值！它的音质表现、智能交互功能和续航能力都让我感到非常满意。虽然和一些高端产品相比，它在某些细节上可能稍显不足，但考虑到它亲民的价格，这样的表现已经让我感到非常惊喜！无论是作为家庭娱乐中心，还是智能家居的控制枢纽，它都能完美胜任，绝对是性价比之选！

六、总结：一款让我爱不释手的智能好物！

总的来说，×× 智能音箱完全超出了我的期待！它不仅外观时尚、音质出色，智能交互功能更是让我的生活变得更加轻松便捷。续航能力也让我无需担心电量问题，随时随地都能享受音乐。虽然它还有一些小细节可以优化，但整体表现已经让我非常满意！如果你正在寻找一款高性价比、功能全面的智能音箱，我强烈推荐 ×× 智能音箱！它绝对是一款让你爱不释手的智能好物，值得拥有！

2.3 让内容更符合人的思考

DeepSeek 的深度思考模型 DeepSeek-R1，凭借其卓越的技术实力和广泛的适用性，正逐步重塑内容生产的面貌，使之更加贴近人类的思考方式。无论是旨在提升工作效率的智能辅助、复杂决策的辅助制定，还是在内容创作与学习过程中的灵感激发，该模型都能精准捕捉人的思维逻辑，为用户带来前所未有的价值体验，确保生成的内容与人类的思考方式高度一致。

实战演练　为后续发展提供意见

作为一款深度模拟人类思考模式的人工智能助手，DeepSeek 不仅具备理解复杂问题背景的能力，更擅长从多角度、多层次剖析问题，为企业的后续发展提供独到的见解。本案例就让 DeepSeek 为一家销量下滑的店铺提供全面、细致且操作性强的解决方案。

步骤01　**提供视频广告创意**。首先告诉 DeepSeek 面临的困境，然后要求它提供一些建议。对话过程如下。

我是一家奶茶店的经营者，近期店面销售额出现了一定程度的下滑，请问有什么有效的建议可以帮助改善这一状况？

已深度思考（用时 26 秒）

嗯，用户是一家奶茶店的经营者，最近销售额下滑，想要改善这种情况。首先，我需要分析可能的原因，然后给出有效的建议。用户可能已经尝试过一些方法，但效果不明显，所以需要更深入的解决方案。

首先，销售额下滑可能有多种原因。比如市场竞争加剧，附近开了新的奶茶店；或者产品同质化严重，缺乏特色；也可能是服务质量下降，顾客体验不好；或者是营销活动不够，导致客流量减少；还有可能是成本控制问题，导致利润下降，但用户更关心的是销售额，所以先集中在销售方面。

接下来，我需要考虑用户可能没有提到的情况。比如季节因素，如果是冬天，冷饮销量可能下降，需要推出热饮；或者消费者偏好变化，比如更注重健康，需要低糖、低卡路里的产品；还有线上销售渠道是否完善，比如外卖平台是否优化，是否有自提或小程序点单的便利服务。

然后，要针对这些可能的原因给出建议。首先建议进行市场调研，了解顾客反馈和竞争对手情况。然后优化产品，比如推出新品，打造招牌产品，或者健康选项。提升顾客体验，包括店面环境、服务质量和个性化定制。加强营销，比如社交媒体宣传、会员体系、促销活动。优化成本，比如调整菜单、供应链管理。拓展线上渠道，比如外卖平台优化和私域流量运营。最后，数据分析和调整策略，持续监控销售数据，及时调整。

需要确保建议具体可行，比如提到产品创新时，可以举例子，比如结合当地特色食材，或者跨界联名。在营销方面，可以建议使用短视频平台展示产品制作过程，或者用户打卡活动。会员体系可以设计积分兑换、生日优惠等。促销活动比如第二杯半价，限时折扣，或者捆绑销售小吃。

还要考虑成本控制，比如分析原材料浪费，优化库存管理，避免过期食材。员工培训也很重要，确保服务高效友好，减少顾客流失。

可能用户没有考虑到线上渠道的重要性，特别是在疫情期间，外卖和自提服务很关键。优化外卖平台的图片和描述，参加平台活动，提升排名。私域流量比如微信群、小程序，可以定期推送优惠信息，增加复购。

最后，建议用户持续关注数据，比如哪些产品畅销，哪些时段客流量大，调整营业时间和产品供应。定期推出新品保持新鲜感，避免顾客厌倦。

总之，需要从产品、服务、营销、成本、渠道等多个方面综合施策，结合数据分析和顾客反馈，不断优化运营策略，才能有效提升销售额。

作为奶茶店经营者，面对销售额下滑的问题，可以从产品、营销、服务、成本控制和市场策略等多方面进行调整。以下是一些具体建议：

一、诊断问题根源（先找准原因）

1. 市场调研

· 分析周边竞争对手：是否有新店开业？他们的定价、产品特色、促销方式有何不同？

· 顾客问卷调查：通过线上（小程序 / 社群）或线下（填写问卷送小礼品）收集反馈，了解顾客不满意的点（如口味、价格、等待时间等）。

·观察客流变化：工作日 vs 周末、不同时间段的客流量是否下降？是否有外部因素（如修路、商圈人流减少）？

2. 数据复盘

· 分析销售数据：哪些产品销量下滑明显？哪些时段 / 季节销售额下降？

· 外卖平台表现：如果开通了外卖，检查评分是否下降、订单量是否减少，分析差评原因。

二、优化产品策略

1. 产品创新与差异化

· 推出季节性限定款（如冬季热饮、夏季冰沙）或联名款（与本地品牌 /IP 合作）。

· 增加健康选项：低糖、零卡糖、植物奶（燕麦奶、杏仁奶）、水果茶等，吸引健康意识强的顾客。

· 打造“招牌产品”：设计 1 ~ 2 款独家饮品（如特色小料、创意分层效果），强化记忆点。

2. 套餐组合与附加值

· 推出“奶茶 + 小吃”（如鸡蛋仔、薯条）的优惠套餐，提升客单价。

· 增加个性化选项：小料自选（免费加珍珠 / 椰果）、甜度 / 冰量灵活调整。

三、提升顾客体验

1. 优化服务流程

· 缩短等待时间：高峰期增加备料人手，或推出“线上预点单 - 到店自提”服务。

· 培训员工服务意识：保持微笑、主动推荐新品、记住常客的喜好。

2. 店面环境升级

· 布置打卡点：设计适合拍照的墙面、灯光或主题装饰，吸引年轻人分享到社交媒体。

· 提供便利设施：免费 Wi-Fi、充电插座、少量座位（即使以外卖为主）。

四、强化营销与推广

1. 线上引流

· 社交媒体运营：在抖音 / 小红书发布短视频，展示产品制作过程、新品试喝、顾客打卡。

· 合作推广：邀请本地 KOL 探店，或与周边商家（如电影院、健身房）互推优惠券。

· 私域流量运营：建立微信群 / 小程序，定期发放限时折扣、会员专属福利。

2. 促销活动设计

· 限时折扣：如“下午 3 点前第二杯半价”“工作日特惠套餐”。

· 会员体系：充值赠礼、积分兑换（如 10 杯送 1 杯）、生日赠饮。

· 裂变活动：发起“邀请好友拼单减 5 元”“分享朋友圈赠小料”等。

五、控制成本与效率

1. 菜单精简与供应链优化

· 淘汰销量低、成本高的产品，聚焦爆款。

· 与供应商谈判，批量采购或寻找性价比更高的原料。

2. 减少浪费

· 根据销售数据调整每日备料量，避免食材过期。

· 将剩余食材二次利用（如茶渣做成茶味饼干赠送顾客）。

六、拓展销售渠道

1. 外卖平台优化

· 优化外卖菜单图片和描述，提升吸引力。

· 参与平台活动（如满减、免配送费），争取首页曝光。

2. 企业合作与活动

· 承接企业团单（如下午茶订购），提供定制化服务。

· 在学校 / 写字楼附近设临时摊位，或参与市集活动。

七、长期策略

· 建立品牌忠诚度：通过会员体系、社群互动培养回头客。

· 持续迭代产品：每季度推出 1 ～ 2 款新品，保持新鲜感。

· 关注行业趋势：追踪奶茶消费趋势（如低糖、国风包装、环保杯具），灵活调整策略。

案例参考：

· 蜜雪冰城：通过极致性价比 + 洗脑 IP 营销打开市场。

· 茶颜悦色：以“国风”主题和持续新品迭代形成差异化。

· 本地小众品牌：通过社群运营和顾客共创（如投票选新品）增强黏性。

最后建议：

先从小成本试错开始（如推出一款新品、优化外卖页面、开展 3 天促销），根据数据反馈快速调整，避免盲目投入。同时关注复购率和顾客口碑，长期改善盈利能力。

步骤 02 **生成顾客问卷调查**。DeepSeek 针对问题给出了许多实用的建议，其中就包括销售下滑的原因。接下来就让它生成一份调查问卷。对话过程如下。

鉴于你提到的销售额下滑可能有多种原因，我考虑先进行市场调研，请帮我设计一份顾客问卷调查。

已深度思考（用时 25 秒）

好的，用户已经决定先进行市场调研，特别是顾客问卷调查，接下来需要帮他设计一份有效的问卷。首先，我需要回想之前给的建议，确保问卷涵盖关键点，比如产品、价格、服务、环境等。用户是奶茶店经营者，可能对市场调研不太熟悉，所以问卷需要简洁明了，问题要具体，避免让顾客感到烦琐。

然后，要考虑到不同的数据收集方式，比如线上和线下。用户之前提到过线上小程序或社群，线下填写问卷送小礼品，所以问卷设计要适合这两种方式。可能需要控制问卷长度，大约 10 个问题左右，避免顾客失去耐心。

接下来，问题结构要合理。通常从基本信息开始，比如性别、年龄、消费频率，这些有助于用户做客户画像。然后是消费习惯，比如购买渠道、时间段，这对调整营业时间和推广策略有帮助。之后是核心问题，产品口味、价格、服务满意度，这部分需要详细设计，尤其是开放性问题，让顾客可以提出具体建议。

还要考虑问题的顺序，先简单后复杂，先封闭式问题后开放式，这样受访者更容易完成。例如，从选择题开始，最后再让顾客写建议。同时，避免引导性问题，保持中立，确保数据真实可靠。

用户可能还希望问卷能收集到改进的具体方向，比如是否需要增加健康饮品，或者优化等待时间。因此，在问题设计时要包含这些选项，比如在产品部分加入关于健康选项的问题，在服务部分询问等待时间的满意度。

另外，奖励机制也很重要，用户之前提到送小礼品，所以在问卷末尾可以加上抽奖或赠品的信息，提高参与率。同时，隐私声明也是必要的，让顾客放心个人信息不会被滥用。

最后，需要提醒用户问卷投放后的注意事项，比如收集时间、数据分析方法，以及如何根据结果调整策略。可能用户还需要一些后续步骤的建议，比如如何分析数据，如何将结果转化为具体行动，这部分可以在回复中简要提及，确保用户能够有效利用问卷结果。

总结一下，设计问卷时要全面覆盖各个关键因素，问题清晰简洁，逻辑顺畅，同时结合奖励机制提高参与度，帮助用户准确诊断问题根源，从而制定有效的改善措施。

以下是一份针对奶茶店顾客的问卷调查设计模板，包含基本信息、消费习惯、满意度及改进建议等模块。问题设计简洁明确，便于线上线下同步收集数据，并附上执行建议：

奶茶店顾客满意度调查问卷

目的：了解您的消费体验，帮助我们提供更好的产品和服务！（填写约需 2 分钟，参与可抽奖获赠饮品券！）

一、基本信息（用于客户画像）

1. 您的性别：

○ 男　○ 女　○ 其他

2. 您的年龄：

○ 18 岁以下　○ 18 ~ 25 岁　○ 26 ~ 35 岁　○ 36 ~ 45 岁　○ 46 岁以上

3. 您平均多久购买一次奶茶？

○ 每天　○ 每周 2 ~ 3 次　○ 每周 1 次　○ 每月 1 ~ 2 次　○ 偶尔

二、消费习惯

4. 您通常通过什么渠道购买奶茶？（可多选）

☐ 到店自取　☐ 外卖平台（如美团 / 饿了么）☐ 小程序预点单　☐ 其他 ____

5. 您最常购买的奶茶类型是？

○ 经典奶茶（珍珠 / 椰果）○ 水果茶　○ 芝士奶盖　○ 纯茶 / 清茶　○ 其他 ____

6. 您选择奶茶店时最关注的因素？（按重要性排序，1 为最重要）

_ 口味 _ 价格 _ 出餐速度 _ 品牌知名度 _ 促销活动 _ 店面环境

三、产品与服务评价

7. 您认为本店饮品的口味如何？

○ 非常满意　○ 满意　○ 一般　○ 不满意（请说明：________）

8. 您认为本店饮品的价格如何？

○ 偏高　○ 合理　○ 偏低

9. 您对以下方面的满意度如何？（1 ~ 5 分，5 分为非常满意）

项目	1 分	2 分	3 分	4 分	5 分
出餐速度	○	○	○	○	○
员工服务态度	○	○	○	○	○
店面卫生环境	○	○	○	○	○

四、改进建议

10. 您希望我们增加哪些新产品或服务？（可多选）

☐ 更多健康选项（低糖 / 植物奶）☐ 小吃搭配（如鸡蛋仔）

☐ 季节限定款（如冬季热饮）☐ 个性化定制（自选小料 / 甜度）

☐ 其他建议：______________

11. 您会因为什么原因再次光顾本店？（可多选）

☐ 新品推出　☐ 优惠活动　☐ 优质服务　☐ 便捷的取餐方式　☐ 其他 ____

五、开放性问题（选填）

12. 您对本店的最大建议是？ ____________________

问卷执行建议

1. 投放渠道：

· 线下：在店内放置二维码台卡，顾客下单后邀请填写（填写可免费加一份小料）。

· 线上：通过微信群、小程序推送，或外卖订单附二维码（参与抽奖送饮品券）。

2. 数据收集周期：建议持续 1-2 周，收集至少 100 份有效样本。

3. 数据分析重点：

· 高频客群画像（如 18 ~ 25 岁女性占比、消费频率）。

· 核心不满指标（如出餐速度评分低于 3 分需优先优化）。

· 新产品需求排序（如“健康选项”需求比例）。

4. 隐私声明：在问卷开头注明“仅用于改进服务，不泄露个人信息”。

后续行动示例

· 若发现“出餐速度”是痛点 → 优化备料流程或推出预点单系统。

· 若“健康饮品”需求高 → 研发低糖系列并在菜单突出展示。

· 若年轻客群占比低 → 在抖音 / 小红书发起“奶茶 DIY 挑战赛”吸引关注。

通过此问卷，您可快速定位问题并制定针对性策略，低成本试错优化！

实战演练　基于已有数据的理性分析

居民消费价格是衡量经济活动的重要指标之一。政府和相关机构通过分析这些数据能够获取多方面的经济信息和趋势，进而制定和调整相应的经济政策。本案例将利用 DeepSeek 工具对上传的居民消费价格数据进行理性分析，深入挖掘数据背后隐藏的信息和规律。

◎ 原始文件：实例文件 / 02 / 2.3 / 2025年1月份居民消费价格主要数据.xlsx

◎ 最终文件：无

步骤01　**查看表中的数据信息**。打开“2025 年 1 月份居民消费价格主要数据 .xlsx”，表格中详细记录了 2025 年 1 月份居民消费价格的环比涨跌幅和同比涨跌幅，如图 2-3 所示。

2025年1月份居民消费价格主要数据		
	环比涨跌幅（%）	同比涨跌幅（%）
居民消费价格	0.7	0.5
其中：城市	0.8	0.6
农村	0.5	0.3
其中：食品	1.3	0.4
非食品	0.6	0.5

图 2-3

步骤02 **了解数据变动情况**。将数据表作为附件上传至 DeepSeek，让它收集和分析居民购买的生活消费品及服务价格水平的变动情况。对话过程如下。

从上传的这个表中的数据来看，居民购买的生活消费品和服务价格水平的变动情况如何？

已深度思考（用时 29 秒）

嗯，用户上传了一个 2025 年 1 月份的居民消费价格主要数据表，里面有很多分类和环比、同比的涨跌幅数据。用户想知道居民购买的生活消费品和服务价格水平的变动情况如何。

首先，我需要仔细看一下表格里的各个分类数据。总体的居民消费价格环比上涨了 0.7%，同比上涨了 0.5%。这说明整体价格水平在 1 月份相对于前一个月有所上升，但相比去年同期涨幅较小。

然后分城市和农村来看，城市环比涨 0.8%，同比 0.6%；农村环比 0.5%，同比 0.3%。城市的涨幅比农村高，可能是因为城市的生活成本更高或者某些服务价格波动更大。

接下来看食品和非食品。食品环比涨 1.3%，同比 0.4%；非食品环比 0.6%，同比 0.5%。食品价格环比上涨较多，可能受到季节因素或供应影响，但同比涨幅不高，说明长期来看食品价格相对稳定。

消费品和服务方面，消费品环比 0.6%，同比 0.1%；服务环比 0.9%，同比 1.1%。服务价格的涨幅更高，可能反映了服务业的成本上升或需求增加。

具体到各个类别：

· 食品烟酒整体环比涨 0.9%，同比 0.6%。其中鲜菜环比大涨 5.9%，同比 2.4%，这可能因为冬季蔬菜供应减少。猪肉环比涨 1%，同比暴涨 13.8%，可能受生猪供应波动影响。牛羊肉同比下跌，可能因为供应过剩或消费习惯变化。

· 衣着类整体环比下降 0.4%，但同比上涨 1.1%。服装环比降 0.4%，同比涨 1.3%，可能受季节性促销影响，但长期价格在上涨。

· 居住类环比持平，同比微涨 0.1%，租赁房房租同比下跌 0.2%，水电燃料微涨 0.1% 和 0.4%，整体居住成本变化不大。

· 生活用品及服务环比涨 0.7%，但同比降 1.1%。家庭服务环比大涨 5.7%，同比 4.7%，可能人工成本上升。

· 交通通信环比涨 1.7%，同比降 0.6%。交通工具用燃料环比涨 2.5%，可能油价波动，但交通工具价格同比降 4.1%，可能市场竞争或技术进步导致降价。

· 教育文化娱乐环比涨 1.5%，同比涨 1.7%。旅游环比暴涨 11.6%，同比 7%，可能节假日因素推动旅游需求激增。

· 医疗保健环比持平，同比涨 0.7%。中药和西药价格波动不同，医疗服务微降 0.1% 但同比涨 1.2%。

· 其他用品及服务环比涨 1.6%，同比大涨 5.4%，可能涉及奢侈品或其他特殊服务价格上涨。

综合来看，1 月份居民消费价格整体呈现温和上涨，但不同类别差异较大。食品中的鲜菜和猪肉价格上涨明显，服务类如家庭服务和旅游价格涨幅较大，而部分耐用品如交通工具和家用器具价格有所下降。需要结合具体经济背景和季节性因素来进一步分析这些变动的原因。

从 2025 年 1 月份居民消费价格数据来看，居民生活消费品和服务价格水平的变动呈现以下特征：

整体情况

· 居民消费价格环比上涨 0.7%，同比上涨 0.5%，显示价格水平温和上升。

· 城市价格涨幅高于农村：城市环比涨 0.8%（同比 0.6%），农村环比涨 0.5%（同比 0.3%），反映城市生活成本压力更大。

分类别变动分析

1. 食品与非食品

· 食品价格环比显著上涨（+1.3%），但同比涨幅较低（+0.4%）。

鲜菜环比大涨 5.9%（同比 +2.4%），可能受季节性供应短缺影响。

猪肉同比飙升 13.8%，生猪供应波动或是主因；牛羊肉同比大幅下跌（牛肉 –13.1%、羊肉 –5.6%），可能因消费替代或产能过剩。

· 非食品价格平稳：环比 +0.6%，同比 +0.5%，整体波动较小。

2. 消费品与服务

· 服务价格涨幅突出：环比 +0.9%（同比 +1.1%），高于消费品（环比 +0.6%，同比 +0.1%）。

家庭服务环比暴涨 5.7%（同比 +4.7%），反映人工成本上升。

旅游环比飙升 11.6%（同比 +7%），节假日需求拉动明显。

3. 居住与生活成本

· 居住类价格基本稳定：环比持平，同比 +0.1%；租赁房房租同比微降 0.2%。

· 生活用品及服务环比 +0.7%，但同比 –1.1%，家用器具同比 –3.5%，可能受市场竞争或技术升级影响。

4. 交通通信

· 燃料价格波动：交通工具用燃料环比 +2.5%（油价波动），但交通工具同比 –4.1%（市场竞争或技术降价）。

· 通信工具价格下降（环比 –0.4%），通信服务价格持平。

5. 教育文化娱乐

· 旅游需求激增：环比 +11.6%（节假日效应），教育服务价格稳定（环比持平，同比 +1.2%）。

6. 医疗保健

· 医疗服务价格分化：中药环比 +0.2%，西药同比 –1.1%；医疗服务同比 +1.2%，长期医疗成本仍呈上升趋势。

7. 其他用品及服务

· 涨幅最大：环比 +1.6%，同比 +5.4%，可能涉及奢侈品或特殊服务价格抬升。

主要结论

· 结构性上涨特征明显：食品（鲜菜、猪肉）、服务（家庭服务、旅游）是主要推高价格的因素，而耐用品（交通工具、家用器具）价格下跌缓解了部分通胀压力。

· 季节性因素显著：鲜菜、旅游等受节假日和气候影响较大。

· 长期趋势分化：服务类价格持续上行，工业消费品价格受技术或产能影响趋降。

总体来看，居民消费价格呈现温和通胀，但需关注食品和服务领域的短期波动对民生成本的影响。

步骤03　**查询上涨最明显的食品**。在 DeepSeek 给出的结果中，能看到食品价格环比显著上涨，进一步追加提问，查询上涨最明显的几类食品。对话过程如下。

食品中哪些种类的价格上涨得最为显著？

已深度思考（用时 28 秒）

嗯，用户问的是在食品中哪些种类的价格上涨最显著。首先，我需要回到之前提供的 2025 年 1 月份的居民消费价格数据，特别是食品部分的数据。表格里有一个“一、食品烟酒”的大类，下面细分了各个食品种类，比如粮食、食用油、鲜菜、畜肉类等。每个食品种类都有环比涨跌幅和同比涨跌幅的数据。

首先，我需要明确用户的问题是要看环比还是同比的涨幅最显著，或者两者都要考虑。一般来说，环比是本月与上月相比的变化率，而同比是本月与去年同期相比的变化率。两者都能反映价格变动的不同维度。用户可能关心的是最近一个月内的价格剧烈波动，或者长期趋势中的显著变化。因此，最好是同时分析环比和同比的数据，以提供全面的回答。

接下来，我需要逐一查看各个食品种类的数据，找出哪些种类的环比和同比涨幅最大。例如，鲜菜的环比涨跌幅是 +5.9%，同比是 +2.4%。猪肉的环比是 +1%，同比是 +13.8%。牛肉和羊肉的同比是负增长，而水产品、蛋类、奶类等的涨跌幅不一。鲜果的环比是 +3.3%，同比 +0.6%。卷烟和酒类的变化较小或负增长。

这里需要注意的是，虽然猪肉的环比涨幅只有 1%，但同比涨幅高达 13.8%，这可能意味着虽然近期价格有小幅上涨，但长期来看涨幅非常显著。鲜菜的环比涨幅 5.9% 是短期内较大的上涨，而同比涨幅 2.4% 也显示了一定的长期压力。另外，鲜果的环比上涨 3.3% 也是一个较大的月度变化。

可能存在的疑问是，为什么某些食品种类的环比和同比涨幅差异如此大。例如，猪肉同比涨幅高，但环比涨幅相对较低，这可能是由于季节性因素或供应调整。需要结合实际情况进行解释，但根据现有数据，只需指出哪些种类的涨幅最大即可。

此外，用户可能希望了解这些显著上涨的食品种类对整体食品价格指数的影响。例如，鲜菜和猪肉在食品中的权重如何，是否这些高涨幅的食品种类在整体指数中占比较大，从而对总指数有较大影响。但根据现有数据，可能无法得知各食品种类的具体权重，因此只能基于提供的涨跌幅数据进行判断。

总结来看，鲜菜的环比涨幅最高（+5.9%），猪肉的同比涨幅最高（+13.8%）。鲜果的环比涨幅也较高（+3.3%）。需要明确说明这些数据，并指出哪些种类的涨幅在环比和同比中最为显著。同时，可能需要简要解释这些涨幅背后的可能原因，如季节性因素、供应问题等，以帮助用户更好地理解价格变动的原因。

最后，确保回答清晰、有条理，将数据准确呈现，并突出用户关心的重点，即哪些食品种类的价格上涨最为显著。

从 2025 年 1 月份数据来看，食品中价格涨幅最为显著的种类如下：

1. 环比涨幅（本月与上月相比）

· 鲜菜：+5.9%

短期价格飙升，可能受冬季寒潮或运输成本上升等季节性供应短缺影响。

· 鲜果：+3.3%

水果因气候异常或节日需求增加导致短期供需失衡。

· 水产品：+2.7%

渔业资源季节性减少或养殖成本上升推动价格上涨。

· 畜肉类（猪肉）：+1%

生猪出栏量短期波动或节日需求拉动。

2. 同比涨幅（本月与去年同期相比）

· 猪肉：+13.8%

长期供应紧张（如疫病、饲料成本上升）导致价格持续高企。

· 鲜菜：+2.4%

气候异常或种植成本增加对全年价格形成压力。

· 畜肉类（羊肉）：–5.6%

虽同比下跌，但需注意牛肉（–13.1%）与羊肉的替代效应可能间接推高猪肉需求。

关键结论

· 最显著短期波动：鲜菜（环比 +5.9%）、鲜果（环比 +3.3%）受季节性和临时性因素影响最大。

· 最显著长期上涨：猪肉（同比 +13.8%）因供应链问题持续高位运行。

· 结构性分化：牛羊肉价格同比大幅下跌（牛肉 –13.1%、羊肉 –5.6%），可能与产能过剩或消费偏好转移有关。

这些高涨幅的食品类别对居民日常消费成本影响较大，需关注政策调控和供应链稳定性。

步骤 04 **分析上涨可能产生的影响**。最后，让 DeepSeek 分析某一类食品上涨后可能产生的影响。对话过程如下。

鲜菜价格的上涨可能会对整体食品价格造成什么样的影响？

已深度思考（用时 21 秒）

好的，我现在需要回答用户的问题："鲜菜价格的上涨可能会对整体食品价格造成什么么样的影响？"首先，我需要回顾之前提供的 2025 年 1 月份居民消费价格数据，特别是食品部分的相关信息。

根据之前的表格数据，鲜菜的环比涨幅是 5.9%，同比涨幅是 2.4%。这表明鲜菜价格在短期内有一个显著的上涨，而相比去年同期也有一定程度的增长。接下来，我需要分析鲜菜价格上涨对整体食品价格的可能影响。

首先，鲜菜作为食品中的一部分，其价格上涨会直接推高整体食品价格指数。在 CPI（居民消费价格指数）中，食品类通常占据一定的权重，因此鲜菜价格的上涨会直接反映在整体 CPI 的食品部分。

其次，鲜菜价格的上涨可能通过替代效应影响其他食品的价格。例如，如果鲜菜价格过高，消费者可能会转向购买其他相对便宜的蔬菜或食品，从而增加对这些替代品的需求，导致这些替代品价格上升。或者，如果鲜菜价格的上涨是由于供应链问题（如运输成本增加或气候因素导致产量减少），这些因素可能也会影响到其他蔬菜或相关农产品的供应，从而引发更广泛的食品价格上涨。

另外，鲜菜价格的上涨还可能对餐饮业和相关服务行业产生影响，进而间接影响整体经济中的价格水平。例如，餐馆可能会因为食材成本上升而提高菜品价格，从而推动服务类价格的上涨。

不过，我也需要考虑是否有其他因素可能缓解鲜菜价格上涨对整体食品价格的影响。例如，如果其他食品类别的价格保持稳定甚至下降，可能会部分抵消鲜菜价格上涨带来的影响。根据数据，畜肉类中的牛肉和羊肉价格同比有较大幅度的下降（牛肉 –13.1%、羊肉 –5.6%），这可能为整体食品价格提供一定的下行压力。

此外，需要关注政策调控措施。政府可能会采取措施稳定鲜菜价格，如增加供应、调控市场或提供补贴，这些都可能减缓鲜菜价格上涨对整体食品价格的影响。

综上所述，鲜菜价格的上涨可能会通过直接影响食品价格指数、引发替代效应以及供应链传导等途径对整体食品价格造成上升压力，但同时其他食品价格的下降和政策调控可能部分抵消这种影响。需要综合考虑多种因素来评估其实际影响程度。

鲜菜价格的上涨对整体食品价格的影响主要体现在以下几个方面：

1. 直接推高食品价格指数

· 权重影响：鲜菜作为食品类的重要组成部分，其价格大幅上涨（环比 +5.9%）会直接拉高食品类整体价格指数。例如，在表格中，食品类环比涨幅为 +1.3%，鲜菜的贡献显著。

· 短期波动放大：鲜菜属于易受季节性和气候影响的商品，其价格剧烈波动可能使食品类价格指数的月度或季度数据出现明显波动。

2. 供应链传导效应

· 替代需求转移：若鲜菜价格过高，消费者可能转向其他替代品（如冷冻蔬菜或耐储存的根茎类蔬菜），导致替代品需求增加、价格上涨。例如，表格中鲜果环比 +3.3%，可能部分受此影响。

· 成本传导至加工食品：鲜菜作为餐饮业和食品加工业的原材料，其涨价可能推高相关终端产品（如预制菜、外卖）的价格，间接影响整体食品价格。

3. 对低收入群体的冲击

· 必需品消费占比高：鲜菜是居民日常饮食的必需品，其价格快速上涨对低收入家庭的食品支出压力更大，可能压缩其他食品或非食品消费。

4. 与其他食品类别的抵消效应

· 肉类价格分化：表格显示，猪肉同比 +13.8%，但牛羊肉价格大幅下跌（牛肉 –13.1%、羊肉 –5.6%），可能部分抵消鲜菜涨价的压力。

· 粮食与食用油价格稳定：粮价（环比 –0.1%）和食用油（环比 –0.3%）的下跌或平

稳表现，有助于缓解整体食品通胀。

5. 政策调控的潜在作用

· 供应保障措施：政府可能通过增加进口、释放储备菜或补贴运输成本来稳定鲜菜供应，抑制价格进一步上涨。

· 价格干预：临时限价或市场监管可减缓短期价格波动对整体食品价格的冲击。

结论

鲜菜价格的显著上涨（如环比 +5.9%）会对整体食品价格形成上行压力，尤其在短期和必需品类中表现突出。然而，其他食品类别的价格分化（如牛羊肉下跌）和政策调控可能部分抵消这种影响。需重点关注其对民生成本的直接冲击，以及供应链稳定性对通胀预期的长期影响。

第3章

更多的 AI 文本处理工具

除了前面已经介绍的 DeepSeek，对话式 AI 工具还有通义千问、文心一言、腾讯元宝等。这些对话式 AI 工具都可以完成长文档识别、图像识别等任务。AI 文本处理工具的出现，为办公人员提供了强大的支持，使他们能更快完成烦琐的文本创作和编辑工作，从而有更多时间专注于核心业务和决策的制定。本章将详细介绍更多 AI 文本处理工具的使用方法。

3.1　通义千问：对话式的智能创作平台

通义千问是阿里云推出的一个超大规模的语言模型，它拥有强大的自然语言处理能力，能够进行多轮对话、理解复杂指令，并给出准确、流畅的回答。无论是进行知识问答、文本创作还是逻辑推理，通义千问都能凭借自身的卓越性能，为用户提供更高效、便捷的智能服务体验。此外，通义千问集成了众多功能多样的智能体，覆盖趣味生活、创意文案、办公助理、学习助手等多个领域，极大地丰富了其应用场景。

实战演练　用通义千问撰写招聘计划

一份详细的招聘计划有助于企业明确招聘的目标和岗位需求，确保招聘工作有序、高效地进行。本案例将使用通义千问快速撰写一份招聘计划。

步骤01　**打开通义千问**。在网页浏览器中打开通义千问页面（https://tongyi.aliyun.com/qianwen/）。单击页面中的“立即使用”按钮，如图 3-1 所示。

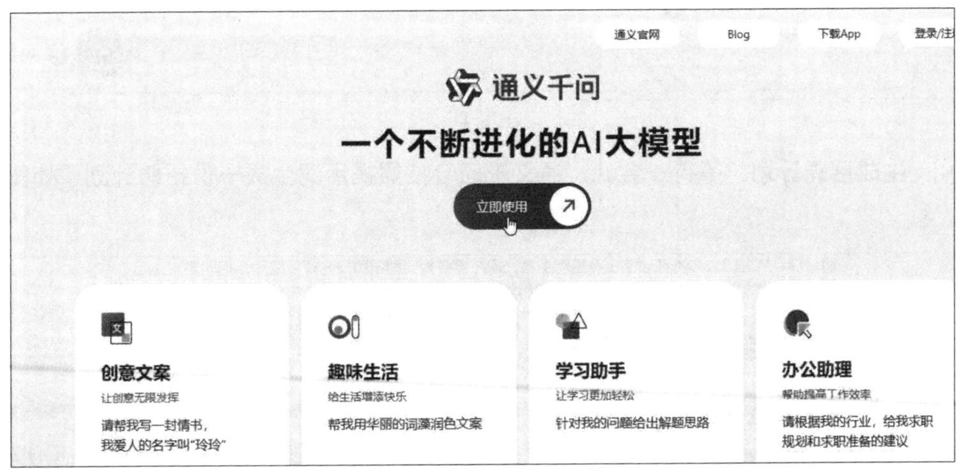

图 3-1

步骤02　**登录账号**。初次使用通义千问需要登录。❶输入手机号，❷勾选下方的用户协议复选框，❸单击“获取验证码”按钮，如图 3-2 所示。❹输入该手机号收到的验证码，❺单击“登录”按钮，如图 3-3 所示。

图 3-2

图 3-3

步骤03　**输入提示词**。完成登录后，默认进入新对话页面。❶在页面底部的文本框中输入撰写招聘计划的提示词，❷单击按钮或按〈Enter〉键提交，如图 3-4 所示。

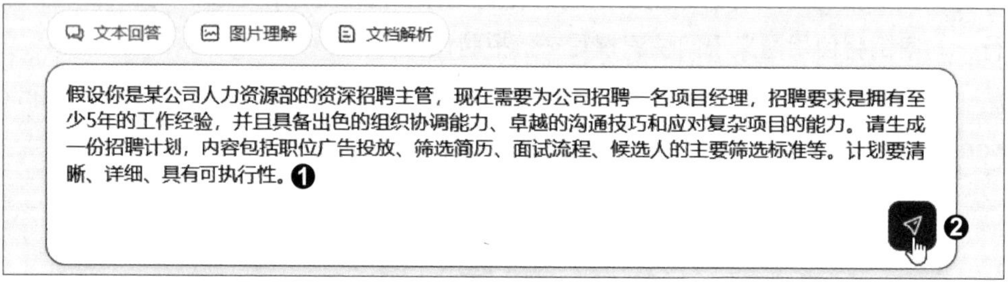

文本回答　图片理解　文档解析

假设你是某公司人力资源部的资深招聘主管，现在需要为公司招聘一名项目经理，招聘要求是拥有至少5年的工作经验，并且具备出色的组织协调能力、卓越的沟通技巧和应对复杂项目的能力。请生成一份招聘计划，内容包括职位广告投放、筛选简历、面试流程、候选人的主要筛选标准等。计划要清晰、详细、具有可执行性。❶

图 3-4

步骤04　**生成招聘计划**。等待一会儿，通义千问会按照提示词生成一份招聘计划，如图 3-5 所示。

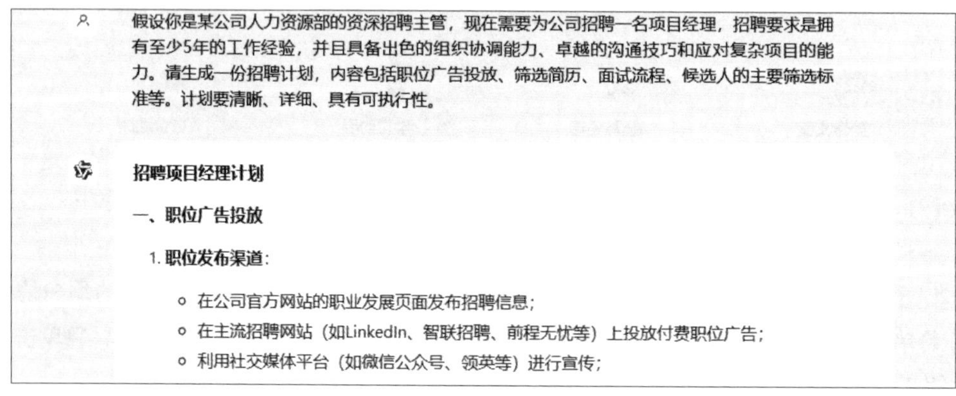

图 3-5

步骤05　**重新生成**。如果对生成结果比较满意，可单击输出区域下方的“复制”按钮，将结果复制到剪贴板；如果对生成结果不满意，则单击输出区域下方的“重新生成”按钮，如图 3-6 所示，重新生成内容。

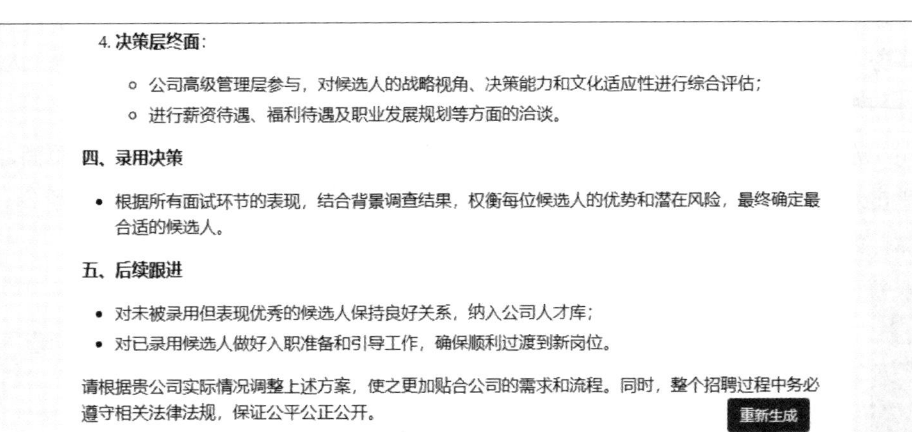

图 3-6

步骤06　**查看不同版本的生成结果**。重新生成内容后，输出区域下方会显示一组按钮，单击左右两侧的箭头按钮可以切换浏览不同版本的生成结果，如图 3-7 所示。

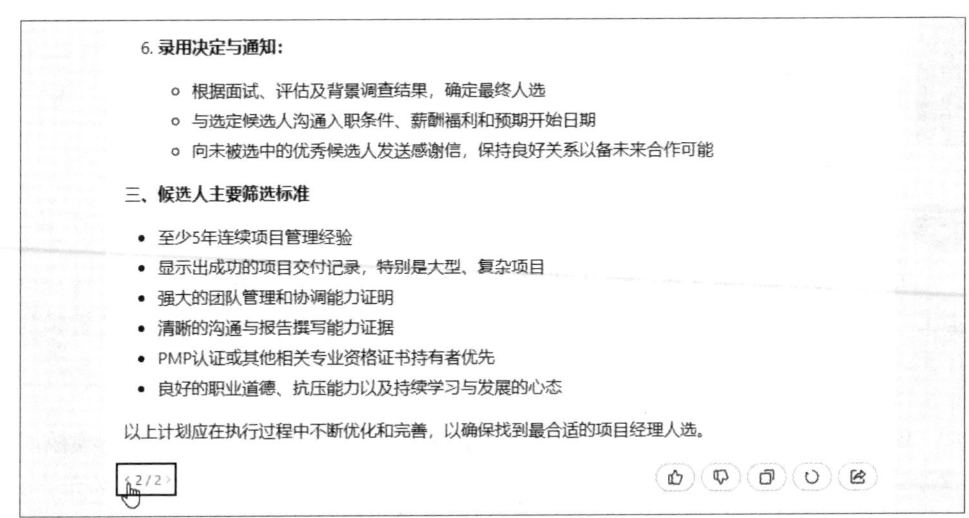

图 3-7

实战演练 用通义千问智能体撰写公文

公文是一种正式的书面文件，用于政府机构、企事业单位等组织内部或组织之间传递信息、处理事务、表达意志、明确责任等。它具有特定的格式和规范，语言严谨、准确，内容具有权威性和法律效力。本案例将使用通义千问的智能体快速撰写一篇公文。

步骤01 **选择智能体**。❶单击通义千问页面左侧的“智能体”按钮，进入智能体页面，❷根据需求单击对应的标签，例如单击“职场创意”标签，❸然后单击该分类下的“公文写作大师”智能体，如图 3-8 所示。

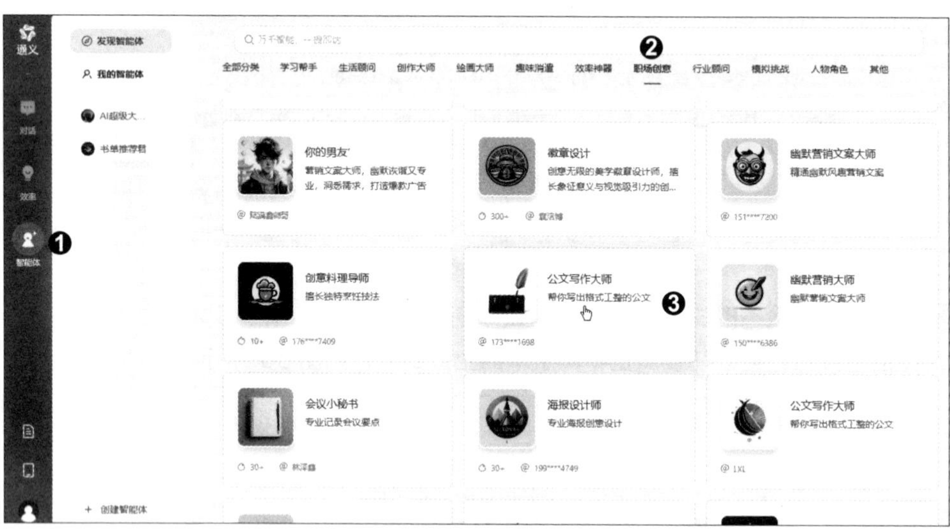

图 3-8

提 示

在选择智能体时，如果对于特定功能、行业应用或性能要求有明确的需求，可以在页面上方的搜索框中直接输入关键词来搜索智能体，以便能够快速定位到符合需求的智能体。

步骤02 **单击提示词模板**。进入智能体对话页面，可以看到 AI 推荐的一些提示词模板，假设我们需要写一篇请示，可以直接单击“写一篇请示”这个提示词模板，如图 3-9 所示。

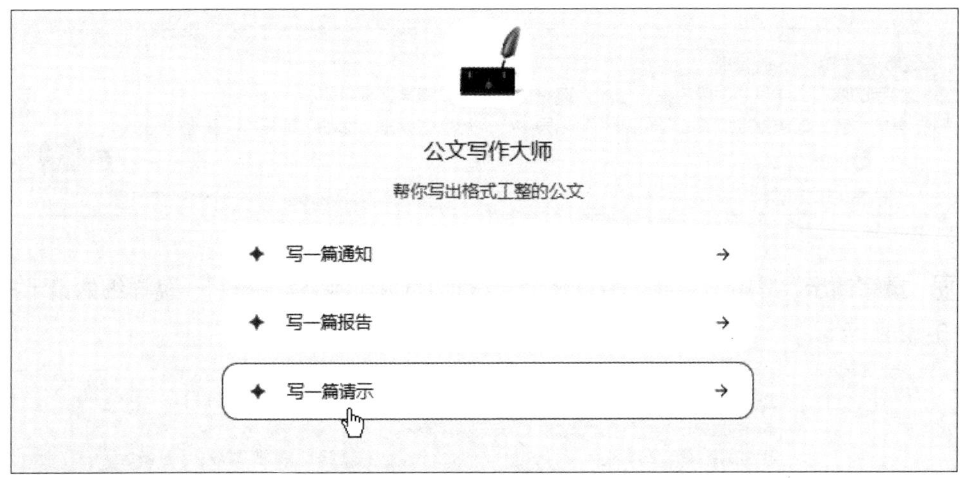

图 3-9

步骤03 **智能体给出请示写作关键点**。等待一会儿，智能体便会针对模板中的提示词给出相应的回答，让我们提供请示的对象、原因、具体内容等，如图 3-10 所示。

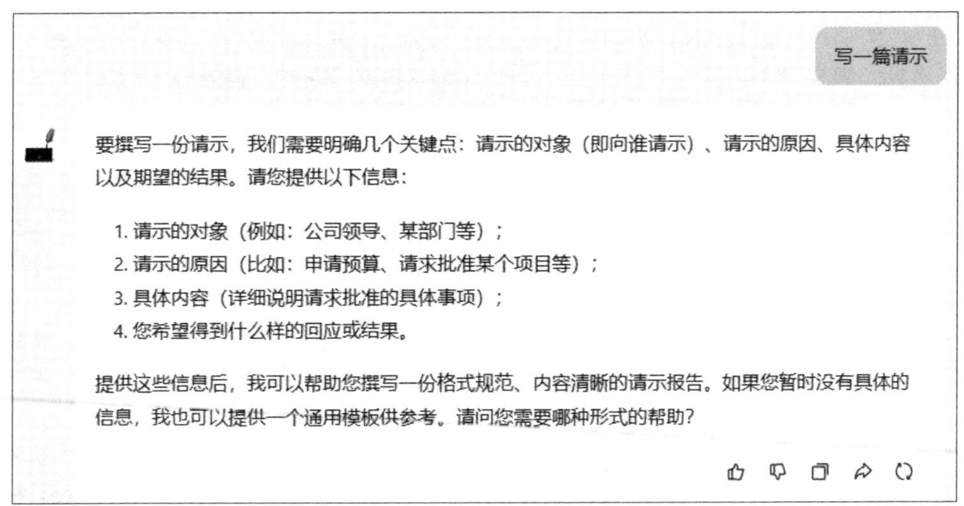

图 3-10

步骤04 **输入提示词**。❶在下方的提示词输入框中输入相关信息，❷输入完成后单击按钮或按〈Enter〉键，如图 3-11 所示。

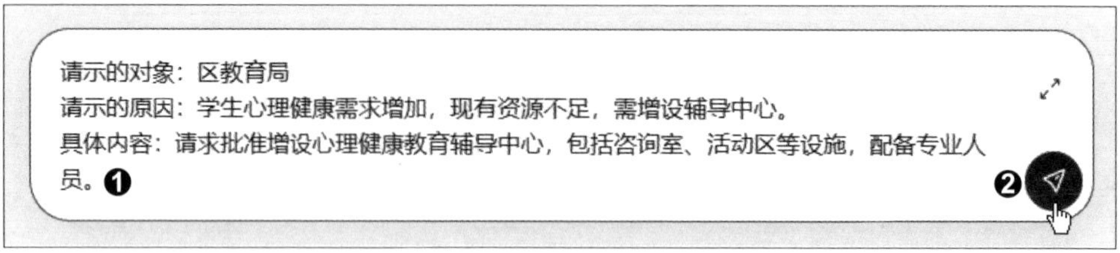

请示的对象：区教育局
请示的原因：学生心理健康需求增加，现有资源不足，需增设辅导中心。
具体内容：请求批准增设心理健康教育辅导中心，包括咨询室、活动区等设施，配备专业人员。❶

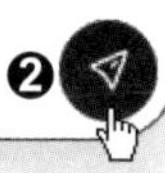

图 3-11

步骤 05　**撰写请示**。等待一会儿，智能体就会根据我们提供的信息撰写一篇详细的请示报告，如图 3-12 所示。

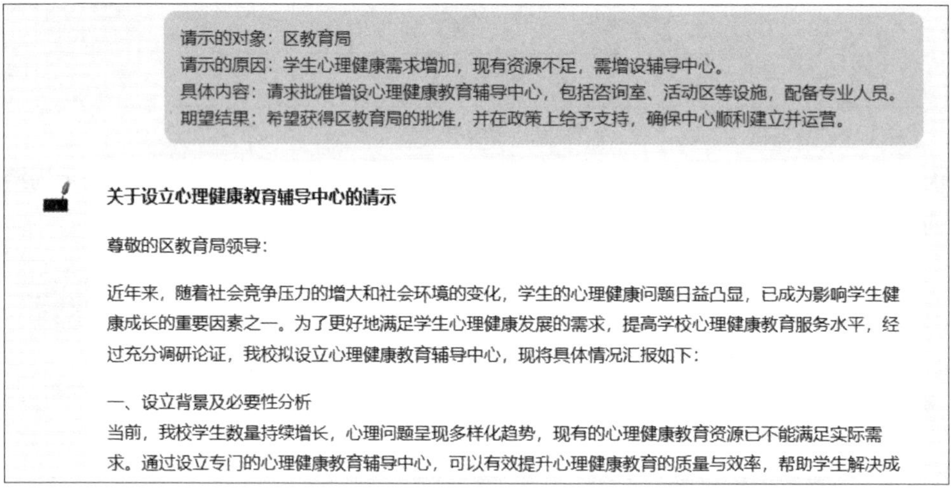

请示的对象：区教育局
请示的原因：学生心理健康需求增加，现有资源不足，需增设辅导中心。
具体内容：请求批准增设心理健康教育辅导中心，包括咨询室、活动区等设施，配备专业人员。
期望结果：希望获得区教育局的批准，并在政策上给予支持，确保中心顺利建立并运营。

关于设立心理健康教育辅导中心的请示

尊敬的区教育局领导：

近年来，随着社会竞争压力的增大和社会环境的变化，学生的心理健康问题日益凸显，已成为影响学生健康成长的重要因素之一。为了更好地满足学生心理健康发展的需求，提高学校心理健康教育服务水平，经过充分调研论证，我校拟设立心理健康教育辅导中心，现将具体情况汇报如下：

一、设立背景及必要性分析
当前，我校学生数量持续增长，心理问题呈现多样化趋势，现有的心理健康教育资源已不能满足实际需求。通过设立专门的心理健康教育辅导中心，可以有效提升心理健康教育的质量与效率，帮助学生解决成

图 3-12

3.2　文心一言：更懂中文的大语言模型

文心一言是百度公司基于其自研的文心大模型（ERNIE）技术研发的一款聊天机器人。它具备自然语言理解、文本生成、知识问答和逻辑推理等核心能力，能够与用户流畅地进行多轮对话，并支持多种应用场景。文心一言不仅可以完成日常问答、文章创作、诗歌写作等文本任务，还能辅助编程、办公和学习，例如生成代码、优化 Excel 公式或解析学术概念。依托百度强大的搜索数据和技术生态，文心一言在中文 AI 领域具有显著优势，更适合中文用户使用。

实战演练 用文心一言撰写营销文案

营销文案是品牌与消费者之间沟通的重要桥梁，它不仅能够帮助企业有效传达信息，还能在激烈的市场竞争中脱颖而出，吸引并留住目标客户。本案例将使用文心一言为新兴的数码产品品牌“智翼”推出的智能音箱撰写一篇发布在小红书上的营销文案。

步骤01 **登录百度账号**。在网页浏览器中打开文心一言页面（https://yiyan.baidu.com/）。❶单击页面右上角的“立即登录”按钮，❷在弹出的界面中输入账号和密码，❸单击“登录”按钮，如图 3-13 所示。

图 3-13

步骤02 **撰写测评类文案**。完成登录后，进入文心一言新对话页面。❶在页面底部的文本框中输入撰写测评类文案的提示词，❷然后单击 按钮或按〈Enter〉键提交，如图 3-14 所示。

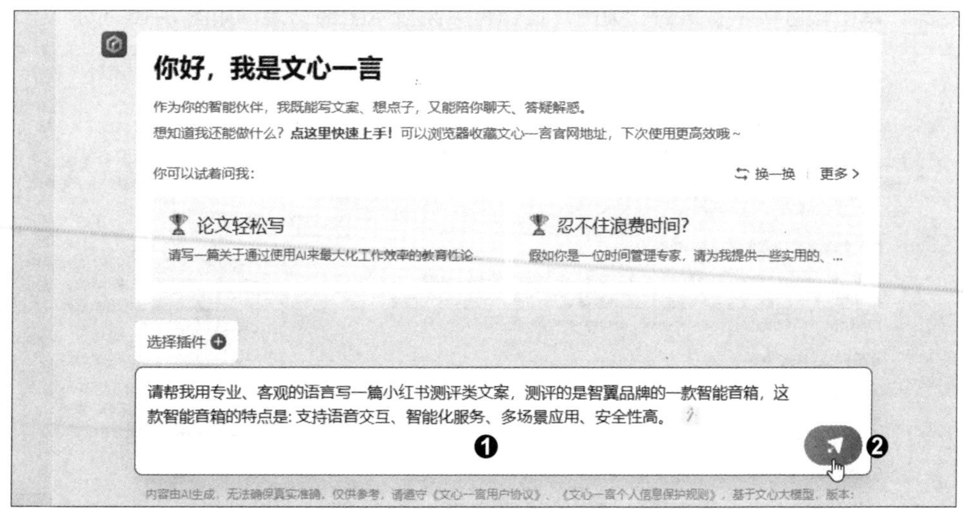

图 3-14

步骤 03 **查看生成结果**。等待一会儿，文心一言会根据提示词的要求生成一篇测评类文案。如果对生成结果不满意，可单击输出区域下方的“重新生成”按钮，如图 3-15 所示。

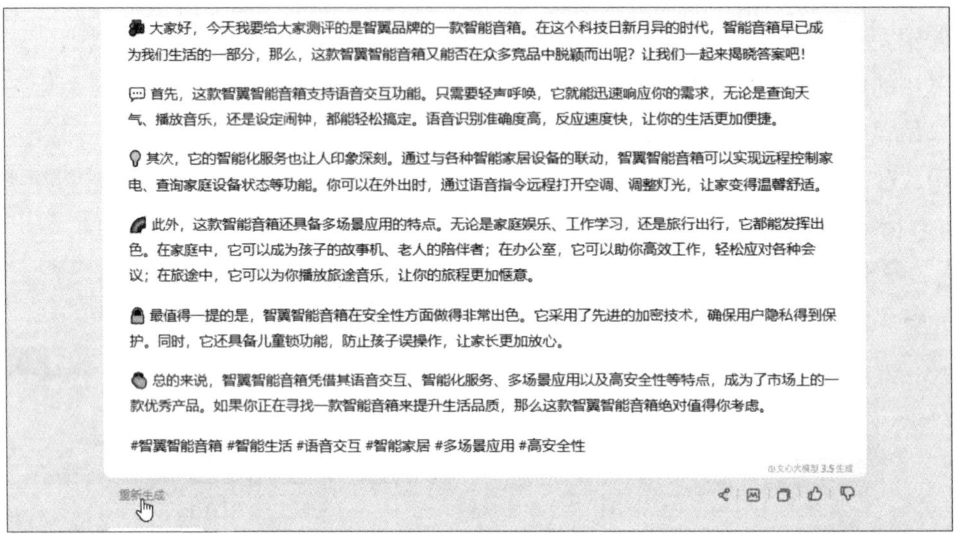

图 3-15

步骤 04 **查看不同版本的生成结果**。重新生成内容后，输出区域右侧会显示一组按钮，单击左右两侧的箭头按钮可以切换浏览不同版本的生成结果，单击中间的数字按钮则可展开全部生成结果，单击该区域左上角的“关闭”按钮可关闭显示全部结果，如图 3-16 所示。

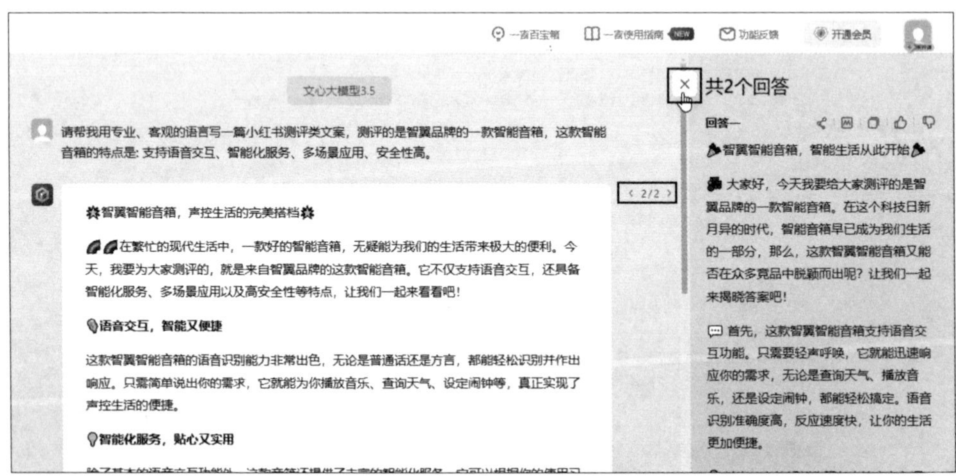

图 3-16

步骤 05　**撰写种草类文案**。使用相同的方法让文心一言撰写种草类文案，如图 3-17 所示。可以看到，文心一言根据这类文案的写作风格加大了 emoji 表情的使用频率。

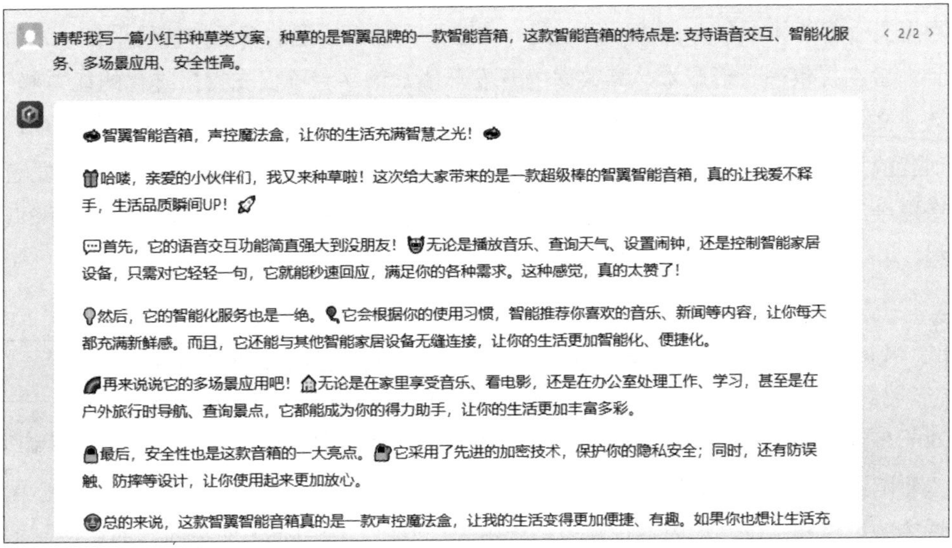

请帮我写一篇小红书种草类文案，种草的是智翼品牌的一款智能音箱，这款智能音箱的特点是：支持语音交互、智能化服务、多场景应用、安全性高。　‹ 2/2 ›

智翼智能音箱，声控魔法盒，让你的生活充满智慧之光！

哈喽，亲爱的小伙伴们，我又来种草啦！这次给大家带来的是一款超级棒的智翼智能音箱，真的让我爱不释手，生活品质瞬间UP！

首先，它的语音交互功能简直强大到没朋友！无论是播放音乐、查询天气、设置闹钟，还是控制智能家居设备，只需对它轻轻一句，它就能秒速回应，满足你的各种需求。这种感觉，真的太赞了！

然后，它的智能化服务也是一绝。它会根据你的使用习惯，智能推荐你喜欢的音乐、新闻等内容，让你每天都充满新鲜感。而且，它还能与其他智能家居设备无缝连接，让你的生活更加智能化、便捷化。

再来说说它的多场景应用吧！无论是在家里享受音乐、看电影，还是在办公室处理工作、学习，甚至是在户外旅行时导航、查询景点，它都能成为你的得力助手，让你的生活更加丰富多彩。

最后，安全性也是这款音箱的一大亮点。它采用了先进的加密技术，保护你的隐私安全；同时，还有防误触、防摔等设计，让你使用起来更加放心。

总的来说，这款智翼智能音箱真的是一款声控魔法盒，让我的生活变得更加便捷、有趣。如果你也想让生活充

图 3-17

步骤 06　**撰写教程类文案**。使用相同的方法让文心一言撰写教程类文案，如图 3-18 所示。

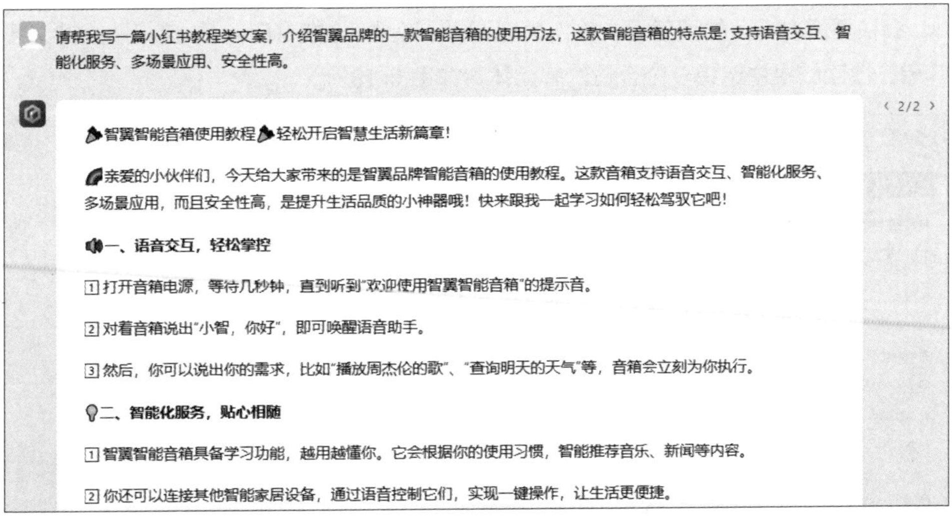

请帮我写一篇小红书教程类文案，介绍智翼品牌的一款智能音箱的使用方法，这款智能音箱的特点是：支持语音交互、智能化服务、多场景应用、安全性高。

‹ 2/2 ›

智翼智能音箱使用教程 轻松开启智慧生活新篇章！

亲爱的小伙伴们，今天给大家带来的是智翼品牌智能音箱的使用教程。这款音箱支持语音交互、智能化服务、多场景应用，而且安全性高，是提升生活品质的小神器哦！快来跟我一起学习如何轻松驾驭它吧！

一、语音交互，轻松掌控

1 打开音箱电源，等待几秒钟，直到听到"欢迎使用智翼智能音箱"的提示音。

2 对着音箱说出"小智，你好"，即可唤醒语音助手。

3 然后，你可以说出你的需求，比如"播放周杰伦的歌"、"查询明天的天气"等，音箱会立刻为你执行。

二、智能化服务，贴心相随

1 智翼智能音箱具备学习功能，越用越懂你。它会根据你的使用习惯，智能推荐音乐、新闻等内容。

2 你还可以连接其他智能家居设备，通过语音控制它们，实现一键操作，让生活更便捷。

图 3-18

3.3 AgentBuilder：基于文心大模型的智能体平台

百度文心智能体平台 AgentBuilder 是一个基于文心大模型的智能体构建平台，专为开发者设计，旨在提供一个低成本、高效率的开发环境。该平台不仅支持多样化的能力和工具，还接入了文心大模型和 DeepSeek 模型，使开发者能够根据自身行业领域和应用场景打造大模型时代的原生应用。文心智能体平台特别强调零代码和低代码开发方式，允许开发者即使不具备复杂的编程技能，也能通过自然语言这一新范式快速创建智能代理，极大地降低了技术门槛。

实战演练 使用智能体生成小红书爆款标题

对于小红书博主来说，为文案起一个好的标题至关重要。这不仅关乎个人的品牌形象，更直接影响到内容的传播效果和粉丝的积累。一个富有创意、紧跟潮流的标题，能够更好地展示博主的风格和定位，让内容在众多帖子中脱颖而出，吸引更多潜在粉丝的关注。本案例将使用百度文心智能体平台中已发布的智能体来快速生成小红书爆款标题。

步骤01 **选择智能体**。在网页浏览器中打开文心智能体平台页面（https://agents.baidu.com/）。❶在页面右上角的搜索框中输入关键词“小红书”，按〈Enter〉键，按关键词搜索智能体，❷在搜索结果中选择一个合适的智能体，如图 3-19 所示。

图 3-19

步骤02　**输入提示词**。进入智能体页面，❶在下方的文本框中输入提示词，❷然后单击⬆按钮或按〈Enter〉键提交，如图 3-20 所示。

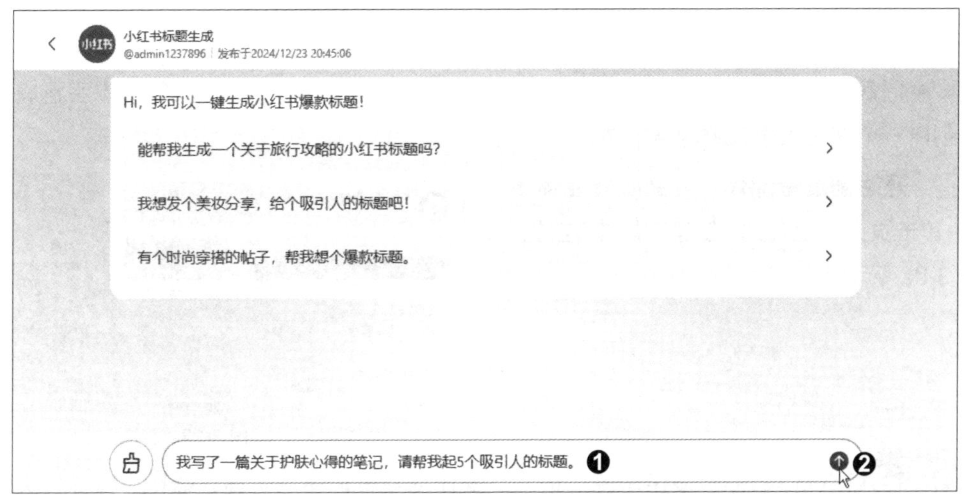

图 3-20

步骤03　**生成吸引人的文案标题**。等待一会儿，智能体会根据提示词要求生成 5 个吸引人的小红书文案标题，如图 3-21 所示。如果不满意生成的标题，还可以单击“重答”按钮，让智能体重新生成。

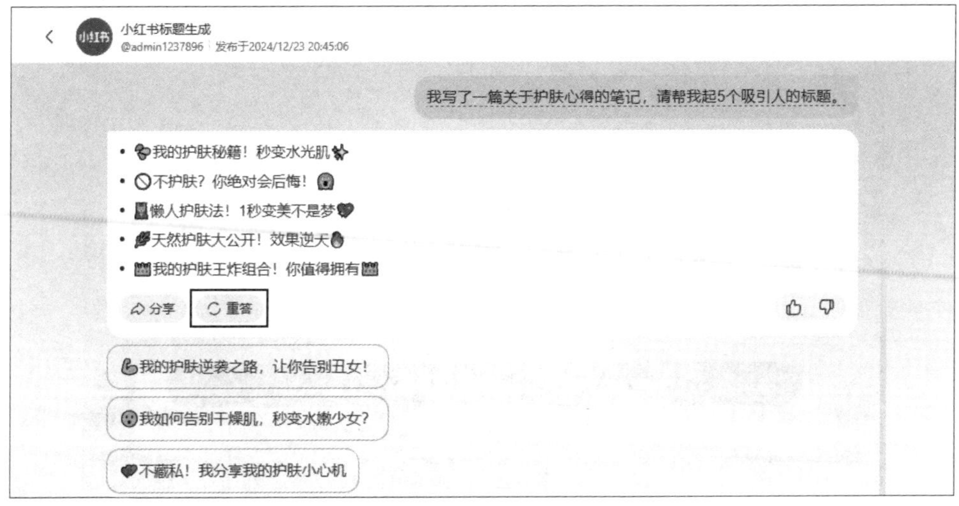

图 3-21

实战演练 自定义智能体构建教学大纲

设计教学大纲是教学工作规划中的核心环节之一。一份科学合理的教学大纲可以帮助教师和学生明确教学目标、规划教学内容、安排教学活动以及评估学习成果等。本案例将介绍如何创建一个撰写教学大纲的智能体。

步骤01 **开始创建智能体**。在文心智能体平台中，单击页面左上角的“创建智能体”按钮，如图 3-22 所示。

图 3-22

步骤02 **输入智能体名称并设定角色**。进入“快速创建智能体”页面，❶在“名称”文本框中输入智能体名称，❷在“设定”下方的文本框中为智能体设置一个角色身份，❸输入完成后单击“立即创建”按钮，如图 3-23 所示。

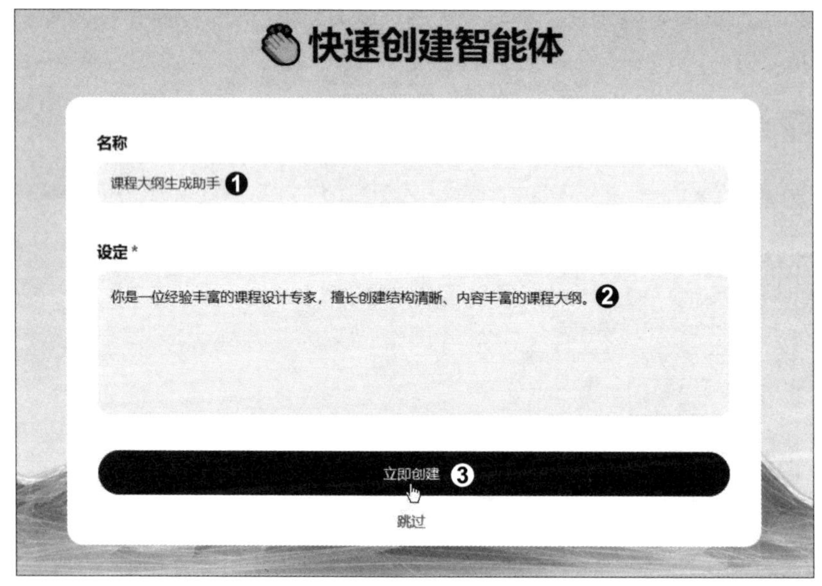

图 3-23

步骤03　**编排配置智能体**。等待一会儿，AI 就会根据输入的名称和设定创建一个智能体，此时在“编排配置”区域可以看到智能体配置信息，如简介、人设与回复逻辑以及开场白等，用户可以根据自己的需求加以修改，例如想要修改开场白，单击“开场白”右上角的“AI 优化”按钮，如图 3-24 所示。

图 3-24

步骤04　**生成开场文案**。弹出“生成开场文案”对话框，稍等片刻，该对话框中将重新生成开场白，如果不满意可以单击“重新生成”按钮，重新生成，如果觉得不错，直接单击“使用”按钮，如图 3-25 所示。

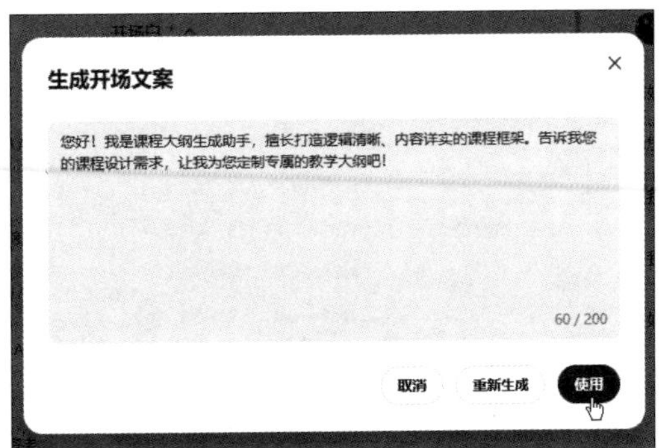

图 3-25

步骤05 **替换开场白**。修改开场白后，在右侧的“预览调优”区域可以预览修改后的开场白，如图 3-26 所示。除了让 AI 优化开场文案，也可以将光标插入点定位到文本框内，以手动输入的方式进行修改。

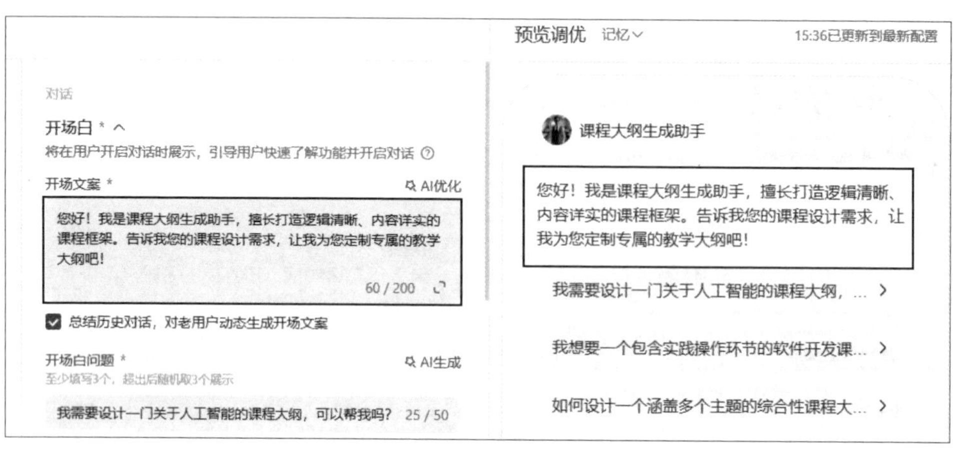

图 3-26

步骤06 **选择大模型**。接下来配置模型，❶单击“文心大模型 3.5”右侧的倒三角形按钮，展开“模型设置”下拉列表，❷单击“模型名称”，❸在展开的下拉列表中选择“DeepSeek-R1”模型，如图 3-27 所示。

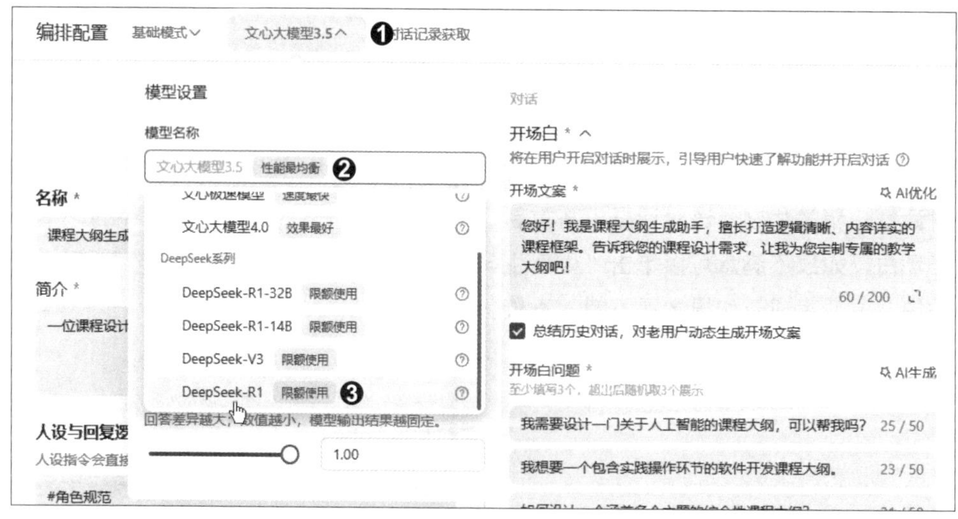

图 3-27

步骤07 **确认切换模型**。弹出“确认切换模型”提示框，单击提示框中的“确定”按钮，如图 3-28 所示，确认切换为 DeepSeek-R1 模型。

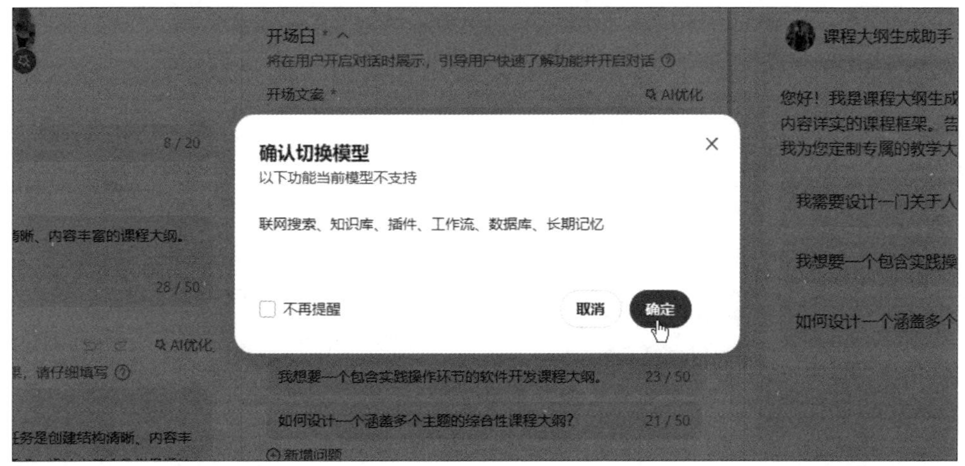

图 3-28

步骤08 **输入提示词**。设置完成后就可以测试智能体效果，❶在右下角的文本框中输入提示词，包括课程信息及相关要求等，❷输入完成再单击 ⬆ 按钮或按〈Enter〉键后提交，如图 3-29 所示。

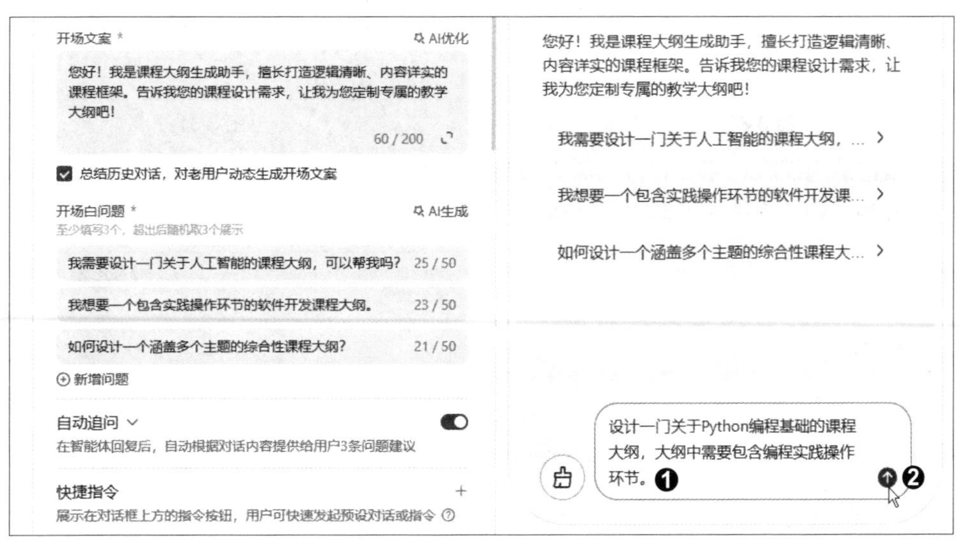

图 3-29

步骤 09 **思考并生成课程大纲**。智能体将进入深度思考模式，拆解提问背后的深层含义，并将思考过程完整表述出来，如图 3-30 所示。给出完整的思考过程后，课程大纲生成助手才会再生成一份详细的课程大纲，反复多试几次，如果觉得生成的结果还不错，单击页面右上角的“发布”按钮，如图 3-31 所示。

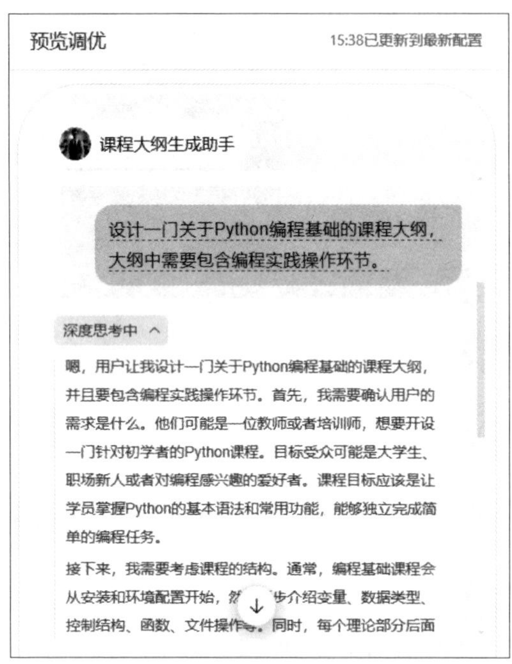

图 3-30

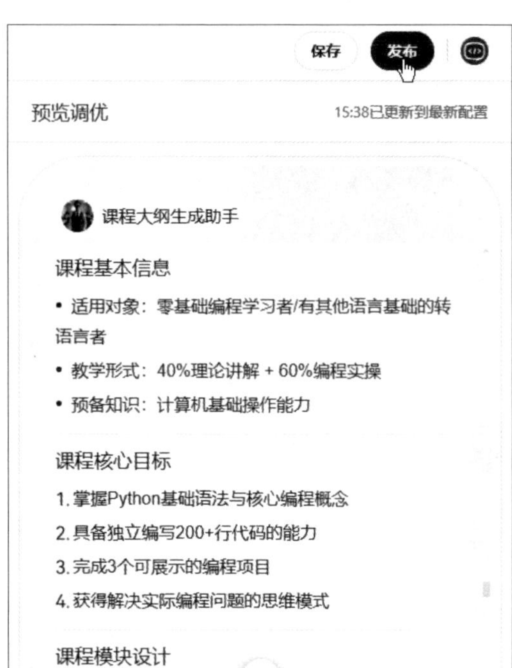

图 3-31

步骤 10 **设置访问权限**。❶在打开的新页面中单击“访问权限”下方的“公开访问”单选按钮，设置访问权限，❷再次单击“发布”按钮，发布智能体，如图 3-32 所示。

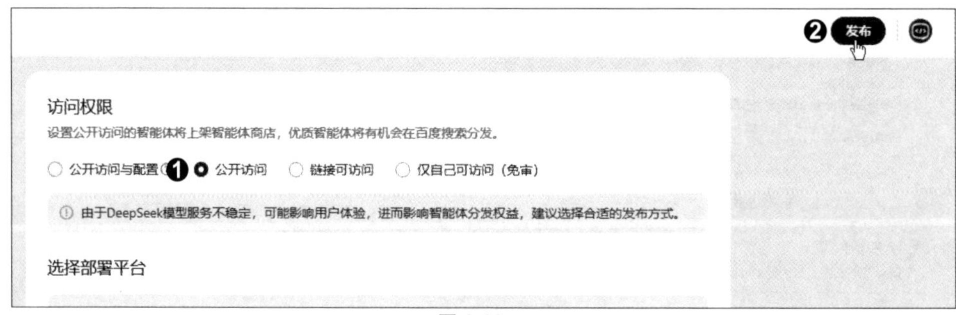

图 3-32

步骤 11　**发布创建的智能体**。发布成功后，在弹出的“发布成功”对话框中单击“完成”按钮，如图 3-33 所示。

图 3-33

步骤 12　**显示创建的智能体**。自动跳转至“我的智能体”页面，在页面中可看到创建的智能体，并显示智能体已上线，表明该智能体已通过系统审核，并成功发布到智能体商店，如图 3-34 所示。

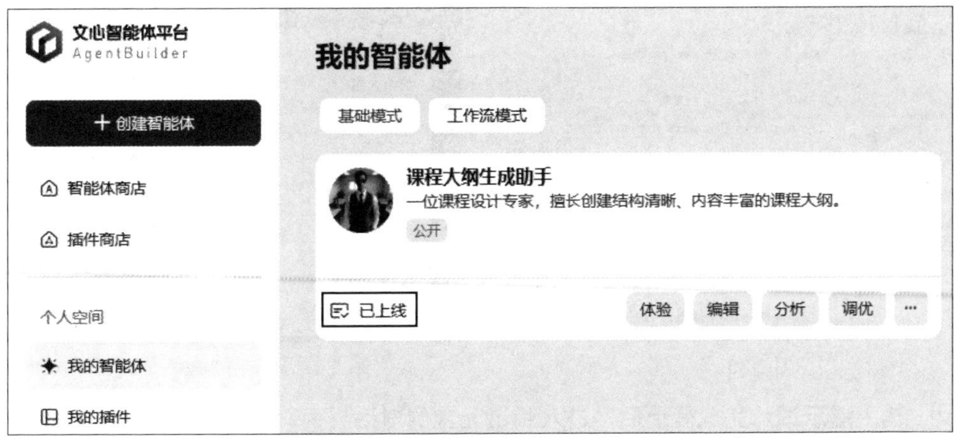

图 3-34

3.4 腾讯元宝：会推理思考的智能助手

腾讯元宝是腾讯基于自研的混元大模型开发的 AI 助手。它不仅拥有强大的自然语言处理能力和深度学习能力，还集成了丰富的行业知识与专业技能。此外，腾讯元宝同时支持混元和 DeepSeek 两种模型，其中混元模型适用于比较广泛的任务场景，而 DeepSeek-R1 模型则更专注于深度思考与推理，适用于解决复杂问题、逻辑推理、数据分析等需要高精度和深度解析的任务。在日常工作中，用户可以根据个人需求灵活选用这两种模型。

实战演练 用腾讯元宝撰写会议发言稿

简洁、到位的会议发言不仅能够有效展现个人的逻辑思维能力，还能彰显其出色的语言表达能力。然而，对于缺乏经验的人来说，撰写一篇高质量的会议发言稿可能会面临一定的挑战。本案例将使用腾讯元宝中的 DeepSeek 模型来撰写一篇会议发言稿。

步骤01 **登录腾讯元宝**。在网页浏览器中打开腾讯元宝页面（https://yuanbao.tencent.com/）。❶单击页面中的“立即使用”按钮，如图 3-35 所示。❷在弹出的对话框中选择一种方式进行登录，如图 3-36 所示。

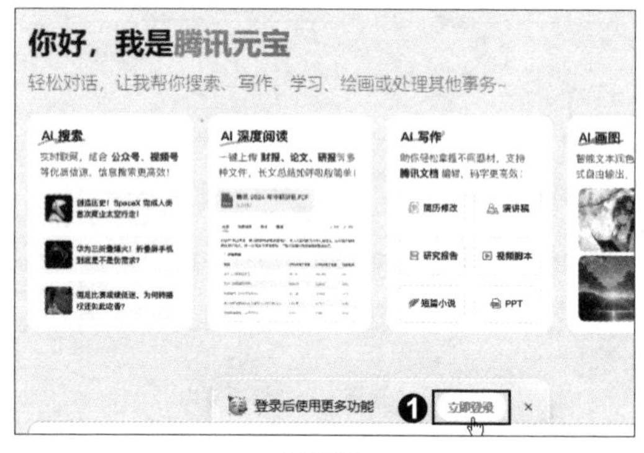

图 3-35

图 3-36

步骤02 **输入提示词**。完成登录后，进入腾讯元宝的对话界面。❶在界面下方的文本框中输入撰写会议发言稿的提示词，❷单击“Hunyuan”模型右侧的倒三角形按钮，❸在展开的菜单中选择“DeepSeek”模型，❹然后按〈Enter〉键或单击▶按钮，如图 3-37 所示。

图 3-37

步骤03　**进入思考模式**。腾讯元宝将进入深度思考模式，并以灰色文字显示思考内容，如图 3-38 所示。

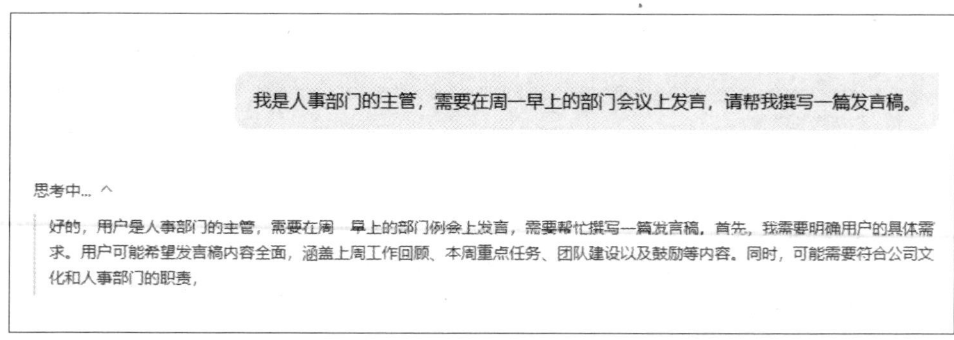

图 3-38

步骤04　**思考完成并解答**。腾讯元宝给出完整的思考过程，如图 3-39 所示，之后才会给出详细的解答内容，如图 3-40 所示。

我是人事部门的主管，需要在周一早上的部门会议上发言，请帮我撰写一篇发言稿。

已深度思考（用时21秒）

好的，用户是人事部门的主管，需要在周一早上的部门例会上发言，需要帮忙撰写一篇发言稿。首先，我需要明确用户的具体需求。用户可能希望发言稿内容全面，涵盖上周工作回顾、本周重点任务、团队建设以及鼓励等内容。同时，可能需要符合公司文化和人事部门的职责，比如员工关怀、招聘、培训、绩效考核等。

接下来，我需要考虑用户可能的深层需求。作为人事主管，用户可能希望通过这次发言激励团队，明确接下来的工作方向，同时强调团队协作和公司价值观。此外，用户可能希望发言稿结构清晰，条理分明，适合在会议上传达信息，并且有一定的亲和力，让团队成员感到被重视和支持。

然后，我需要确定发言稿的结构。通常，会议发言稿会包括开场问候、上周工作总结、本周重点工作安排、团队建设或激励部分，以及结束语。每个部分需要具体的内容填充，比如上周的成果和不足，本周的具体任务和目标，可能的挑战和应对措施，以及鼓励团队的话语。

考虑到用户是人事主管，可能需要强调人力资源在企业中的重要性，比如人才梯队建设、员工关怀、绩效优化等。同时，可能需要提到具体的项目，比如校招、培训计划、员工满意度调查等。这些内容需要结合实际情况，但用户没有提供详细资料，所以需要保持一定的通用性，同时留出用户可以自行修改的空间。

另外，发言稿的语气应该正式但亲切，符合公司内部沟通的风格。可能需要使用激励性的语言，肯定团队的贡献，同时提出期望和目标。还要注意时间的安排，确保发言内容适合在周一早[illegible]，可能涉及一周工作的安排和动员。

图 3-39

以下是一篇适用于人事部门周一晨会的发言稿模板，您可根据实际情况调整内容：

人事部周一晨会发言稿

日期： 202X年XX月XX日
发言人： [您的姓名/职位]

各位同事，早上好！
感谢大家准时参会。新的一周开始，我先简要总结上周工作进展，并部署本周重点任务。希望我们继续保持高效协作，推动部门目标落地。

一、上周工作回顾

1. **重点工作完成情况**
   - 成功推进202X届校招首轮面试，共筛选简历XXX份，初面通过率XX%（数据需补充）；
   - 完成Q3员工满意度调研报告初稿，核心问题已同步部门负责人；
   - 员工季度绩效考核流程优化方案进入试点阶段，[illegible]周需跟进反馈。

图 3-40

步骤05　**输入提示词追加提问**。从上述回答中可以看到，生成的发言稿中部分内容和格式不符合实际需求，因此还需要追加提问。❶在界面下方的文本框中输入发言稿的具体撰写要求，❷然后按〈Enter〉键或单击▶按钮提交，如图 3-41 所示。

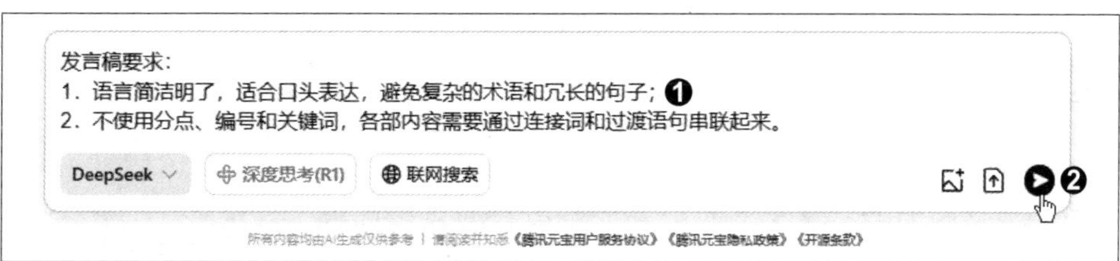

图 3-41

步骤06　**重新生成发言稿**。腾讯元宝将再次进入深度思考模式，分析写作要求，并给出完整的思考过程，如图 3-42 所示。在思考结束后，腾讯元宝会按照提出的要求重新生成一篇会议发言稿，如图 3-43 所示。

图 3-42

以下是按照您的要求调整后的发言稿，语言更口语化、结构连贯，避免分点编号：

各位同事，早上好！

感谢大家准时参加周一的晨会。新的一周开始了，我先简单总结一下上周的工作情况，再和大家同步本周的重点安排。希望大家集中精力、互相配合，一起把任务落实到位。

上周我们主要推进了三项工作：首先是校招的首轮面试基本完成，筛选了大约XXX份简历，目前有XX%的候选人通过了初试，整体进展比较顺利；其次是第三季度的员工满意度调研报告已经形成初稿，核心问题也同步给了相关部门负责人，后续需要进一步跟踪改进；最后是绩效考核流程的优化方案开始试点了，这周要重点关注试点部门的反馈，及时调整细节。

说到上周的表现，招聘组的同事值得表扬。面对技术岗位的紧急需求，大家反应迅速，三天内就推荐了合适的候选人，业务部门反馈很好。不过也有需要改进的地方，比如员工培训的参与率只有75%，比预期低了一些。接下来需要各部门一起加强宣传，让员工更清楚培训的价值，咱们人事组也要主动和团队沟通，听听他们的实际需求。

这周的任务会比较紧凑，大家提前做好准备。校招方面，周二前要确定第二轮面试名单，周四开始线上面试，过程中一定要注意流程规范，给候选人留下专业印象。薪酬调整的数据校准要和财务部在周三前完成，确保月底能把方案提交给管理层。另外，最近天气炎热，周五前务必把高温补贴发放到位，同时提前策划下个月的"心理健康周"活动，争取本周定下初步方案。

图 3-43

实战演练 用腾讯元宝解读市场报告

无论是企业高管、市场分析师，还是科研人员，都可以利用 AI 工具来解读各类报告，以获取有价值的信息，从而提高工作效率和决策质量。本案例将使用腾讯元宝来解读一份市场研究报告。

◎ 原始文件：实例文件 / 03 / 3.4 / DeepSeek冲击波：AI赋能交运行业新征程.pdf

◎ 最终文件：无

步骤01 **单击"AI 阅读"应用**。❶单击页面左侧的"全部应用"按钮，展开腾讯元宝的应用广场，❷将鼠标指针移至"AI 阅读"应用上，单击"使用"按钮，如图 3-44 所示。

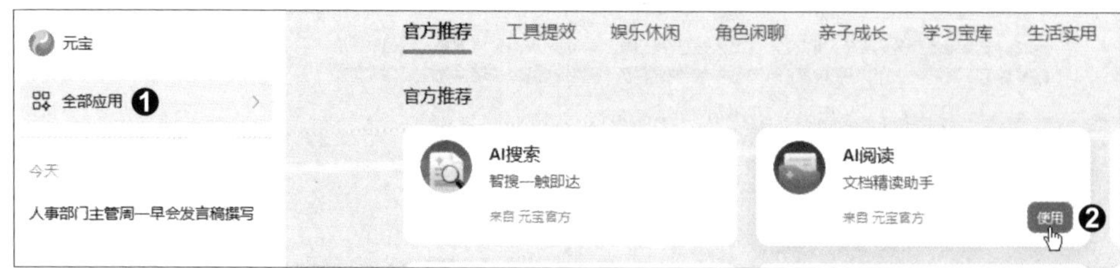

图 3-44

步骤02　**选择本地文件**。进入“AI 阅读”页面，单击页面中间的“本地文件”按钮，如图 3-45 所示。

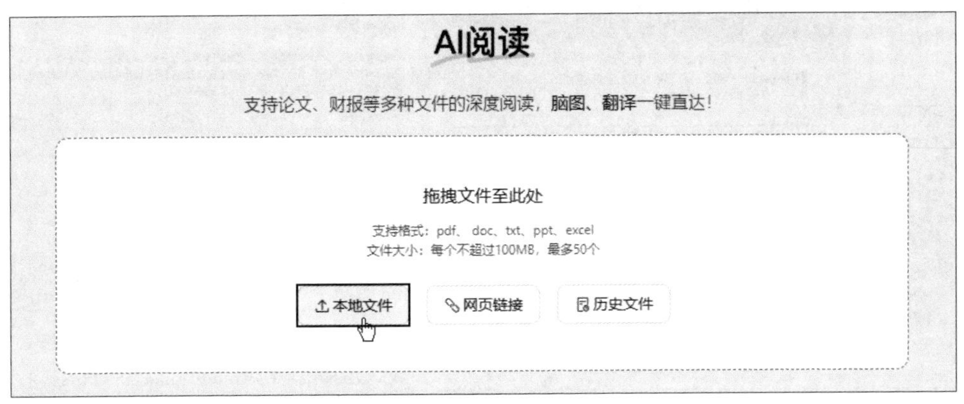

图 3-45

步骤03　**选择并上传文档**。弹出“打开”对话框，❶选中要让 AI 阅读的文档，❷单击“打开”按钮，如图 3-46 所示。

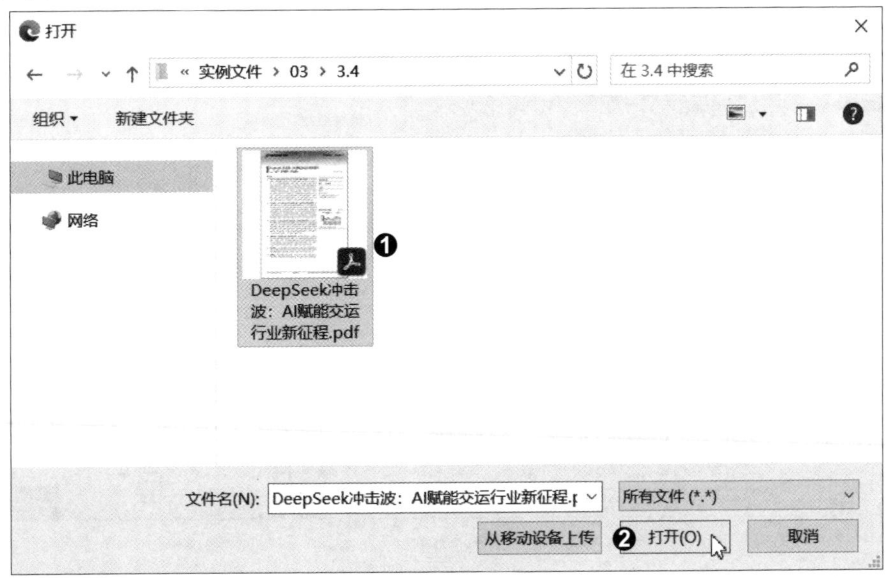

图 3-46

步骤04　**总结研究报告内容**。上传文档后，腾讯元宝会自动快速阅读上传的这篇研究报告，并在右侧的“总结”选项卡中显示全文总结结果，如图 3-47 所示。

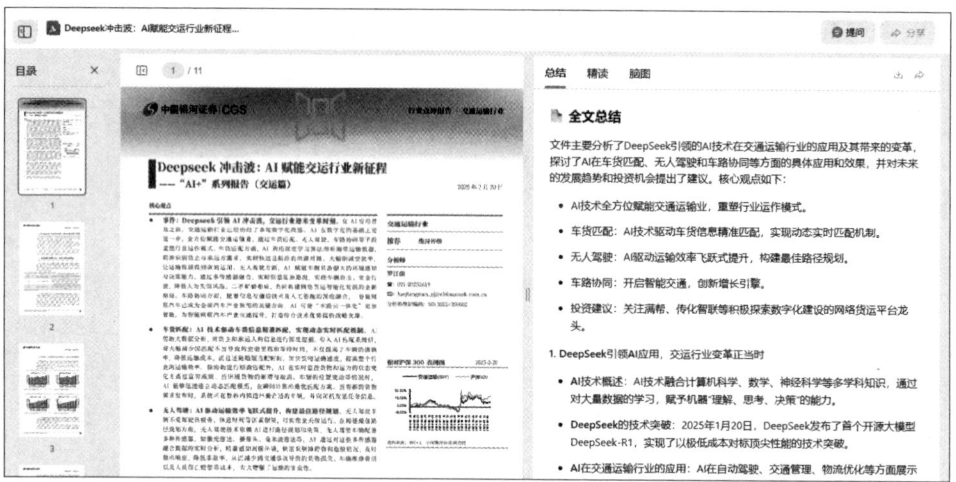

图 3-47

步骤05 **精读研究报告内容**。如需“精读”文章内容，单击“精读”按钮，切换至“精读”模式，此时“精读”选项卡下会显示这篇研究报告的主要内容，如图 3-48 所示。

图 3-48

步骤06 **输入提示词**。如果想知道关于文档内容的信息，❶可以单击页面右上角的“提问”按钮，如图 3-49 所示，❷然后在右下角的文本框中输入提示词，❸按〈Enter〉键或单击▶按钮提交，如图 3-50 所示。

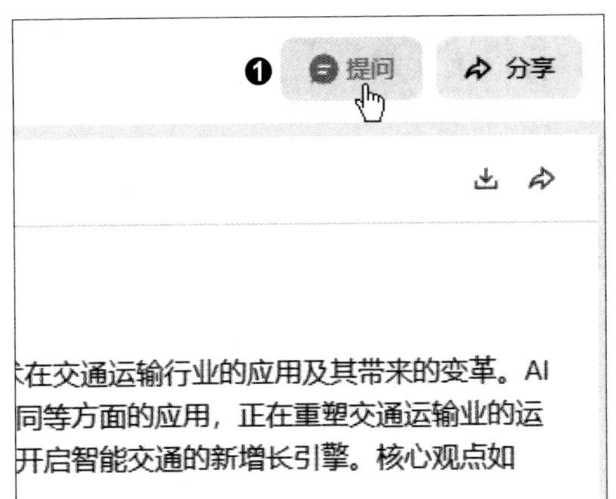

图 3-49

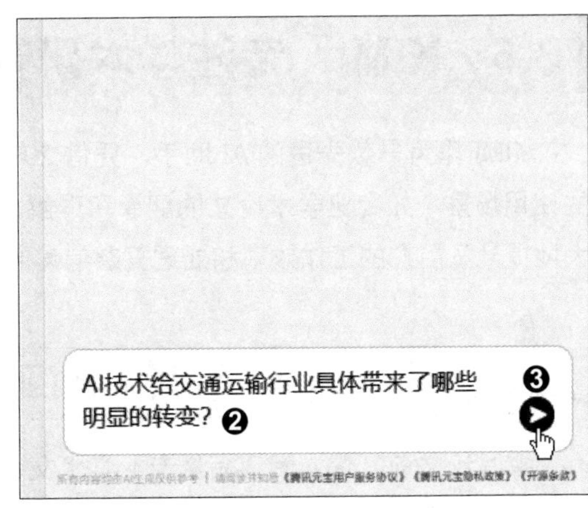

图 3-50

步骤 07　**回答问题**。等待一会儿，腾讯元宝会根据研究报告内容以及提示词提出的问题给出相应的回答，如图 3-51 所示。

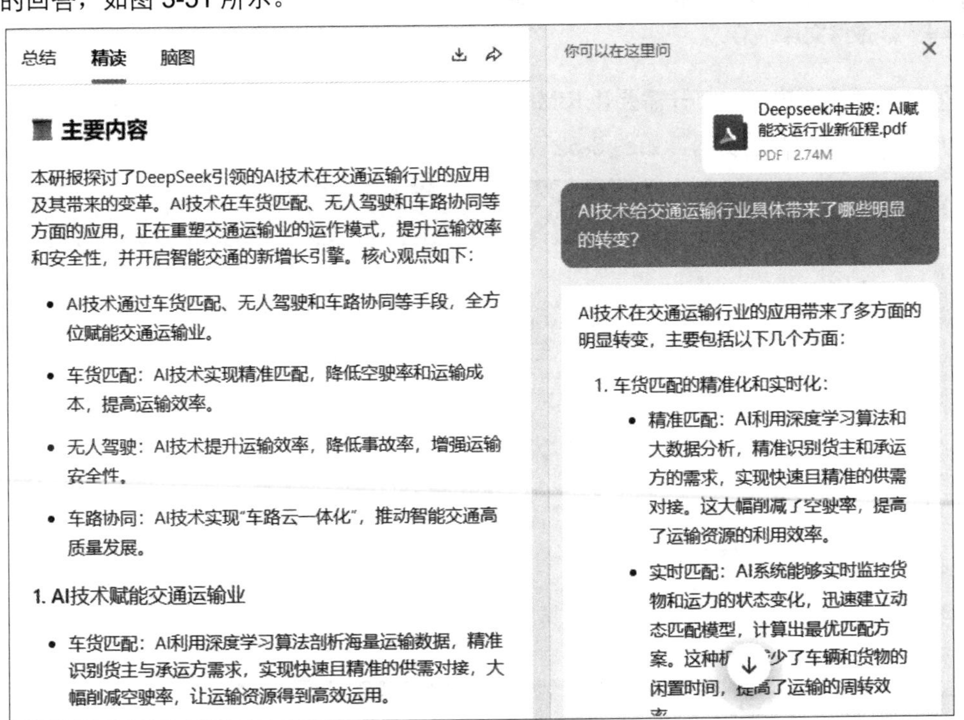

图 3-51

3.5 KIMI：专注学术研究与写作的 AI 工具

KIMI 作为一款先进的 AI 助手，凭借 200 万汉字的无损上下文能力，为用户解锁了更多的使用场景，如专业学术论文的翻译和理解、阅读 API 开发文档、辅助分析法律问题等，极大地提升了用户的工作效率和处理复杂信息的能力。

实战演练 用 KIMI 阅读专业学术文献

撰写论文前，深入阅读大量专业学术文献至关重要，这不仅能确保写作时论据充分，还能帮助构建清晰的研究框架。为提高阅读效率与质量，可借助 AI 工具解析文献，提炼核心要点，为论文写作奠定坚实基础。本案例将使用 KIMI 解读一篇全英文的文献资料。

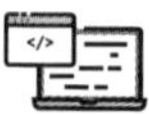

◎ 原始文件：实例文件 / 03 / 3.5 / Attention is All You Need.pdf

◎ 最终文件：无

步骤01 **查看文献内容**。打开需要让 KIMI 解读的“Attention is All You Need.pdf”，可以看到这是一份全英文的文献资料，如图 3-52 所示。

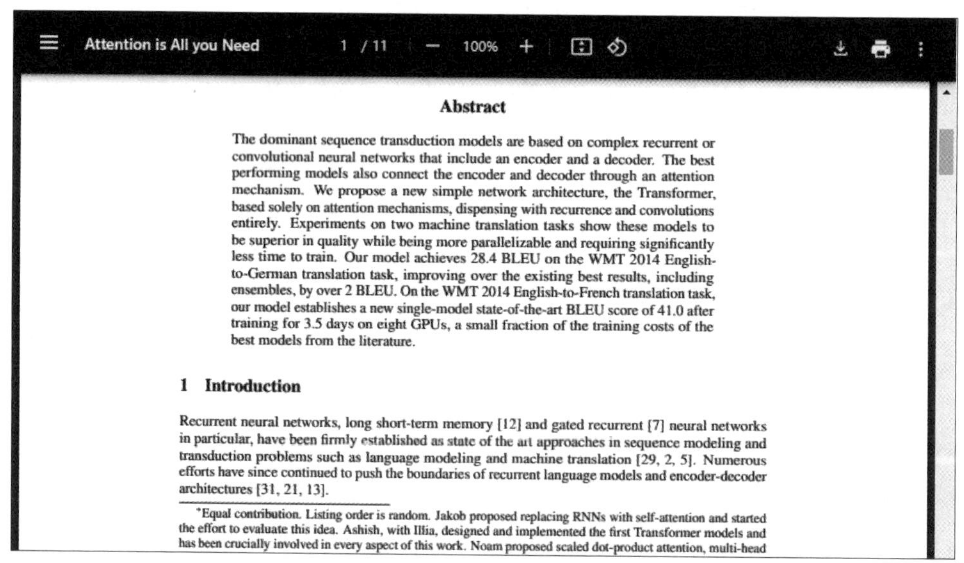

Abstract

The dominant sequence transduction models are based on complex recurrent or convolutional neural networks that include an encoder and a decoder. The best performing models also connect the encoder and decoder through an attention mechanism. We propose a new simple network architecture, the Transformer, based solely on attention mechanisms, dispensing with recurrence and convolutions entirely. Experiments on two machine translation tasks show these models to be superior in quality while being more parallelizable and requiring significantly less time to train. Our model achieves 28.4 BLEU on the WMT 2014 English-to-German translation task, improving over the existing best results, including ensembles, by over 2 BLEU. On the WMT 2014 English-to-French translation task, our model establishes a new single-model state-of-the-art BLEU score of 41.0 after training for 3.5 days on eight GPUs, a small fraction of the training costs of the best models from the literature.

1 Introduction

Recurrent neural networks, long short-term memory [12] and gated recurrent [7] neural networks in particular, have been firmly established as state of the art approaches in sequence modeling and transduction problems such as language modeling and machine translation [29, 2, 5]. Numerous efforts have since continued to push the boundaries of recurrent language models and encoder-decoder architectures [31, 21, 13].

*Equal contribution. Listing order is random. Jakob proposed replacing RNNs with self-attention and started the effort to evaluate this idea. Ashish, with Illia, designed and implemented the first Transformer models and has been crucially involved in every aspect of this work. Noam proposed scaled dot-product attention, multi-head

图 3-52

步骤 02　**打开 KIMI 页面**。在网页浏览器中打开 KIMI（https://kimi.moonshot.cn/）。单击页面中的“登录一下”按钮，如图 3-53 所示。

图 3-53

步骤 03　**输入手机号码和验证码**。❶在弹出的对话框中输入手机号码，❷单击“发送验证码”按钮，如图 3-54 所示，随后 KIMI 会向该手机号码发送一条带验证码的信息，❸输入信息中的 6 位数验证码，❹然后单击“登录”按钮，如图 3-55 所示。除了使用手机号码登录以外，用户也可以使用微信扫码登录。

图 3-54

图 3-55

步骤04 **单击上传文件按钮**。登录成功后，返回 KIMI 首页，单击页面中的按钮，如图 3-56 所示。

图 3-56

步骤05 **选择并上传文档**。弹出“打开”对话框，❶选中要解读的文献文档，❷单击“打开”按钮，如图 3-57 所示。

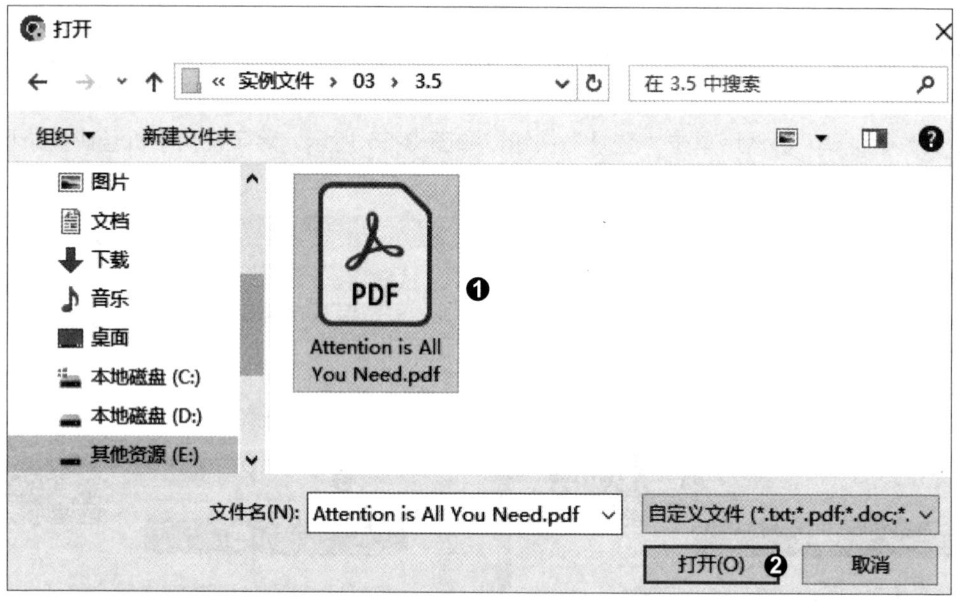

图 3-57

步骤06 **输入提示词**。上传文献后，❶输入提示词，描述针对这篇文献需要了解的内容，❷单击按钮或按〈Enter〉键提交，如图 3-58 所示。

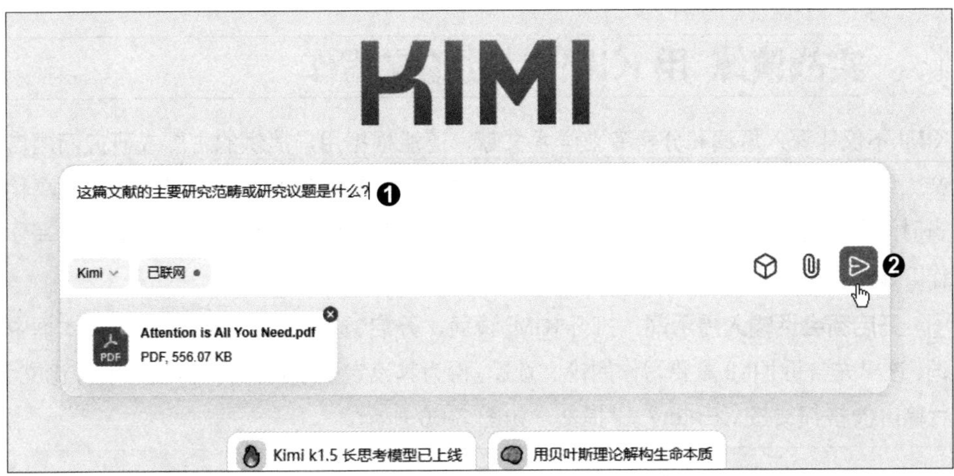

图 3-58

步骤07　**查看文献解读结果**。随后 KIMI 页面中会快速阅读上传的这篇文献，阅读完成后，会根据提示词中的问题输出相应的回答，如图 3-59 所示。

图 3-59

实战演练 用 KIMI 辅助论文写作

KIMI 不仅能深入解读和分析专业学术文献，还能根据用户提供的主题或研究问题自动生成论文大纲结构。此外，它还能依据用户的写作风格和具体需求，生成初步的论文草稿，从而节省时间和精力，并显著提升论文的写作效率。本案例将介绍使用 KIMI 辅助论文写作的具体操作方法。

步骤01 **开启新会话输入提示词**。打开 KIMI 页面，开启新的对话。❶在页面的文本框中输入提示词。这里先告诉KIMI 需要写作的论文选题，再为其设定一个角色身份，让它设计论文大纲，❷然后单击按钮或按〈Enter〉键提交，如图 3-60 所示。

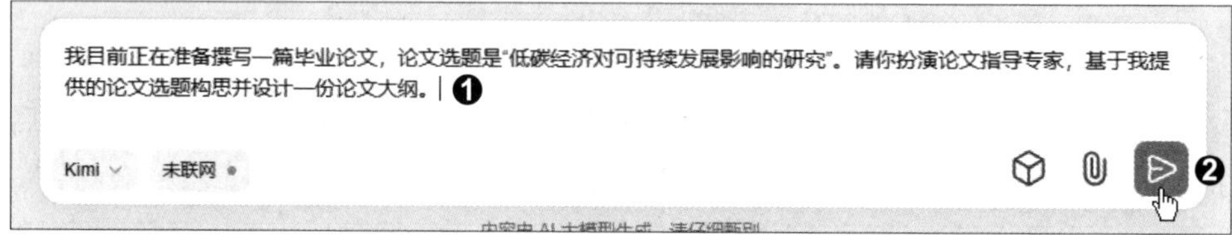

图 3-60

提 示

在向 KIMI 提问时，如果发现提示词描述不准，可以对其进行修改。将鼠标指针移到已经发送的提示词上，在浮现的工具栏中单击“编辑”按钮，即可进入编辑状态，修改提示词后单击“确定”按钮，KIMI 就会根据修改后的提示词重新生成内容。

步骤02 **生成论文大纲**。等待一会儿，KIMI 会根据论文选题生成一份论文大纲，如图 3-61 所示。

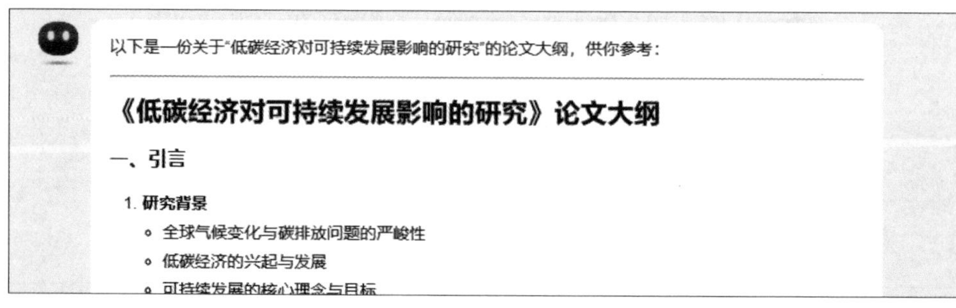

图 3-61

步骤03　**单击按钮再次生成**。如果对生成的这份论文大纲不满意，单击输出区域下方的“再试一次”按钮，如图 3-62 所示。

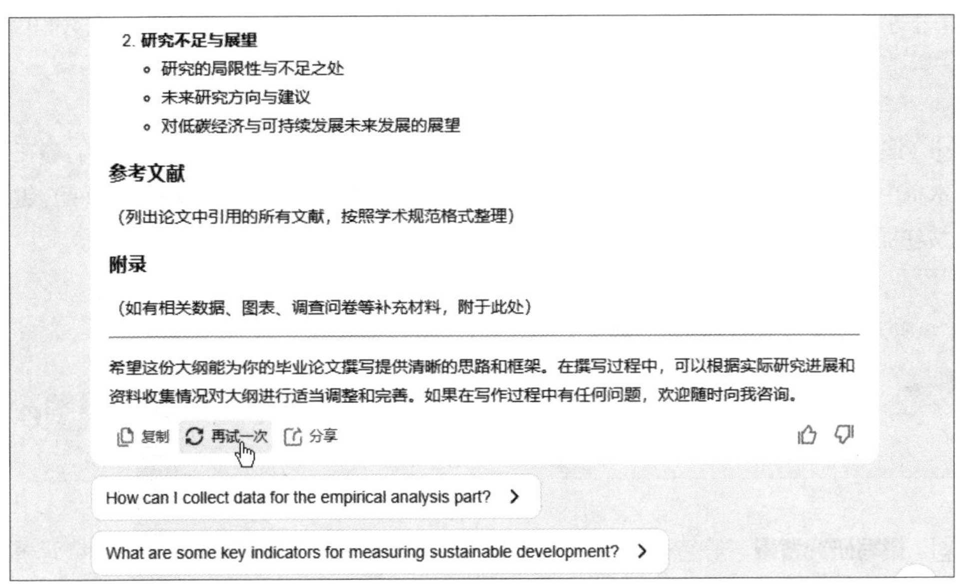

图 3-62

步骤04　**重新生成论文大纲**。等待一会儿，KIMI 将重新生成一份论文大纲，如图 3-63 所示。

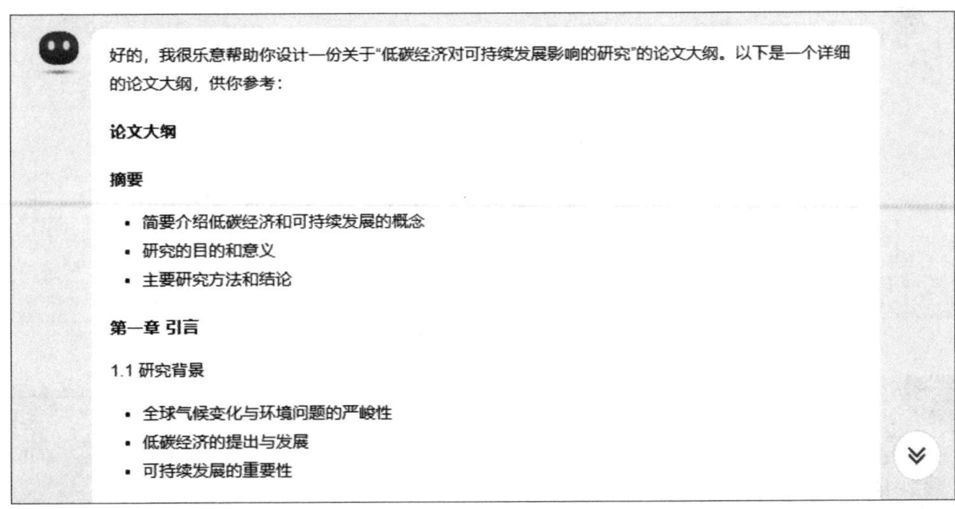

图 3-63

提 示

与大多数 AI 工具一样，KIMI 在重新输出内容后，输出区域下方会显示一组按钮，通过单击左右两侧的箭头按钮可以切换浏览不同版本的生成结果。不同的是，在 KIMI 中，当用户追加提问后，上一回答的箭头按钮将不再显示，此时就不能再进行切换操作。

步骤05 **追加提问**。生成论文大纲之后，接下来就可以让 KIMI 生成具体的内容，❶在下方的文本框中输入提示词："请根据大纲写作论文的'研究背景'部分。"❷按〈Enter〉键或单击▷按钮提交，如图 3-64 所示。

图 3-64

步骤06 **撰写研究背景**。等待一会儿，KIMI 会根据设计的论文大纲完成论文"研究背景"部分内容的写作，如图 3-65 所示。

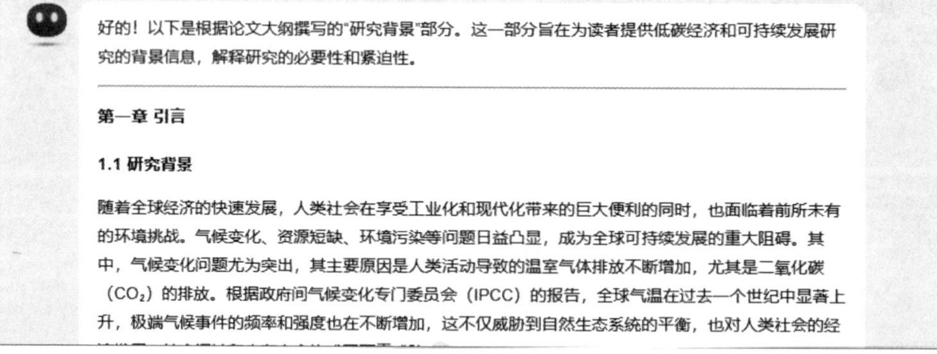

图 3-65

提 示

本案例仅介绍了论文大纲和研究背景部分的写作方法。若需撰写论文的其他部分，可以参照相同的方法进行写作。

第4章

用 AI 工具让 Excel 飞起来

Excel 是很多人再熟悉不过的一个办公软件。本章将介绍一些基于 AI 技术开发的表格处理工具，它们能够帮助办公人员以更加直观和轻松的方式完成数据处理和分析任务。

4.1 Formulas HQ：AI 表格处理工具

Formulas HQ 是一款简单、实用的 AI 表格数据处理工具，它致力于利用先进的人工智能技术将工作流程智能化，帮助用户彻底告别编写复杂公式、VBA 代码和脚本的烦琐过程，从而提高用户对电子表格的掌控力。用户只需要简单描述所需的计算方式，Formulas HQ 便能自动生成相应的公式或代码。此外，它还具备解释公式和 VBA 代码的能力，可以帮助用户更好地理解公式的含义与代码的逻辑。

实战演练 从身份证号码中提取生日

在处理表格数据时，若需要从身份证号码中提取生日信息，通常会通过编写公式来完成，但这种方法对用户的 Excel 应用能力有较高的要求。本案例将使用 Formulas HQ 的“Formulas”功能根据用自然语言描述的需求编写公式。

◎ 原始文件：实例文件 / 04 / 4.1 / 员工基本信息表1.xlsx
◎ 实例文件：实例文件 / 04 / 4.1 / 员工基本信息表2.xlsx

步骤01 **查看原始数据**。打开原始文件，如图 4-1 所示。这里需要从 E2 单元格的数据中提取生日并写入 F2 单元格。

	A	B	C	D	E	F	G	H	I
1	姓名	性别	部门	职位	身份证号码	生日	入职时间	毕业院校	工龄
2	戚函佑	男	财务部	经理	460201198504173000		2018-11-12	北京交通大学	6
3	慕克	男	销售部	经理	230101199005065000		2018-05-12	贵州大学	6
4	敖众星	男	销售部	经理	310101199005152000		2015-07-15	湖北汽车工业学院	9
5	夏候晖	男	销售部	经理	430101199008064000		2014-11-12	武汉大学	10
6	庹才茂	女	行政部	经理	440201199107257000		2014-11-15	中国计量大学	10
7	麦湘	女	企划部	经理	340101199112054000		2014-11-20	东北石油大学	10
8	权娥	女	广告部	经理	320101199309307000		2014-12-25	山东财经大学	10
9	司艺	男	销售部	专员	420201199401047000		2014-12-27	四川农业大学	10
10	马恒	男	销售部	专员	330101199403083000		2014-12-27	沈阳工业大学	10
11	薄赐	女	企划部	专员	610201199404143000		2014-12-27	德州学院	10
12	修初	男	销售部	专员	460201199404157000		2014-12-27	江苏科技大学	10
13	麦丞	男	销售部	专员	520101199406177000		2017-03-19	湖北民族学院	7

员工基本信息表

图 4-1

步骤02　**注册和登录账号**。在网页浏览器中打开 Formulas HQ 页面（https://formulashq.com/）。单击页面中的“Get Started”按钮，如图 4-2 所示。随后会进入注册和登录页面，如图 4-3 所示，按照页面中的说明进行账号的注册和登录。

图 4-2

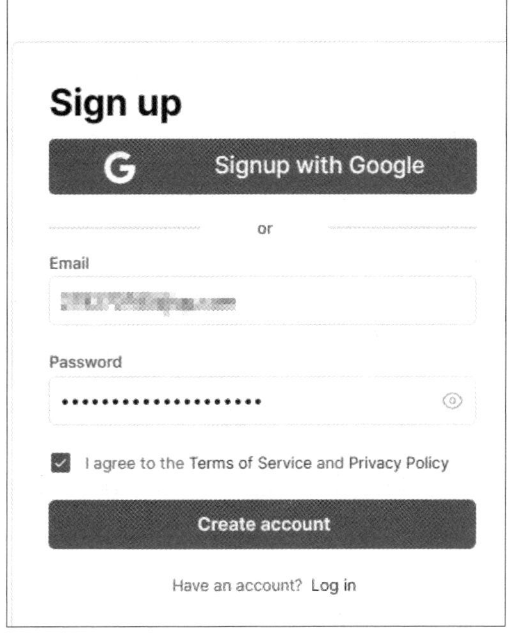

图 4-3

步骤03　**输入提示词生成公式**。登录后进入个人主页，❶单击页面左侧的“Formulas”选项。身份证号码由 18 位数字组成，前 6 位数字代表出生籍贯地，中间的 8 位数字代表出生日期，随后的 4 位数字为顺序码和校验码。本案例要从身份证号码中提取出生日期，就需要从身份证号码的第 7 位开始提取出中间的 8 个字符。❷在文本框中输入相应的提示词，❸单击“Excel”按钮，❹再单击“Generate”按钮，表示要生成 Excel 公式，❺单击“Send”按钮发送提示词，❻在“Response”区域会显示生成的公式，❼单击“Copy”按钮，将公式复制到剪贴板，如图 4-4 所示。

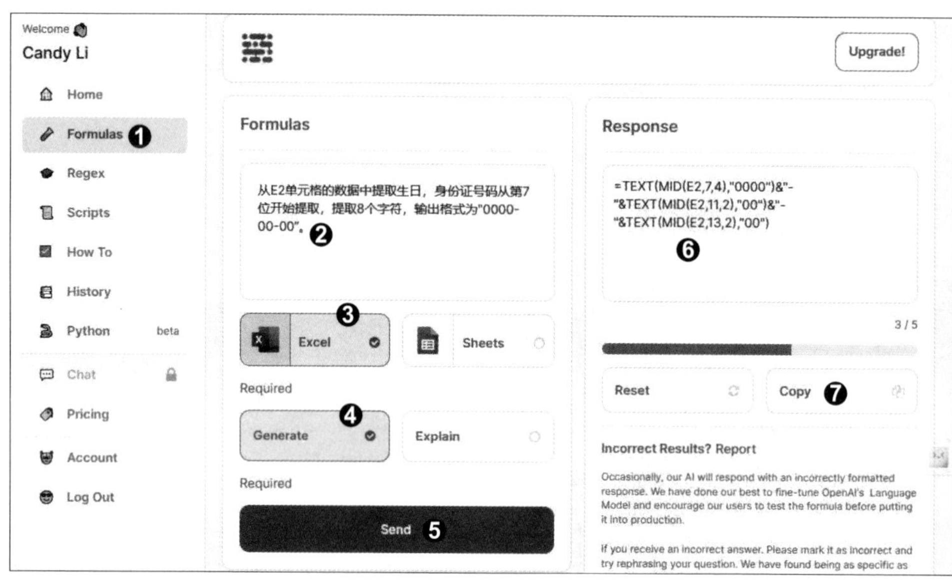

图 4-4

步骤04 **粘贴公式**。返回 Excel 工作表，❶选中单元格 F2，❷按快捷键〈Ctrl+V〉粘贴公式，如图 4-5 所示，按〈Enter〉键确认输入。

SUM =TEXT(MID(E2,7,4),"0000")&"-"&TEXT(MID(E2,11,2),"00")&"-"&TEXT(MID(E2,13,2),"00") ❷

	A	B	C	D	E	F	G	H	I
1	姓名	性别	部门	职位	身份证号码	生日	入职时间	毕业院校	工龄
2	戚函佑	男	财务部	经理	460201198504173000	=TEXT(MID(	2018-11-12	北京交通大学	6
3	慕克	男	销售部	经理	230101199005065000	E2,7,4),	2018-05-12	贵州大学	6
4	敖众星	男	销售部	经理	310101199005152000	"0000")&"-	2015-07-15	湖北汽车工业学院	9
5	夏候晖	男	销售部	经理	430101199008064000	"&TEXT(	2014-11-12	武汉大学	10
6	虞才茂	女	行政部	经理	440201199107257000	MID(E2,11,2)	2014-11-15	中国计量大学	10
7	麦湘	女	企划部	经理	340101199112054000	,"00")&"-"&	2014-11-20	东北石油大学	10
8	权娥	女	广告部	经理	320101199309307000	TEXT(MID(	2014-12-25	山东财经大学	10
9	司艺	男	销售部	专员	420201199401047000	E2,13,2),	2014-12-27	四川农业大学	10
10	马恒	男	销售部	专员	330101199403083000	"00") ❶	2014-12-27	沈阳工业大学	10
11	薄赐	女	企划部	专员	610201199404143000		2014-12-27	德州学院	10
12	修初	男	销售部	专员	460201199404157000		2014-12-27	江苏科技大学	10
13	麦丞	男	销售部	专员	520101199406177000		2017-03-19	湖北民族学院	7

员工基本信息表

图 4-5

步骤05 **复制公式**。通过鼠标拖动的方式将 F2 单元格中的公式向下复制到其他单元格，即可提取所有员工的生日数据，效果如图 4-6 所示。

	A	B	C	D	E	F	G	H	I
1	姓名	性别	部门	职位	身份证号码	生日	入职时间	毕业院校	工龄
2	戚函佑	男	财务部	经理	460201198504173000	1985-04-17	2018-11-12	北京交通大学	6
3	慕克	男	销售部	经理	230101199005065000	1990-05-06	2018-05-12	贵州大学	6
4	敖众星	男	销售部	经理	310101199005152000	1990-05-15	2015-07-15	湖北汽车工业学院	9
5	夏候晖	男	销售部	经理	430101199008064000	1990-08-06	2014-11-12	武汉大学	10
6	虞才茂	女	行政部	经理	440201199107257000	1991-07-25	2014-11-15	中国计量大学	10
7	麦湘	女	企划部	经理	340101199112054000	1991-12-05	2014-11-20	东北石油大学	10
8	权娥	女	广告部	经理	320101199309307000	1993-09-30	2014-12-25	山东财经大学	10
9	司艺	男	销售部	专员	420201199401047000	1994-01-04	2014-12-27	四川农业大学	10
10	马恒	男	销售部	专员	330101199403083000	1994-03-08	2014-12-27	沈阳工业大学	10
11	薄赐	女	企划部	专员	610201199404143000	1994-04-14	2014-12-27	德州学院	10
12	修初	男	销售部	专员	460201199404157000	1994-04-15	2014-12-27	江苏科技大学	10
13	麦丞	男	销售部	专员	520101199406177000	1994-06-17	17-03-19	湖北民族学院	7

员工基本信息表

图 4-6

4.2 ChatExcel：智能对话实现数据高效处理

ChatExcel 是一款由北京大学团队开发的人工智能办公辅助工具，旨在通过自然语言处理技术简化 Excel 的使用。用户可以通过简单的文字聊天形式来控制 Excel 文件，进行各种数据处理任务，例如筛选、计算、排序、合并数据等。

实战演练 整理客户信息

为了高效管理并充分利用客户数据资源，需要对一些繁杂无序的客户信息进行整理。本案例将使用 ChatExcel 将杂乱无章的客户信息整理成结构清晰的表格。

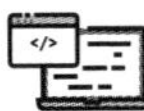

◎ 原始文件：实例文件 / 04 / 4.2 / 客户信息表.xlsx

◎ 最终文件：实例文件 / 04 / 4.2 / processed_customer_info.xlsx

步骤01 **打开 ChatExcel**。在网页浏览器中打开 ChatExcel 页面（https://workspace.chatexcel.com/）。单击“ChatExcel-Pro”标签或单击右侧“ChatExcel-Pro”下方的“立即使用”按钮，如图 4-7 所示。

图 4-7

步骤02 **选择上传文件**。进入 ChatExcel 的工作台界面，在右侧的对话窗口中单击“点击此处或拖拽文件到此处上传文件”区域，如图 4-8 所示。

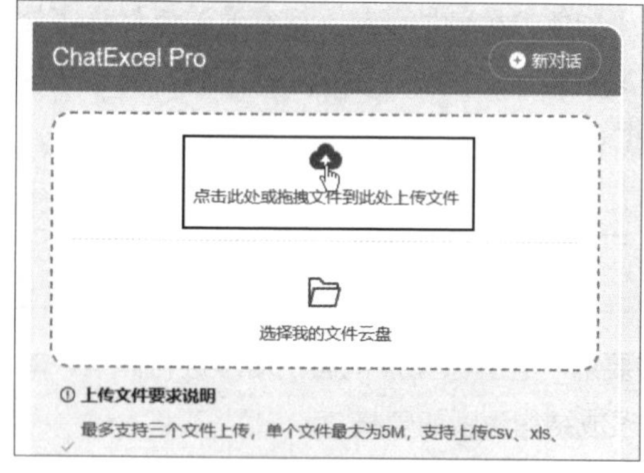

图 4-8

步骤03 **上传数据表**。❶在弹出的“打开”对话框中找到工作簿的存储位置，❷选择要上传的文件，如“客户信息表 .xlsx”，❸单击“打开”按钮，如图 4-9 所示。

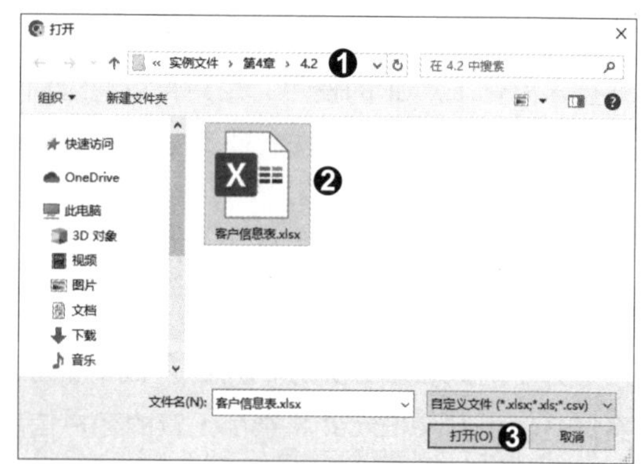

图 4-9

步骤04 **查看原始数据**。上传文件后，可以看到 A 列的每个单元格中都有一名客户的信息（数据均为虚构），包括 ID、姓名、邮箱、地址、生日、电话号码等字段，如图 4-10 所示。虽然各个字段的数据之间都用逗号分隔，但是字段的顺序并不完全一致，不能使用按分隔符分列的常规思路进行整理。

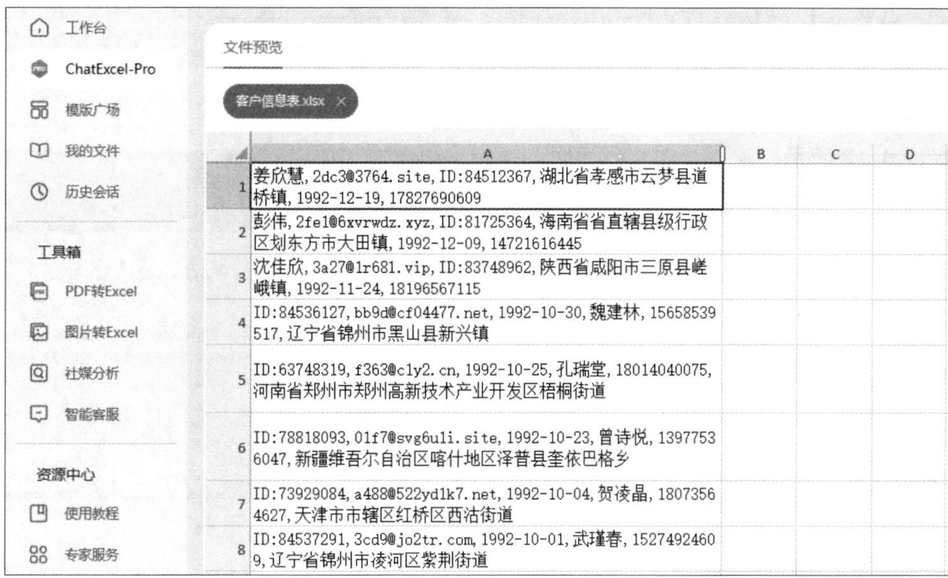

图 4-10

步骤05 **输入提示词并选择模型**。下面使用 ChatExcel 整理表格中的数据。❶在页面右下角的文本框中输入提示词："请将 A 列信息中的姓名、生日、邮箱、ID、电话号码和地址分别提取出来，依次填写到'姓名''生日''邮箱''ID''电话号码''地址'列中。"❷单击默认模型右侧的倒三角形按钮，❸在弹出的列表中单击选择"DeepSeek"模型，❹按〈Enter〉键或单击按钮，如图 4-11 所示。

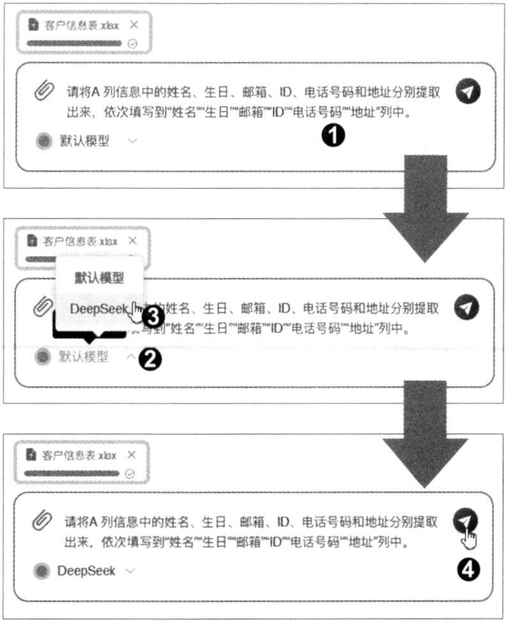

图 4-11

步骤 06 **分析表格数据信息**。ChatExcel 将调用 DeepSeek 模型，根据输入的提示词要求分析表格中的数据信息，并给出处理的流程，如图 4-12 所示。

ChatExcel Pro
新对话
2025-03-04 09:34:43
客户信息表.xlsx
请将A列信息中的姓名、生日、邮箱、ID、电话号码和地址分别提取出来，依次填写到"姓名"、"生日"、"邮箱"、"ID"、"电话号码"、"地址"列中。
2025-03-04 09:34:44
您好，我们将为您提取表格中 A 列的相关信息并分别填写到对应的列中。计划是先读取表格数据，然后按照您的需求进行信息提取和整理。
读取用户上传的表格数据
正在分析..

图 4-12

步骤 07 **生成数据处理总结报告**。分析完成后，在界面左侧的“分析结果”选项卡中会显示“数据处理总结报告”，如图 4-13 所示。

图 4-13

步骤08　**预览数据表**。在“分析结果”选项卡底部可以看到生成的多个数据表，单击“processed_customer_info.xlsx”右侧的“预览”按钮，如图 4-14 所示。

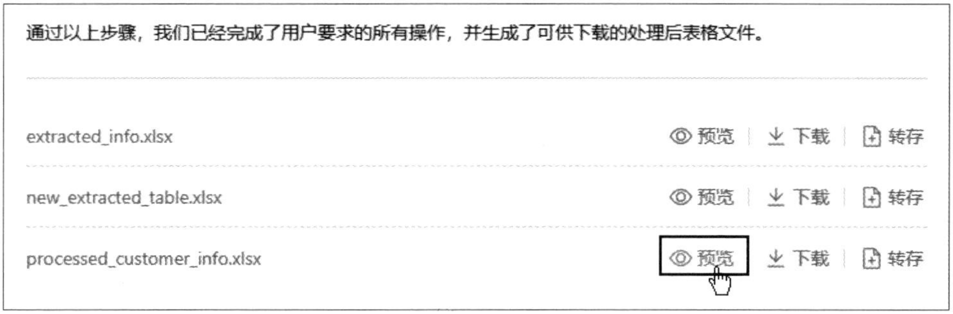

通过以上步骤，我们已经完成了用户要求的所有操作，并生成了可供下载的处理后表格文件。

extracted_info.xlsx　预览　下载　转存

new_extracted_table.xlsx　预览　下载　转存

processed_customer_info.xlsx　预览　下载　转存

图 4-14

步骤09　**查看数据表中的内容**。弹出“预览”对话框，在对话框中可以看到 ChatExcel 根据提示词要求生成的表格效果，如图 4-15 所示。

processed_customer_info.xlsx

	A	B	C	D	E	F
1	姓名	生日	邮箱	ID	电话号码	地址
2	姜欣慧	1992-12-1	2dc3@37	84512367	17827690	湖北省孝感市云梦县道桥镇
3	彭伟	1992-12-0	2fe1@6xv	81725364	14721616	海南省省直辖县级行政区划东方市大田镇
4	沈佳欣	1992-11-2	3a27@1r6	83748962	18196567	陕西省咸阳市三原县嵯峨镇
5	魏建林	1992-10-3	bb9d@cf0	84536127	15658539	辽宁省锦州市黑山县新兴镇
6	孔瑞堂	1992-10-2	f363@c1y	63748319	18014040	河南省郑州市郑州高新技术产业开发区梧桐街道
7	曾诗悦	1992-10-2	01f7@svg	78818093	13977536	新疆维吾尔自治区喀什地区泽普县奎依巴格乡
8	贺凌晶	1992-10-0	a488@52	73929084	18073564	天津市市辖区红桥区西沽街道
9	武瑾春	1992-10-0	3cd9@jo2	84537291	15274924	辽宁省锦州市凌河区紫荆街道
10	贺娟	1992-09-2	3b7b@46	73547982	13272512	湖南省张家界市慈利县二坊坪镇
11	侯榕润	1992-08-0	0de4@9w	83729061	13610529	陕西省渭南市华州区金堆镇
12	黎浩晨	1992-07-2	ba48@3p	82705814	19697525	青海省海北藏族自治州海晏县金滩乡
13	崔平	1992-05-1	6bad@gfe	84730951	16671018	辽宁省盘锦市大洼区新兴镇
14	毛子辰	1992-04-2	3b92@v0	82744109	17860467	北京市市辖区东城区崇文门外街道
15	范欣源	1992-04-0	9366@gj7	84325678	13476575	福建省厦门市湖里区湖里街道
16	曹洋	1992-04-0	c6ca@34v	72214963	17889479	西藏自治区拉萨市达孜区帮堆乡
17	罗芳	1992-03-1	7424@n8	71708734	18713225	新疆维吾尔自治区和田地区和田市古江巴格乡
18	谭娟	1992-03-1	417c@4ba	71908619	19149955	河北省张家口市下花园区花园乡
19	贺强	1992-03-1	434a@49	72275984	19626641	海南省三沙市中沙群岛的岛礁及其海域中沙岛礁
20	刘溶溶	1992-03-0	b989@1o	83745961	13553778	江西省吉安市泰和县沿溪镇
21	吕慧嘉	1992-01-0	e674@59	56776328	13452856	重庆市县秀山土家族苗族自治县大溪乡
22	贾若萌	1991-12-0	5024@rbg	73548961	18483877	天津市市辖区和平区南营门街道
23	郑晨涵	1991-12-0	9f11@4lo	84712356	18022213	安徽省蚌埠市五河县头铺镇
24	郝宜豪	1991-11-0	fa31@34r	81407926	17260541	广西壮族自治区南宁市上林县明亮镇
25	龚诗悦	1991-10-0	4bb7@7z	73927084	15829114	福建省漳州市平和县九峰镇

图 4-15

步骤 10 **下载生成的表格**。单击数据表右侧的“下载”按钮，即可下载并保存新生成的数据表，如图 4-16 所示。

图 4-16

提 示

如果 ChatExcel 生成的数据表不够理想，可以单击生成结果下方的“再试一次”按钮，采用相同的提示词，再次尝试。如果得到的结果还是不符合要求，则可以尝试修改提示词重新生成。

4.3 Formula Bot：智能公式助手

Formula Bot 是一个智能 Excel 助手，提供网页版和 Office 加载项版两种版本。它的主要功能有：根据自然语言指令编写公式、VBA 代码、正则表达式和 SQL 查询等；用自然语言解释公式的含义；分步说明指定任务的操作步骤。

实战演练 智能编写公式和解释公式

为了编写复杂的公式，用户不仅需要熟练掌握公式的语法规则和各种函数的用法，还需要花费大量时间调试和修正错误。本案例将使用 Formula Bot 网页版编写和解释公式，帮助用户更轻松地创建和理解复杂的公式。

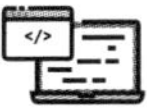

◎ 原始文件：实例文件 / 04 / 4.3 / 测试成绩表1.xlsx
◎ 最终文件：实例文件 / 04 / 4.3 / 测试成绩表2.xlsx

步骤01　**查看原始数据**。打开原始文件，可看到如图 4-17 所示的成绩表。其中，“班级排名”列和“年级排名”列中已经填写了公式，“及格率”列的公式尚未填写。下面使用 Formula Bot 编写计算及格率的公式。

	C	D	E	F	G	H	I	J	K	L	M	N	O	P	Q
1	班级	语文	数学	英语	生物	化学	物理	地理	历史	政治	总分	平均分	班级排名	年级排名	及格率
2	2班	107	117	139	88	96	79	93	83	91	893	99.22	1	1	
3	3班	98	136	133	83	97	85	86	82	87	887	98.56	1	2	
4	1班	113	112	140	87	99	89	78	88	79	885	98.33	1	3	
5	1班	105	121	148	73	93	97	82	64	99	882	98.00	2	4	
6	3班	113	141	102	99	88	98	90	74	74	879	97.67	2	5	
7	2班	96	142	134	87	75	87	81	85	91	878	97.56	2	6	
8	1班	106	145	138	64	98	97	75	89	61	873	97.00	3	7	
9	1班	108	136	119	97	89	69	92	100	59	869	96.56	4	8	
10	2班	101	147	140	86	80	67	90	70	85	866	96.22	3	9	

成绩统计表

图 4-17

步骤02　**打开 Formula Bot 网页版**。在网页浏览器中打开 Formula Bot 页面（https://www.formulabot.com/）。❶单击页面右上角的“Try for free”按钮，在打开的页面中根据说明完成账号的注册和登录，进入 Formula Bot 的工作界面，❷单击左下角的头像，❸在展开的菜单中单击“Customize”命令，进入个性化设置界面，❹在“Language for Text Responses”选项组中将响应文本的语言设置为“Chinese”（中文），如图 4-18 所示。

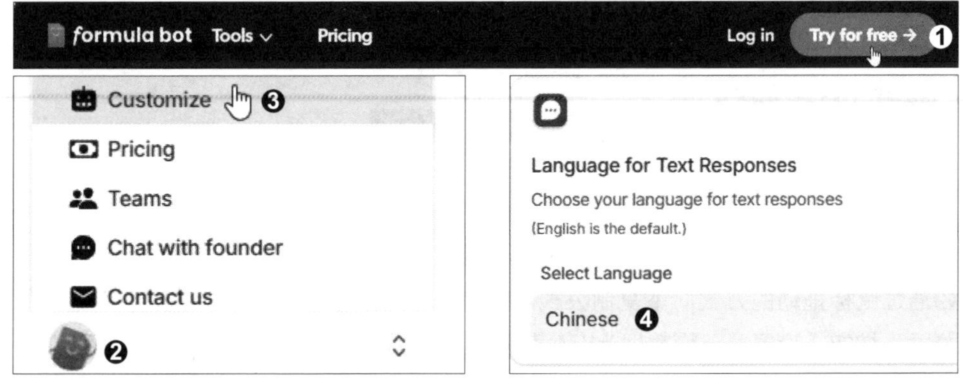

图 4-18

步骤 03 **输入提示词生成公式**。❶单击左侧的“Formula Generator”选项，❷在右侧的“INPUT”区域单击“Excel”单选按钮，❸再单击“Generated”单选按钮，表示要生成 Excel 公式。在本成绩表中，语文、数学、英语的及格线是 90 分，其余科目的及格线是 60 分，以第一位学生为例，及格率的计算公式为：（D2:F2 中大于或等于 90 的单元格数量＋ G2:L2 中大于或等于 60 的单元格数量）÷D2:L2 中非空单元格的数量。❹在输入框中输入相应的提示词，❺单击“Submit”按钮，❻在“OUTPUT”区域会显示生成的公式，❼单击“Copy”按钮，将公式复制到剪贴板，如图 4-19 所示。

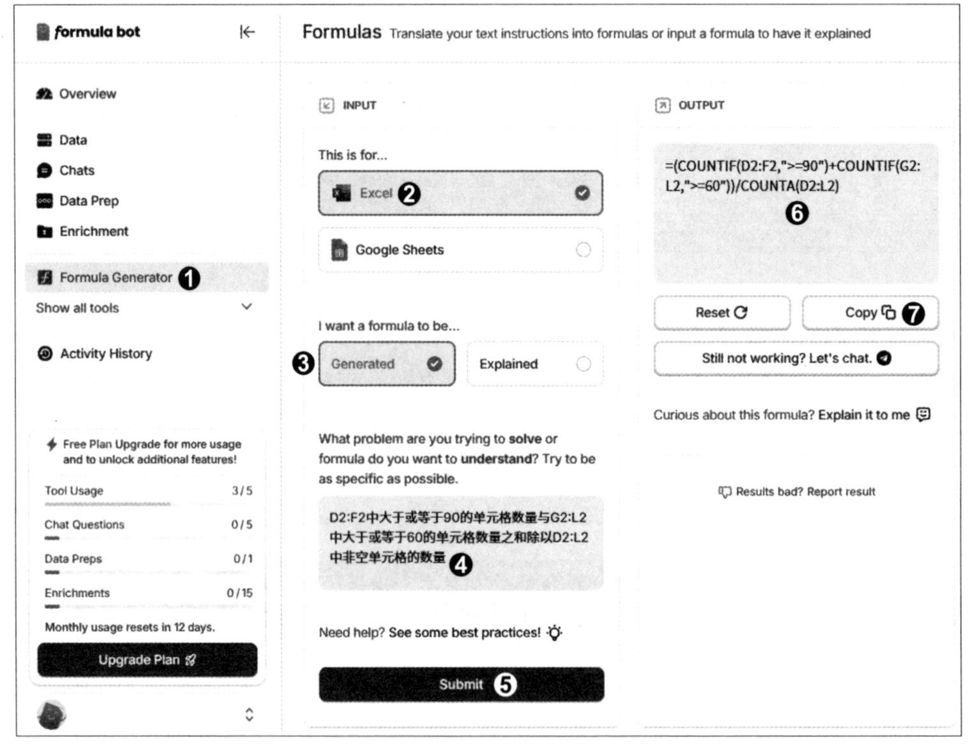

图 4-19

步骤 04 **粘贴并复制公式**。返回 Excel 工作表，❶选中单元格 Q2，按快捷键〈Ctrl+V〉，粘贴公式，❷通过鼠标拖动的方式向下复制公式，❸在“开始”选项卡下单击“数字”组中的“百分比样式”按钮，设置单元格数据为百分数样式，完成及格率的计算和设置，效果如图 4-20 所示。

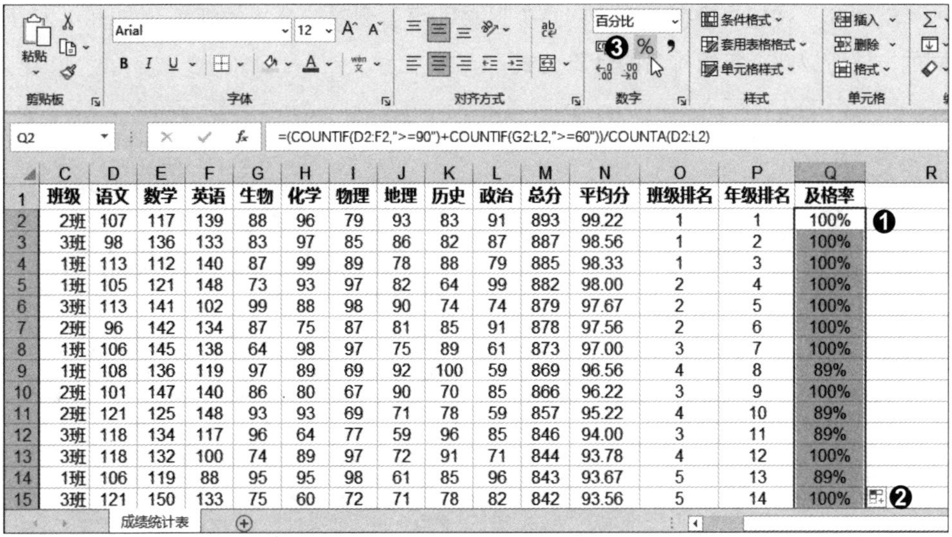

Q2　=(COUNTIF(D2:F2,">=90")+COUNTIF(G2:L2,">=60"))/COUNTA(D2:L2)

	C	D	E	F	G	H	I	J	K	L	M	N	O	P	Q
1	班级	语文	数学	英语	生物	化学	物理	地理	历史	政治	总分	平均分	班级排名	年级排名	及格率
2	2班	107	117	139	88	96	79	93	83	91	893	99.22	1	1	100%
3	3班	98	136	133	83	97	85	86	82	87	887	98.56	1	2	100%
4	1班	113	112	140	87	99	89	78	88	79	885	98.33	1	3	100%
5	1班	105	121	148	73	93	97	82	64	99	882	98.00	2	4	100%
6	3班	113	141	102	99	88	98	90	74	74	879	97.67	2	5	100%
7	2班	96	142	134	87	75	87	81	85	91	878	97.56	2	6	100%
8	1班	106	145	138	64	98	97	75	89	61	873	97.00	3	7	100%
9	1班	108	136	119	97	89	69	92	100	59	869	96.56	4	8	89%
10	2班	101	147	140	86	80	67	90	70	85	866	96.22	3	9	100%
11	2班	121	125	148	93	93	69	71	78	59	857	95.22	4	10	89%
12	3班	118	134	117	96	64	77	59	96	85	846	94.00	3	11	89%
13	3班	118	132	100	74	89	97	72	91	71	844	93.78	4	12	100%
14	1班	106	119	88	95	95	98	61	85	96	843	93.67	5	13	89%
15	3班	121	150	133	75	60	72	71	78	82	842	93.56	5	14	100%

成绩统计表

图 4-20

步骤05　**查看“班级排名”列的公式。**❶选中 O2 单元格，❷在编辑栏中可以看到公式为“=SUMPRODUCT(($C$2:$C$152=C2)*($M$2:$M$152>M2))+1”，如图 4-21 所示。这个公式有点复杂，不是很好理解，下面利用 Formula Bot 解释该公式。

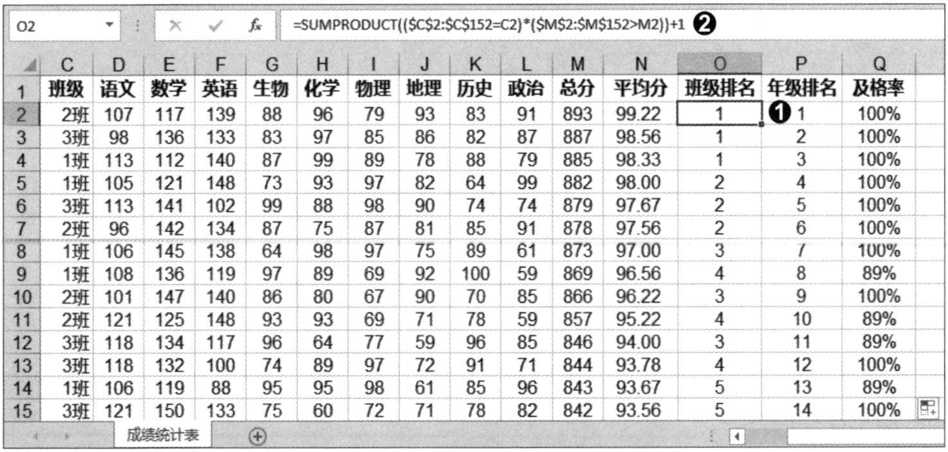

O2　=SUMPRODUCT(($C$2:$C$152=C2)*($M$2:$M$152>M2))+1

	C	D	E	F	G	H	I	J	K	L	M	N	O	P	Q
1	班级	语文	数学	英语	生物	化学	物理	地理	历史	政治	总分	平均分	班级排名	年级排名	及格率
2	2班	107	117	139	88	96	79	93	83	91	893	99.22	1	1	100%
3	3班	98	136	133	83	97	85	86	82	87	887	98.56	1	2	100%
4	1班	113	112	140	87	99	89	78	88	79	885	98.33	1	3	100%
5	1班	105	121	148	73	93	97	82	64	99	882	98.00	2	4	100%
6	3班	113	141	102	99	88	98	90	74	74	879	97.67	2	5	100%
7	2班	96	142	134	87	75	87	81	85	91	878	97.56	2	6	100%
8	1班	106	145	138	64	98	97	75	89	61	873	97.00	3	7	100%
9	1班	108	136	119	97	89	69	92	100	59	869	96.56	4	8	89%
10	2班	101	147	140	86	80	67	90	70	85	866	96.22	3	9	100%
11	2班	121	125	148	93	93	69	71	78	59	857	95.22	4	10	89%
12	3班	118	134	117	96	64	77	59	96	85	846	94.00	3	11	89%
13	3班	118	132	100	74	89	97	72	91	71	844	93.78	4	12	100%
14	1班	106	119	88	95	95	98	61	85	96	843	93.67	5	13	89%
15	3班	121	150	133	75	60	72	71	78	82	842	93.56	5	14	100%

成绩统计表

图 4-21

步骤06　**输入公式获得解释。**回到 Formula Bot 的页面，❶单击“Excel”单选按钮，❷再单击“Explained”单选按钮，表示需要解释 Excel 公式。❸在输入框中输入 O2 单元格中的公式，

❹单击“Submit”按钮，❺在“OUTPUT”区域即可看到对该公式的解析，如图 4-22 所示。用相同的方法可以解释年级排名的计算公式。

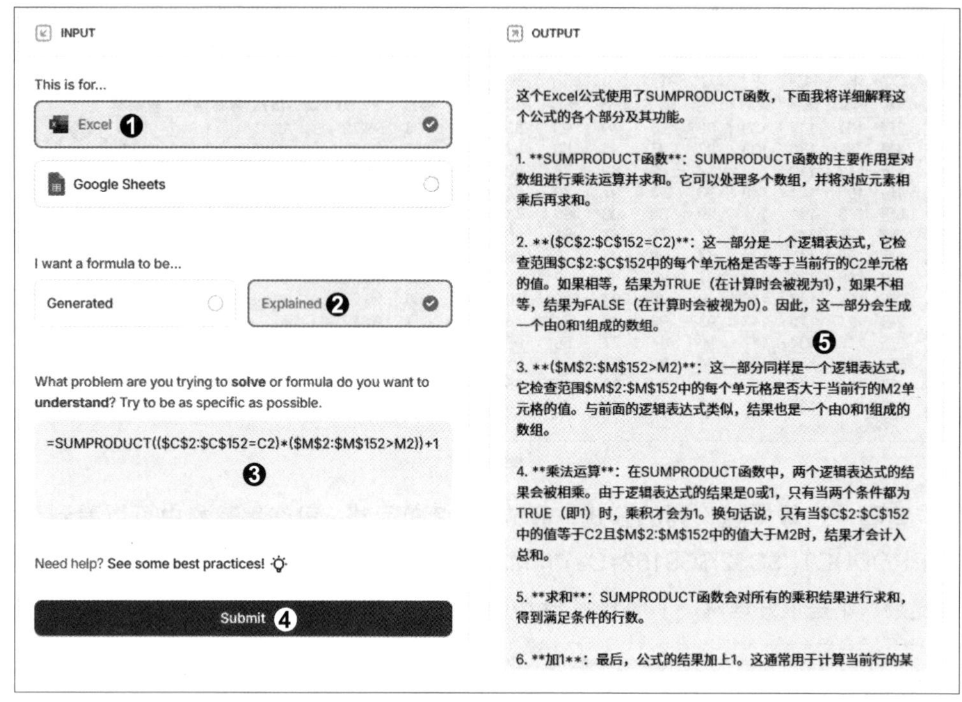

图 4-22

4.4 AI-aided Formula Editor：智能公式编辑器

AI-aided Formula Editor 是一款基于 OpenAI 的 GPT 模型开发的智能公式编辑器。它的主要功能有：智能编写公式，并对公式进行正确性验证和运算结果预览；解释公式的编写原理；对复杂的长公式进行格式化以提高其可读性；指出公式中存在的错误并提出更正建议；自动识别公式中可优化的部分。

实战演练 自动生成公式制作成绩查询表

本案例将使用 AI-aided Formula Editor 生成公式完善成绩统计数据，并制作成绩查询表。

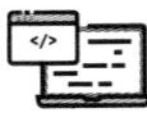

◎ 原始文件：实例文件 / 04 / 4.4 / 成绩查询表1.xlsx

◎ 实例文件：实例文件 / 04 / 4.4 / 成绩查询表2.xlsx

步骤01　**打开 Office 加载项**。打开 Excel，❶切换至“插入”选项卡，❷在“加载项”组中单击“获取加载项”按钮，如图 4-23 所示。

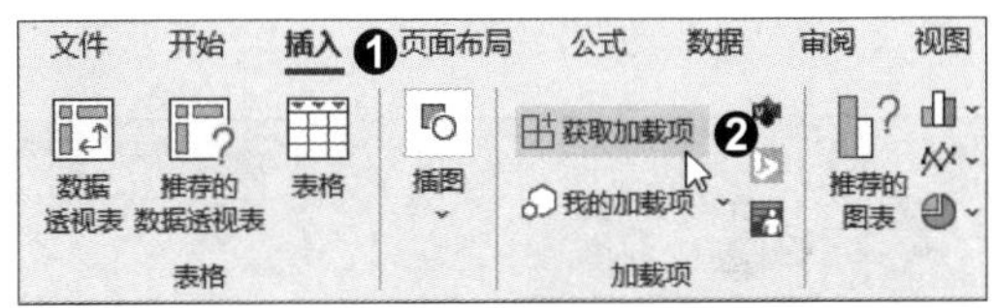

图 4-23

步骤02　**添加加载项**。打开“Office 加载项”窗口，❶在搜索框中输入加载项名称“AI-aided Formula Editor”，❷单击“搜索”按钮搜索该加载项，❸在搜索结果中单击该加载项右侧的“添加”按钮，如图 4-24 所示。❹在弹出的对话框中勾选“我同意上述所有条款和条件”复选框，❺单击“继续”按钮，如图 4-25 所示。

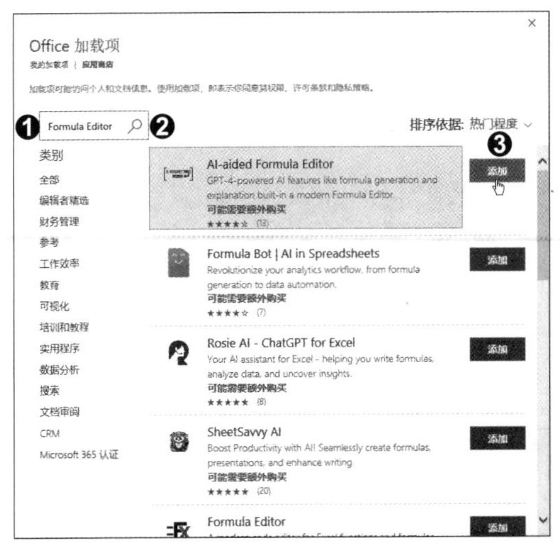

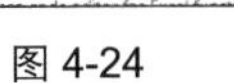

图 4-24

图 4-25

步骤03 **打开加载项窗格并启用 AI 功能**。AI-aided Formula Editor 加载项安装成功后，❶在功能区中会显示“AI-aided Formula Editor”选项卡，❷单击该选项卡下“Edit”组中的“AI-aided Formula Editor”按钮，如图 4-26 所示。窗口右侧会显示加载项窗格，❸其中默认仅显示“Cell Formula”功能区，即当前所选单元格的公式。❹单击“AI Generator”按钮，启用 AI 功能，❺此时窗格中会显示提示词输入框，❻并显示公式输出区，如图 4-27 所示。

图 4-26

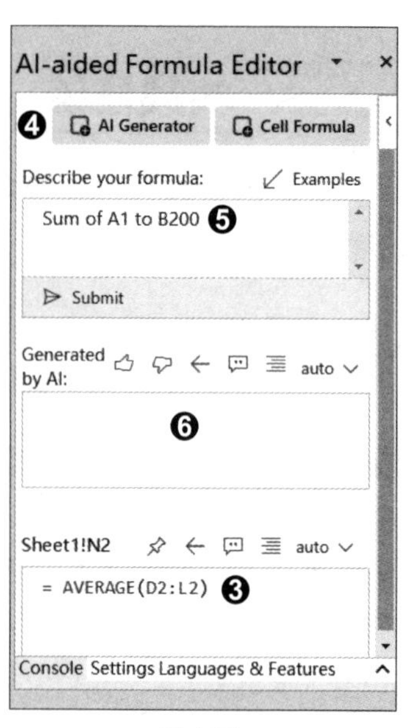

图 4-27

步骤04 **生成计算班级排名的公式**。打开“成绩查询表 1.xlsx”，其工作表“Sheet1”中记录了多个班级学生的各科成绩，并且已经计算出总分、平均分和年级排名，现在还需要计算班级排名。以第一个学生为例，班级排名的计算方法为：统计 C 列中与 C2 单元格值相同的行对应的 M 列的单元格的排名，单元格值最大的排名为 1，即降序排列。❶选中 O2 单元格，❷在提示词输入框中输入提示词，❸单击“Submit”按钮，❹在公式输出区会显示智能生成的公式，❺单击 ← 按钮将公式写入当前单元格，如图 4-28 所示。

	B	C	D	E	F	G	H	I	J	K	L	M	N	O	P
1	姓名	班级	语文	数学	英语	生物	化学	物理	地理	历史	政治	总分	平均分	班级排名	年级排名
2	成延	1班	113	112	140	87	99	89	78	88	79	885	98.33	❶	4
3	连承	1班	75	79	143	85	85	89	94	71	86	807	89.67		64
4	阴奇	1班	101	78	100	86	80	95	69	83	76	768	85.33		139
5	田倩纨	1班	108	79	107	88	100	87	98	88	65	820	91.11		51
6	尹浩	1班	106	145	138	64	98	97	75	89	61	873	97.00		8
7	闻佩泽	1班	108	134	69	96	79	71	89	68	68	782	86.89		118
8	季明	1班	93	95	90	72	92	60	74	100	59	735	81.67		182
9	欧纨姬	1班	79	115	89	61	93	99	90	65	90	781	86.78		119
10	盛立保	1班	109	86	87	77	82	98	74	84	93	790	87.78		99
11	水翠咏	1班	101	111	63	81	86	83	87	84	73	769	85.44		133
12	苟才	1班	108	81	148	88	83	73	63	87	95	826	91.78		44
13	乔凌	1班	58	144	133	78	77	75	92	73	64	794	88.22		89
14	方欣	1班	59	83	113	80	69	69	100	86	79	738	82.00		178
15	叶伯	1班	78	82	76	90	62	90	84	98	78	738	82.00		178
16	慕容刚	1班	61	117	79	65	77	79	74	94	71	717	79.67		207

AI-aided Formula Editor

AI Generator　Cell Formula

Describe your formula:　Examples

❷ 统计C列中与C2单元格值相同的行对应的M列的单元格的排名，降序排列

Submit ❸

❺ Generated by AI:　auto

```
= SUMPRODUCT(
    --(M:M >= M2),
    --(C:C = C2))
```
❹

图 4-28

步骤05　**复制公式完成计算**。将 O2 单元格中的公式向下复制到其他单元格，完成班级排名的计算，如图 4-29 所示。接下来进行成绩查询表的制作。

	A	B	C	D	E	F	G	H	I	J	K	L	M	N	O	P
1	学号	姓名	班级	语文	数学	英语	生物	化学	物理	地理	历史	政治	总分	平均分	班级排名	年级排名
2	101	成延	1班	113	112	140	87	99	89	78	88	79	885	98.33	1	4
3	102	连承	1班	75	79	143	85	85	89	94	71	86	807	89.67	13	64
4	103	阴奇	1班	101	78	100	86	80	95	69	83	76	768	85.33	28	139
5	104	田倩纨	1班	108	79	107	88	100	87	98	88	65	820	91.11	10	51
6	105	尹浩	1班	106	145	138	64	98	97	75	89	61	873	97.00	3	8
7	106	闻佩泽	1班	108	134	69	96	79	71	89	68	68	782	86.89	24	118
8	107	季明	1班	93	95	90	72	92	60	74	100	59	735	81.67	37	182
9	108	欧纨姬	1班	79	115	89	61	93	99	90	65	90	781	86.78	25	119

图 4-29

步骤06　**新建工作表**。❶在工作簿中新建工作表“Sheet2”，❷输入成绩查询表的表头，并简单设置格式，效果如图 4-30 所示。该查询表要实现的功能是：用户在 B1 单元格中输入学号，下方的单元格中会显示学号所对应的学生的各科成绩数据。

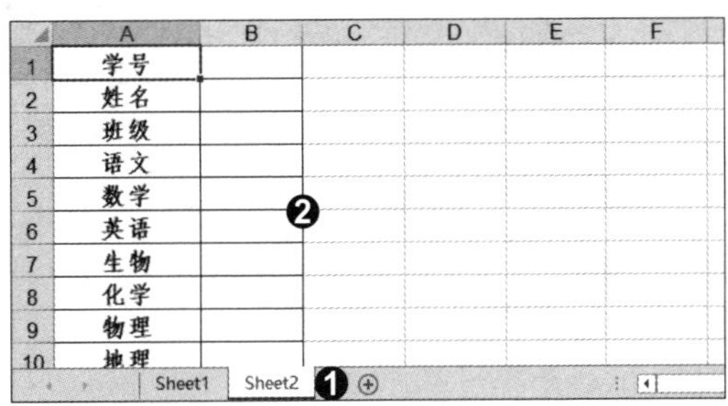

图 4-30

步骤07　**生成查询姓名的公式**。先从根据学号查询姓名入手，计算方法为：在 Sheet1 的 A1:P240 区域中定位 Sheet2 的 B1 单元格值的行号和 Sheet2 的 A2 单元格值的列号，返回定位到的单元格的值。选中 B2 单元格，❶在 AI-aided Formula Editor 加载项窗格的文本框中输入提示词，❷单击“Submit”按钮，❸在公式输出区显示智能生成的公式，❹单击 [←] 按钮将公式写入当前单元格，如图 4-31 所示。

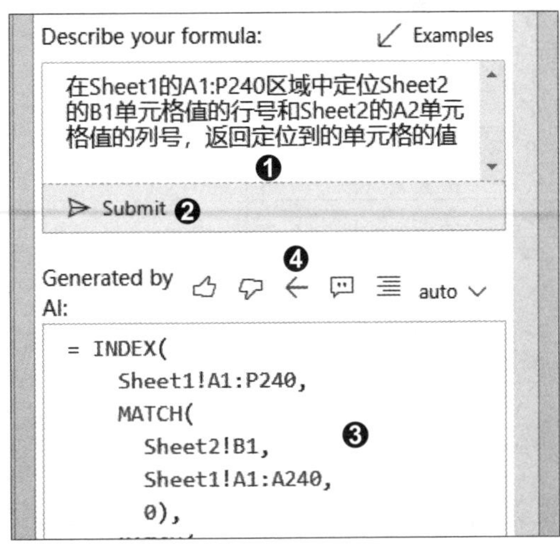

图 4-31

步骤 08 修改公式。在编辑栏中修改公式，选中其中的单元格地址后按〈F4〉键切换引用方式，将 A1:P240、B1、A1:A240、A1:P1 的引用方式修改为绝对引用，A2 的引用方式修改为绝对引用列、相对引用行，如图 4-32 所示。修改完毕后按〈Enter〉键确认。

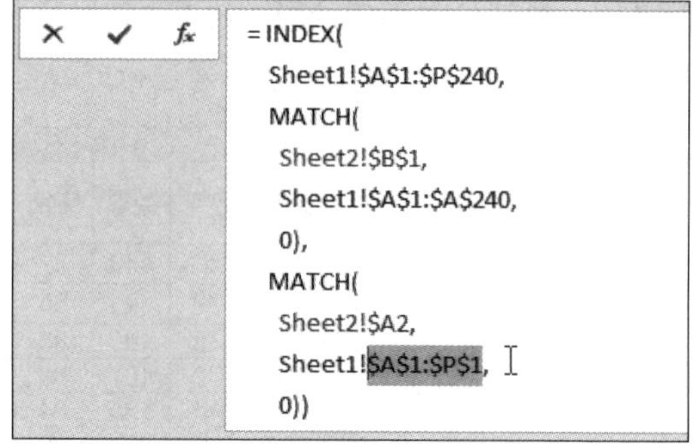

图 4-32

步骤 09 **复制公式完成查询表制作**。❶此时 B2 单元格中会显示错误值“#N/A”，如图 4-33 所示。这是因为 B1 单元格中没有输入学号。❷在 B1 单元格中输入学号，如“105”，按〈Enter〉键，B2 单元格中就会显示该学号对应的学生姓名。❸将 B2 单元格中的公式向下复制到其他单元格，即可完成查询表的制作，效果如图 4-34 所示。

	A	B	C	D
1	学号			
2	姓名	#N/A	❶	
3	班级			
4	语文			
5	数学			
6	英语			
7	生物			
8	化学			
9	物理			
10	地理			
11	历史			
12	政治			
13	总分			
14	平均分			
15	班级排名			
16	年级排名			

图 4-33

	A	B	C	D
1	学号	105		
2	姓名	尹浩	❷	
3	班级	1班		
4	语文	106		
5	数学	145		
6	英语	138		
7	生物	64		
8	化学	98		
9	物理	97		
10	地理	75		
11	历史	89		
12	政治	61		
13	总分	873		
14	平均分	97		
15	班级排名	3		
16	年级排名	8	❸	

图 4-34

AI-aided Formula Editor 的使用方法比较简单，虽然界面是全英文的，但是支持中文输入。在实际应用中偶尔会出现生成的公式中的函数名称显示为中文的情况，单击“Sumbit”按钮重新生成即可。

4.5　办公小浣熊：数据处理与分析助手

办公小浣熊是商汤科技基于“日日新 SenseNova”大模型开发的智能数据分析工具，其核心功能包括自然语言交互、数据清洗与运算、趋势分析与预测、数据可视化等。用户可以使用自然语言描述数据分析需求，办公小浣熊就能理解并执行这些需求，自动将数据转化为有意义的分析结果和可视化图表。

实战演练　数据的整合与可视化分析

数据整合是指将多个数据源合并成一个数据集，让数据更易于管理和分析。可视化分析是指使用图表等视觉元素以直观的方式展示数据。本案例将使用办公小浣熊快速整合多个数据表，并绘制图表进行可视化分析。

◎ 原始文件：实例文件 / 04 / 4.5 / 工资表.xlsx、岗位信息.xlsx
◎ 实例文件：实例文件 / 04 / 4.5 / 合并后的数据表.xlsx

步骤 01　**登录账号**。在网页浏览器中打开办公小浣熊页面（https://xiaohuanxiong.com/office），然后按照页面中的说明登录账号，如图 4-35 所示。

图 4-35

步骤 02 **上传数据文件**。登录成功后，进入工作界面，❶单击界面左侧的“选择本地文件”按钮，如图 4-36 所示。弹出“打开”对话框，❷选中要整合的两个文件，❸单击“打开”按钮，如图 4-37 所示。

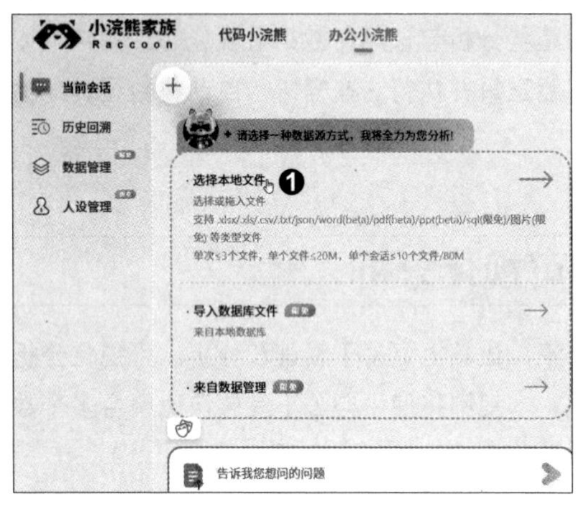

图 4-36

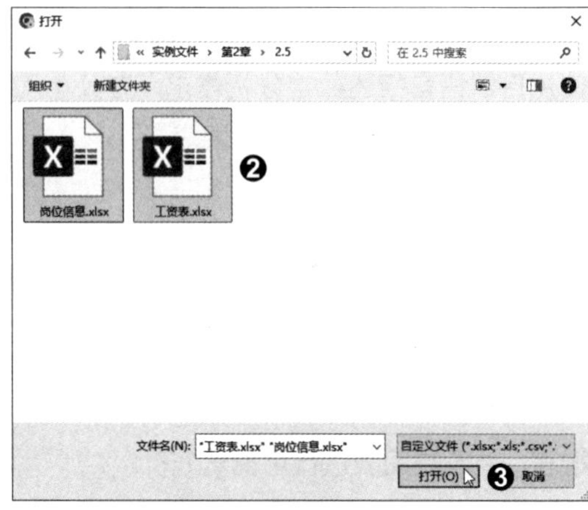

图 4-37

步骤 03 **查看数据**。文件上传完成后，在界面右侧的“文件预览”区域可以查看两个文件中的数据表，如图 4-38 和图 4-39 所示。

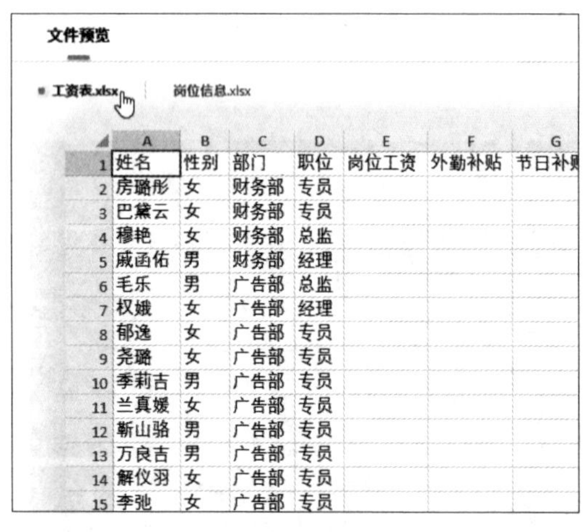

	A	B	C	D	E	F	G
1	姓名	性别	部门	职位	岗位工资	外勤补贴	节日补
2	房璐彤	女	财务部	专员			
3	巴黛云	女	财务部	专员			
4	穆艳	女	财务部	总监			
5	戚函佑	男	财务部	经理			
6	毛乐	男	广告部	总监			
7	权娥	女	广告部	经理			
8	郁逸	女	广告部	专员			
9	尧璐	女	广告部	专员			
10	季莉吉	男	广告部	专员			
11	兰真媛	女	广告部	专员			
12	靳山骆	男	广告部	专员			
13	万良吉	男	广告部	专员			
14	解仪羽	女	广告部	专员			
15	李弛	女	广告部	专员			

图 4-38

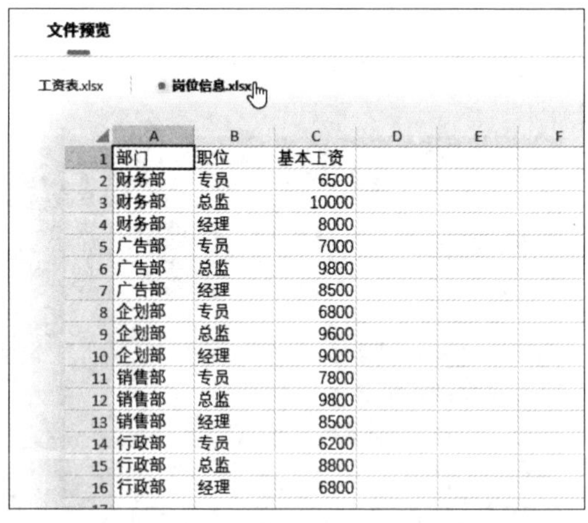

	A	B	C	D	E	F
1	部门	职位	基本工资			
2	财务部	专员	6500			
3	财务部	总监	10000			
4	财务部	经理	8000			
5	广告部	专员	7000			
6	广告部	总监	9800			
7	广告部	经理	8500			
8	企划部	专员	6800			
9	企划部	总监	9600			
10	企划部	经理	9000			
11	销售部	专员	7800			
12	销售部	总监	9800			
13	销售部	经理	8500			
14	行政部	专员	6200			
15	行政部	总监	8800			
16	行政部	经理	6800			

图 4-39

步骤 04 **输入合并数据表的指令**。❶在界面下方的文本框中输入提示词：“请将两个数据表合并为一个数据表。”❷单击“发送”按钮或按〈Enter〉键提交，如图 4-40 所示。

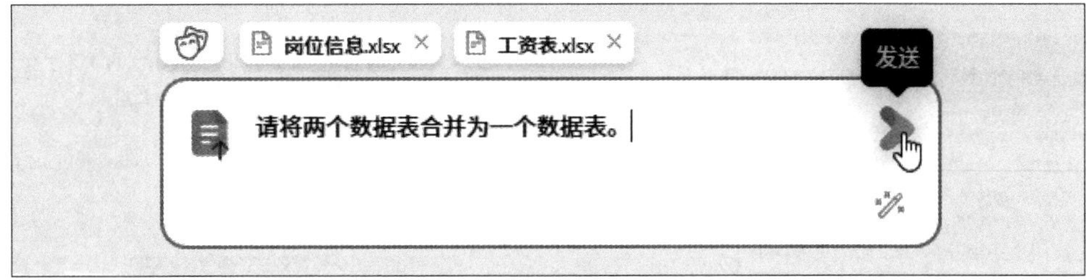

图 4-40

步骤05　**查看处理结果**。随后办公小浣熊会根据提示词和上传的数据表思考解决问题的步骤，并逐步执行。界面左侧会显示执行过程，其中带有“</>”图标的步骤表示其是通过编写和运行代码来实现的，如图 4-41 所示。切换至“文件预览”选项卡可以查看合并后的数据表效果。

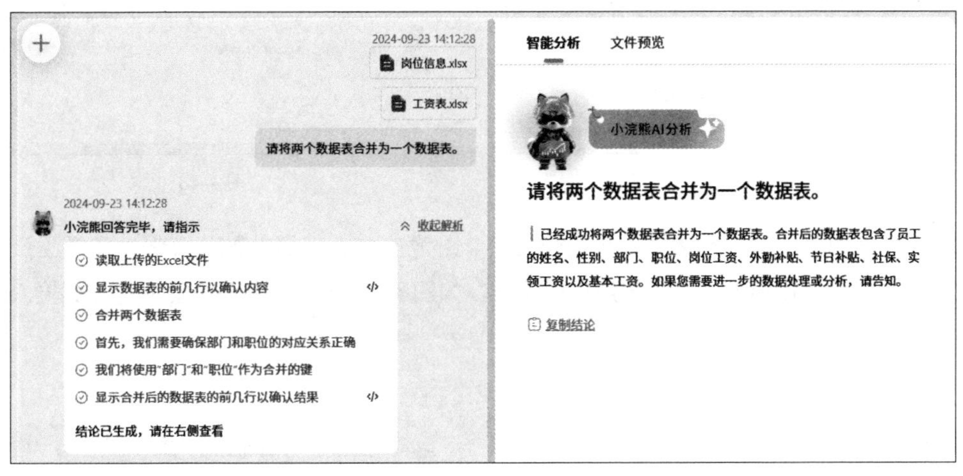

图 4-41

步骤06　**查看步骤的代码**。❶单击某个步骤的“</>”图标，❷即可展开这一步骤所用的代码，如图 4-42 所示。这里显示的是一段 Python 代码及其运行结果。

步骤07　**调整列的顺序**。在上一步的运行结果中可以看到，合并后数据表中各列的顺序不利于阅读和理解，需要进行调整。输入并发送提示词：“请调整合并后数据表中各列的排列顺序，将‘基本工资’放在‘岗位工资’之前，将‘实领工资’放在最后。”即可完成此操作，如图 4-43 所示。

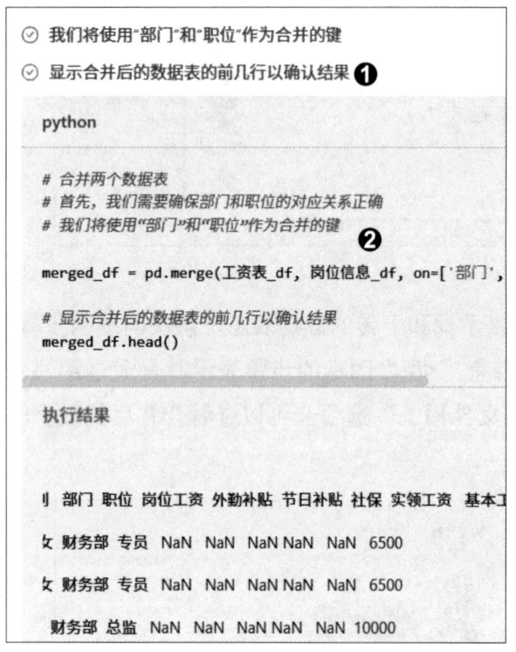

图 4-42

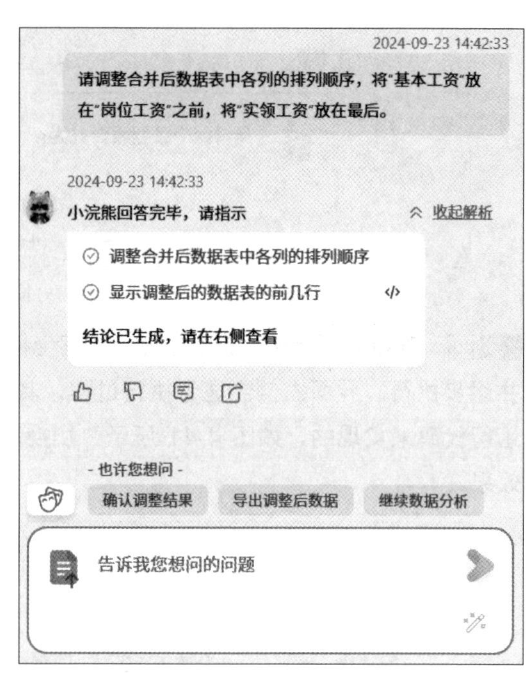

图 4-43

步骤 08 **补全数据**。接下来需要补全岗位工资、外勤补贴、节日补贴、社保、实领工资等列的数据。在界面左侧输入并发送相应的提示词，如图 4-44 所示，办公小浣熊将根据输入提示词完成操作，如图 4-45 所示。

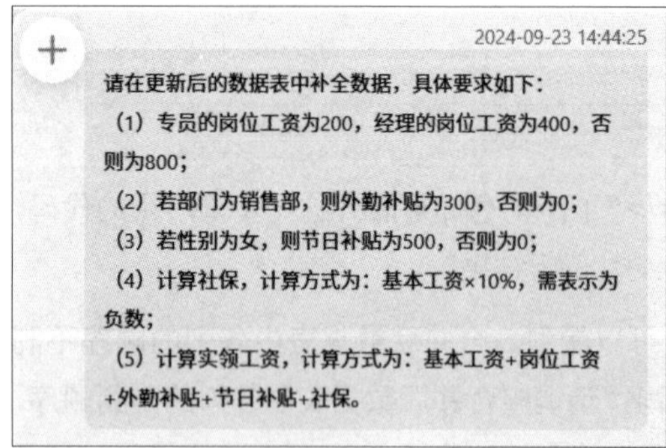

图 4-44

2024-09-23 14:44:25
小浣熊回答完毕，请指示
收起解析
根据给定的要求补全数据
1. 设置岗位工资
2. 设置外勤补贴
3. 设置节日补贴
4. 计算社保
5. 计算实领工资
显示更新后的数据表的前几行

图 4-45

步骤 09　**保存数据表**。补全数据后，可以先将数据表保存为 Excel 工作簿。❶在界面左侧输入并发送相应的提示词，❷在界面右侧单击生成的文件链接，如图 4-46 所示，即可下载并保存该文件。

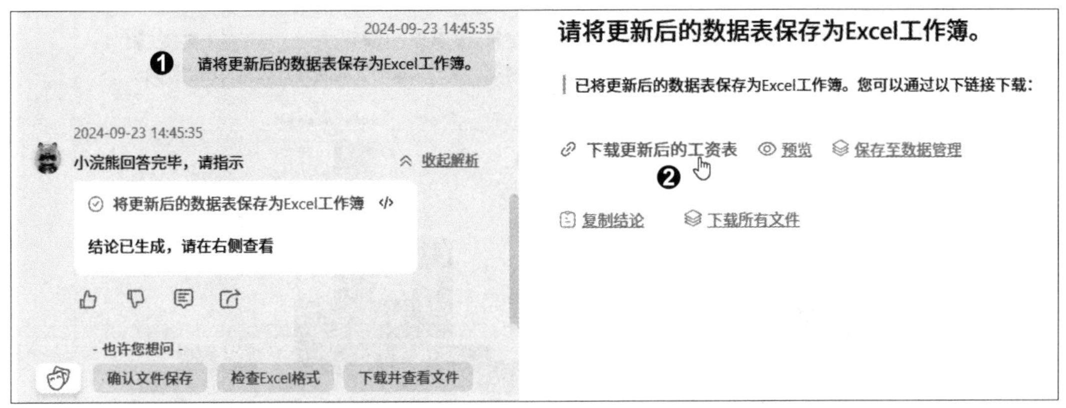

图 4-46

步骤 10　**查看处理后的数据表**。在 Excel 中打开下载的文件，可以看到根据提示词处理好的数据表，如图 4-47 所示。

	A	B	C	D	E	F	G	H	I	J
1	姓名	性别	部门	职位	基本工资	岗位工资	外勤补贴	节日补贴	社保	实领工资
2	房璐彤	女	财务部	专员	6500	200	0	500	-650	6550
3	巴黛云	女	财务部	专员	6500	200	0	500	-650	6550
4	穆艳	女	财务部	总监	10000	800	0	500	-1000	10300
5	戚函佑	男	财务部	经理	8000	400	0	0	-800	7600
6	毛乐	男	广告部	总监	9800	800	0	0	-980	9620
7	权娥	女	广告部	经理	8500	400	0	500	-850	8550
8	郁逸	女	广告部	专员	7000	200	0	500	-700	7000
9	尧璐	女	广告部	专员	7000	200	0	500	-700	7000
10	季莉吉	男	广告部	专员	7000	200	0	0	-700	6500
11	兰真媛	女	广告部	专员	7000	200	0	500	-700	7000
12	靳山骆	男	广告部	专员	7000	200	0	0	-700	6500
13	万良吉	男	广告部	专员	7000	200	0	0	-700	6500
14	解仪羽	女	广告部	专员	7000	200	0	500	-700	7000

图 4-47

提　示

办公小浣熊支持 xlsx、xls、csv、txt、json 等多种数据文件类型。在单轮对话中，最多可上传 3 个文件，单个文件大小不超过 20 MB；在单个会话（可进行多轮对话）中，最多可上传 10 个文件，总文件大小不超过 80 MB。

步骤 11 **绘制直方图**。最后，对表格中的数据进行可视化。❶在界面左侧输入并发送绘制直方图的提示词，❷在界面右侧即可看到生成的直方图，如图 4-48 所示。

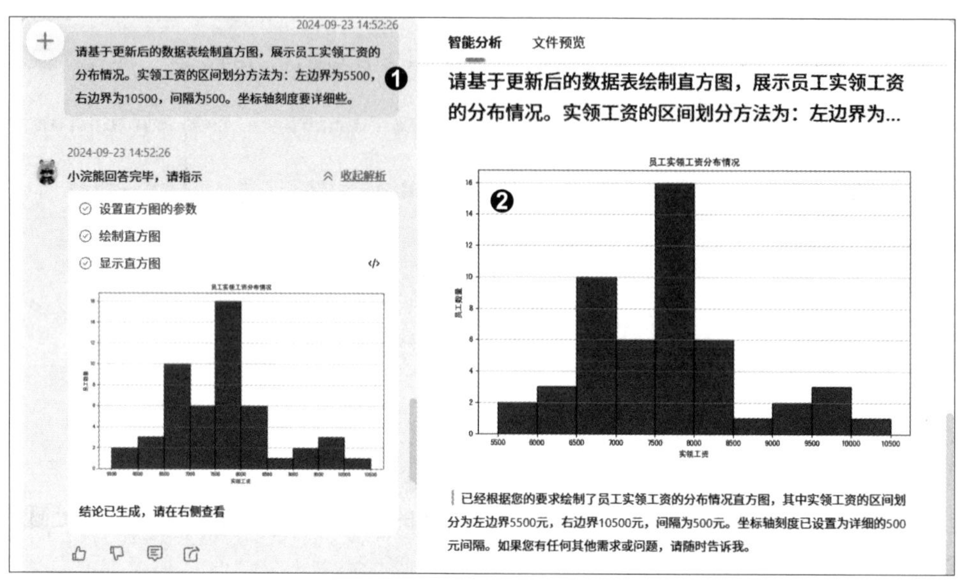

图 4-48

提 示

在绘制直方图时，区间的选择很重要，因为它直接影响到直方图的形状和所传达的信息。如果对区间的划分没有把握，可以通过提示词向办公小浣熊寻求建议，例如：“我想基于更新后的数据表绘制直方图，展示员工实领工资的分布情况。关于实领工资的区间划分，你有什么好的建议吗？”

步骤 12 **绘制饼图**。❶继续在界面左侧输入并发送绘制饼图的提示词，❷在界面右侧即可看到生成的饼图，如图 4-49 所示。

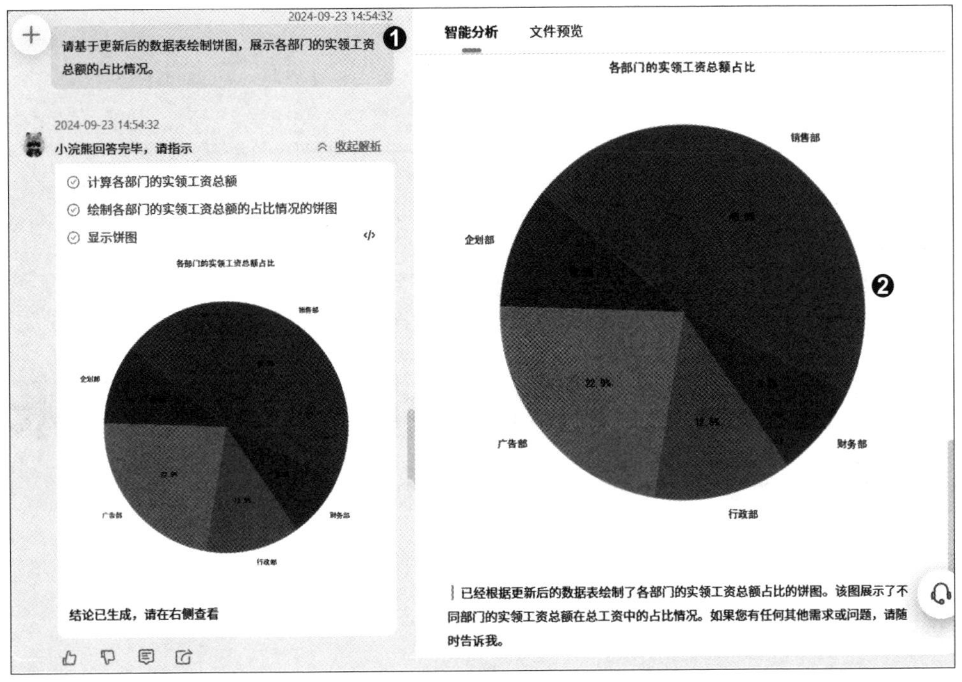
2024-09-23 14:54:32
请基于更新后的数据表绘制饼图，展示各部门的实领工资总额的占比情况。
2024-09-23 14:54:32
小浣熊回答完毕，请指示
收起解析
计算各部门的实领工资总额
绘制各部门的实领工资总额的占比情况的饼图
显示饼图
结论已生成，请在右侧查看
智能分析
文件预览
各部门的实领工资总额占比
销售部
企划部
22.9%
12.5%
广告部
财务部
行政部
已经根据更新后的数据表绘制了各部门的实领工资总额占比的饼图。该图展示了不同部门的实领工资总额在总工资中的占比情况。如果您有任何其他需求或问题，请随时告诉我。

图 4-49

第5章

用 AI 工具让 PowerPoint 飞起来

传统的演示文稿制作流程通常是：在准备环节搜集大量的图文素材，在初稿环节拟写大纲，在设计环节反复调整版面布局，在预演环节协调页面元素的动画效果……一套流程下来，费时费力，还不一定能得到满意的效果。而现在，“用 AI 写 PPT”的时代已经到来。给 AI 工具一个主题，它就能帮助用户轻松完成初稿，甚至完整演示文稿的制作。

本章将介绍 AiPPT 和 ChatPPT 这两个 AI 驱动的演示文稿内容生成工具，以及演示文稿设计的增效插件——iSlide。这 3 个工具可以帮助用户将更多的精力聚焦在“想法”和“创意”上，从而制作出更有吸引力、更具说服力的演示文稿。

5.1　AiPPT：创意演示，一键生成

AiPPT 是一款 AI 驱动的演示文稿在线生成工具，只需要输入主题，即可生成高质量的演示文稿。此外，AiPPT 还支持在线自定义编辑和文档导入生成，并配置了超 10 万套定制级演示文稿模板及素材，助力用户快速产出专业级演示文稿。值得一提的是，AiPPT 现已正式接入 DeepSeek 大模型，能够更深入地理解用户的需求，进一步提升演示文稿的生成质量和用户体验。

实战演练　智能生成精美演示文稿

在制作演示文稿时，若仅拥有主题却缺乏明确的方向，可以使用 AI 工具提供内容指引，快速明确思路，智能生成逻辑清晰的演示文稿。本案例将使用 AiPPT 创建主题为“在线教育的发展和挑战”的演示文稿。

步骤01　**登录账号**。在网页浏览器中打开 AiPPT 页面（https://www.aippt.cn/）。❶单击页面中的“开始智能生成”按钮，如图 5-1 所示。❷弹出登录对话框，在对话框中根据提示使用微信扫码登录，如图 5-2 所示。

图 5-1

图 5-2

步骤02　**输入主题并选择 DeepSeek V3 模型**。登录成功后，❶在指令框中输入生成演示文稿的指令，如“在线教育的发展和挑战”，❷单击“智谱 GLM-4-Air”右侧的倒三角形按钮，❸在展开的下拉列表中选择“DeepSeek V3”模型，如图 5-3 所示。

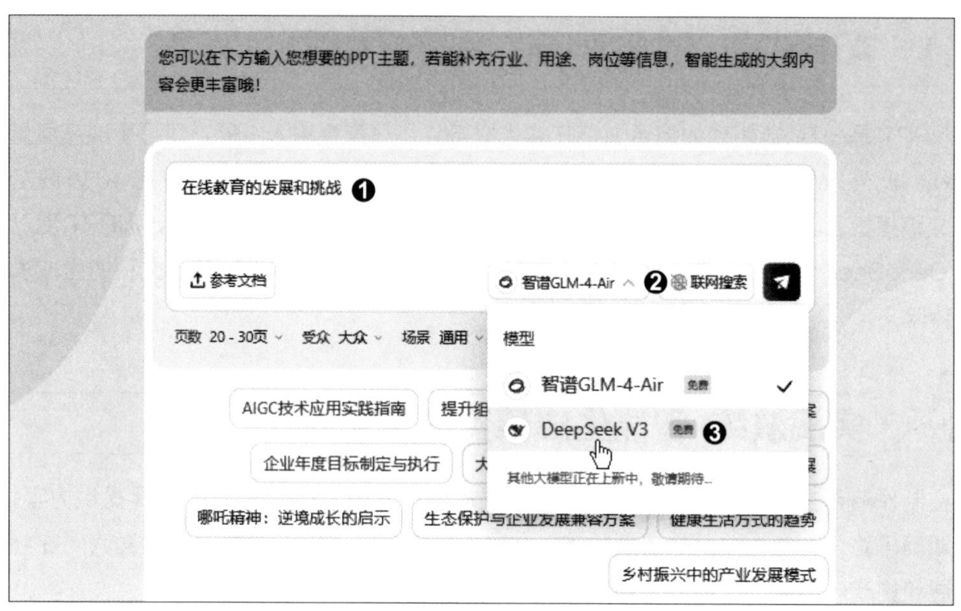

图 5-3

步骤03 **设置页数和场景。**❶单击“页数”右侧的倒三角形按钮，❷在展开的下拉列表中选择演示文稿页数，如图 5-4 所示，❸单击“场景”右侧的倒三角形按钮，❹在展开的下拉列表中选择演示文稿的使用场景，设置完成后，❺单击“发送”按钮，如图 5-5 所示。

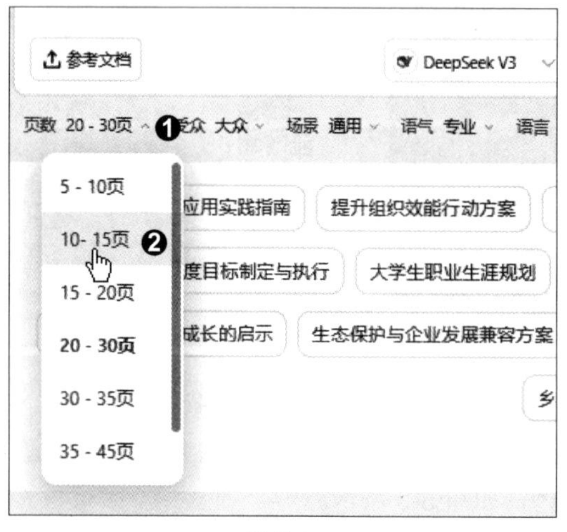

图 5-4

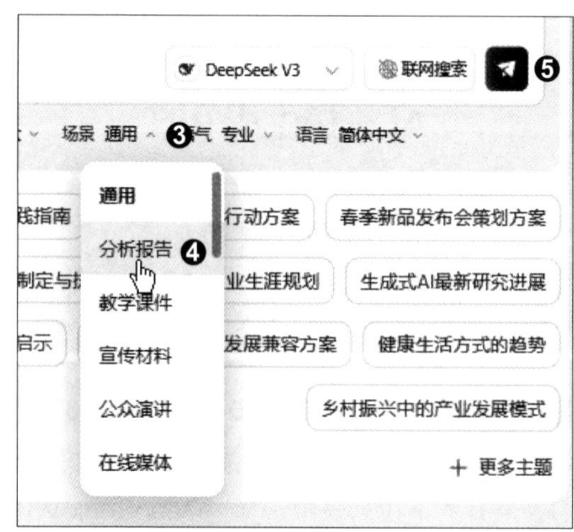

图 5-5

步骤 04　根据标题生成大纲。AiPPT 将进入思考模式，根据输入的标题构思演示文稿，如图 5-6 所示。稍等片刻，AiPPT 便会根据输入的主题生成内容大纲，如图 5-7 所示。

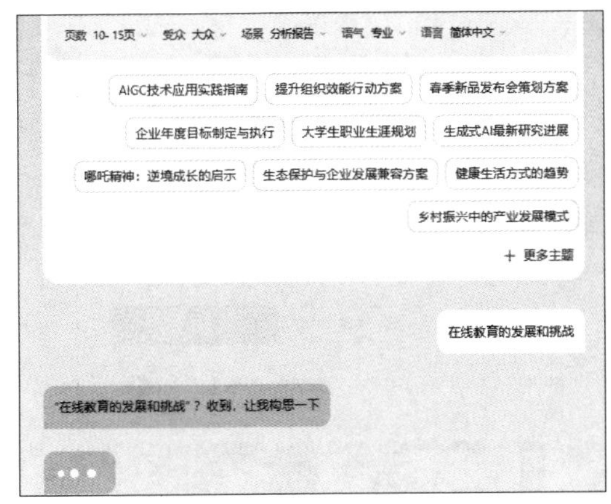

图 5-6

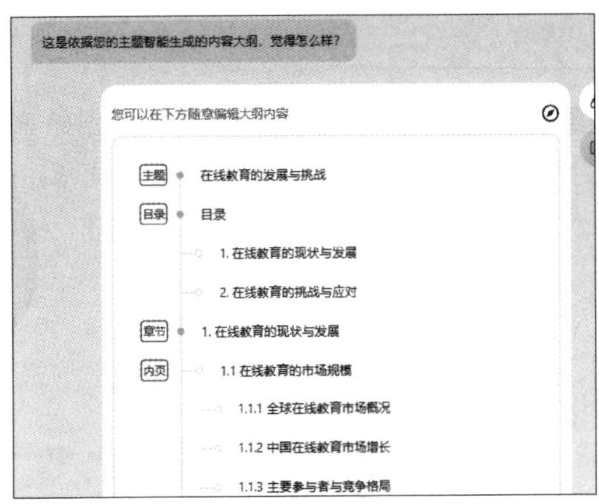

图 5-7

步骤 05　根据标题生成大纲。如果不满意内容大纲，❶单击内容大纲下方的“换个大纲”按钮，如图 5-8 所示，让 AiPPT 重新生成内容大纲，得到满意的大纲后，❷单击“挑选 PPT 模板”按钮，如图 5-9 所示。

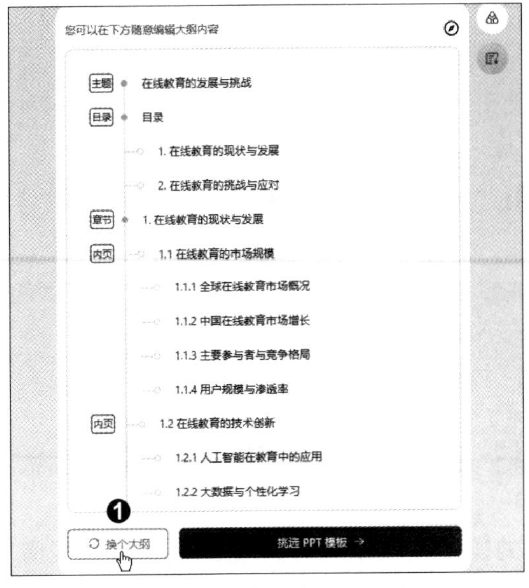

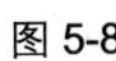

图 5-8

图 5-9

提　示

如果对大纲中的部分内容不太满意，可以单击内容大纲中的标题，定位需要修改的内容，当进入到编辑状态后，直接输入新的标题即可。

步骤 06　**选择模板**。打开“选择模板创建 PPT”页面，根据演示文稿的应用场景选择模板。❶单击“场景”右侧的箭头按钮，❷再单击“分析报告”标签，❸在展开的选项卡中选择一个喜欢的模板，❹然后单击“生成 PPT”按钮，如图 5-10 所示。

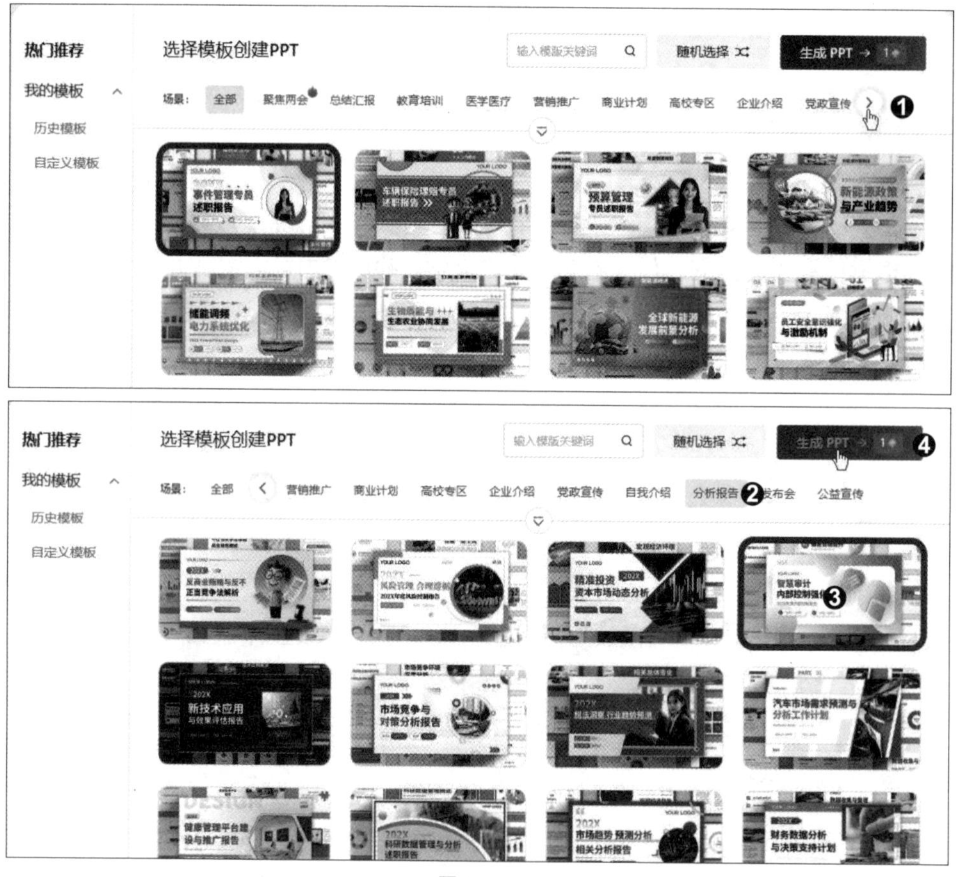

图 5-10

步骤 07　**生成演示文稿**。随后 AiPPT 会加载选择的模板，并根据内容大纲生成一份演示文稿，如图 5-11 所示。如果想要下载 AiPPT 生成的演示文稿，则需要充值成为会员。

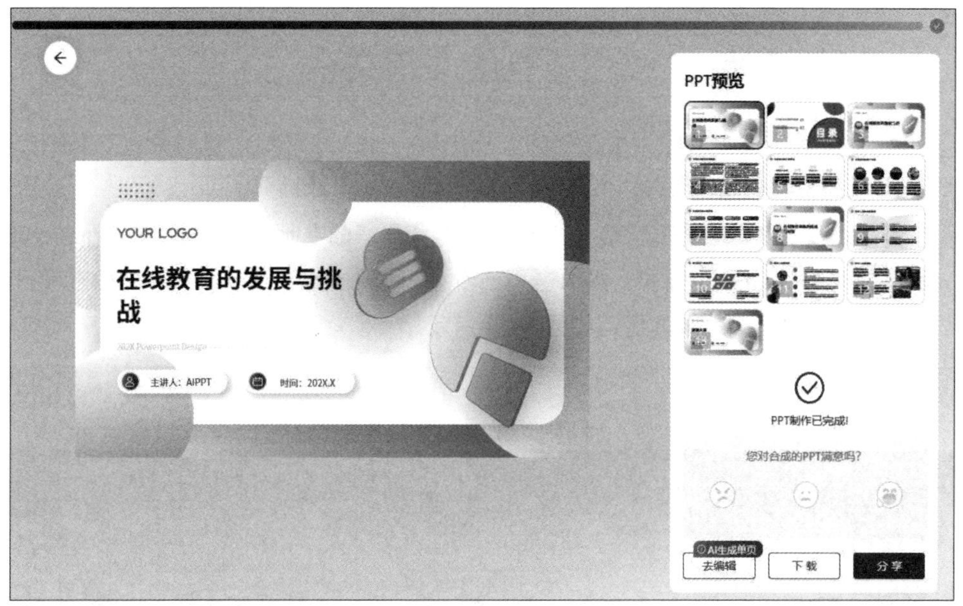

图 5-11

提　示

AiPPT 拥有丰富的模板，这些模板按照场景、风格、主题色进行了细致的分类，以帮助用户快速筛选出合适的模板。当 AiPPT 生成演示文稿后，还可以在工作台中再更换模板。

5.2　ChatPPT：命令式一键生成演示文稿

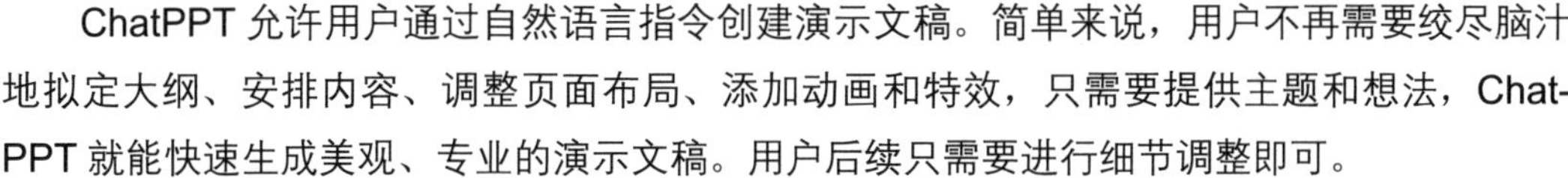

ChatPPT 允许用户通过自然语言指令创建演示文稿。简单来说，用户不再需要绞尽脑汁地拟定大纲、安排内容、调整页面布局、添加动画和特效，只需要提供主题和想法，ChatPPT 就能快速生成美观、专业的演示文稿。用户后续只需要进行细节调整即可。

ChatPPT 目前有在线体验版和 Office 插件版两种版本，接下来分别介绍这两种版本的操作与应用。

实战演练 在线生成基础演示文稿

ChatPPT 在线体验版提供演示文稿的在线生成、在线预览和下载服务。本案例将使用 ChatPPT 在线体验版创建主题为“野生动物保护”的演示文稿。

步骤01 **登录 ChatPPT 在线体验版**。打开网页浏览器，❶在地址栏中输入 https://chatppt.yoo-ai.com，进入 ChatPPT 首页。❷单击页面右上角的“登录 / 注册”按钮，❸在弹出的登录界面中根据提示进行登录或注册，如图 5-12 所示。

图 5-12

步骤02 **输入演示文稿的主题**。单击页面中的“立即在线体验”按钮或向下滚动页面至体验区域。该区域界面模拟的是 PowerPoint 等演示文稿制作软件的界面，下方的指令框中会滚动显示一些示例指令。❶在指令框中输入“生成一份关于野生动物保护的 PPT”，❷然后单击右侧的按钮，如图 5-13 所示。

图 5-13

步骤 03　**等待 AI 生成演示文稿**。ChatPPT 会立即开始演示文稿的生成与设计，指令框中会显示生成进度，如主题选型、目录大纲的导入和生成、创建与渲染封面、主题润色、页面排版优化与整合等。稍等片刻，即可得到一份关于野生动物保护的演示文稿，如图 5-14 所示。

图 5-14

步骤 04　**下载生成的演示文稿**。ChatPPT 在线体验版目前仅支持预览前 4 页幻灯片，完整内容需下载文档进行查看。单击“下载 PPT 文档”按钮，如图 5-15 所示，即可将演示文稿保存到计算机上。

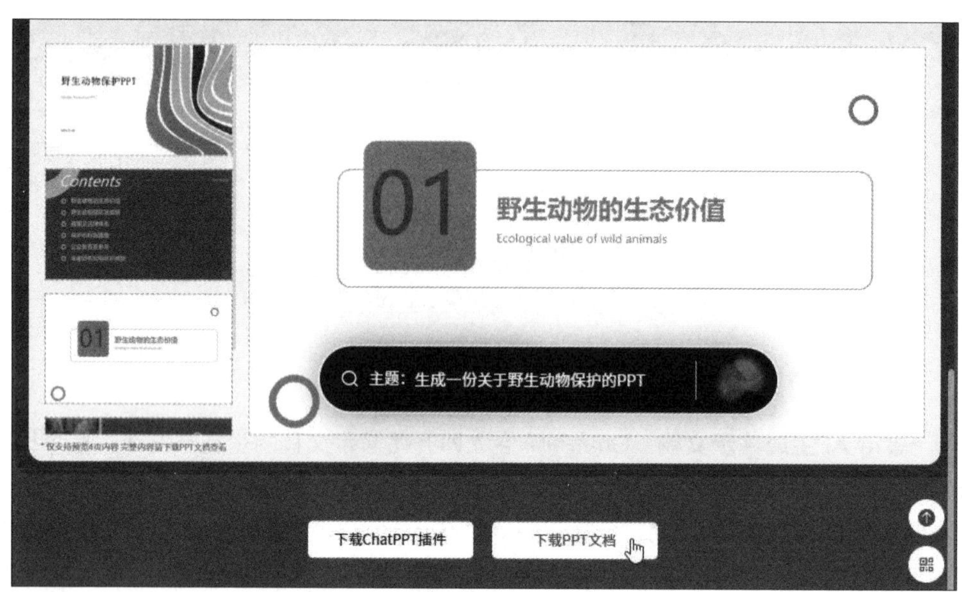

图 5-15

ChatPPT 在线体验版生成的演示文稿仅有基础内容（主题样式、目录结构、正文和配图等），没有特效、动画及交互内容，且体验次数有限，体验次数用完之后只能通过安装插件来使用 ChatPPT。下一个案例就将介绍 Office 插件版的安装与使用。

实战演练 对话式创建完整演示文稿

ChatPPT 的 Office 插件版支持微软 Office 与 WPS Office 这两款最常用的办公软件。它提供了完整的 AI 制作演示文稿的功能，包括 AI 生成演示文稿、AI 指令美化与设置、AI 绘图和配图、AI 图标、文字云图等。插件的下载网址为 https://motion.yoo-ai.com，安装过程比较简单，运行安装包后根据界面中的提示操作即可，这里不做详述。本案例将使用插件创建主题为“MCN 公司年度运营报告”的演示文稿。

步骤 01 **登录账号**。安装好插件后，启动 PowerPoint，可以看到功能区中多了一个“Motion Go”选项卡。❶切换至该选项卡，❷单击“账户”组中的“登录”按钮，如图 5-16 所示。在弹出的界面中根据提示进行登录或注册。

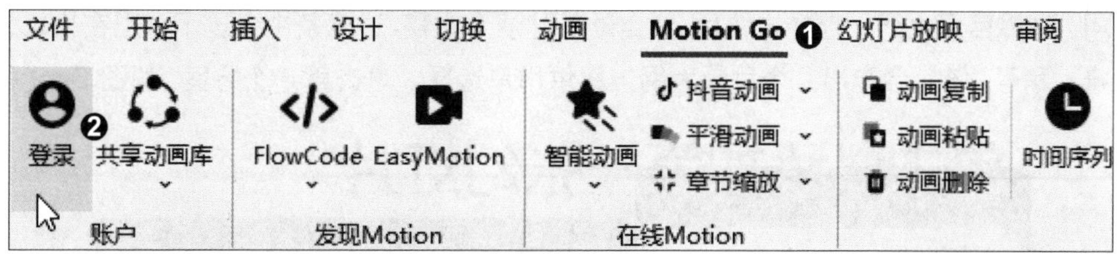

图 5-16

步骤02　**输入生成指令**。❶在“Motion Go”选项卡下单击“ChatPPT”按钮，打开 ChatPPT 的指令框，❷在指令框中输入生成演示文稿的指令，如图 5-17 所示。按〈Enter〉键执行指令，开始生成演示文稿。

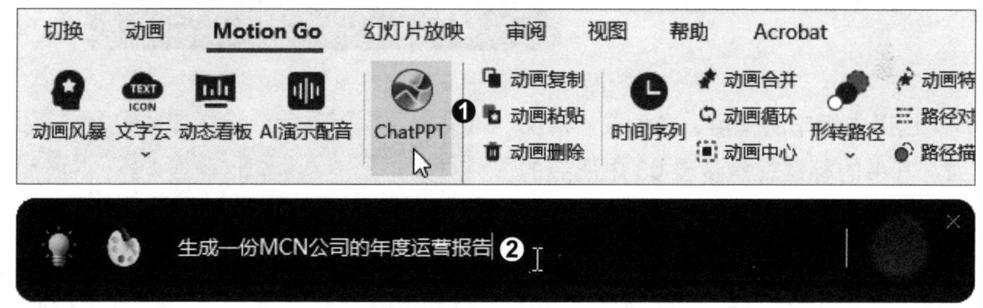

图 5-17

步骤03　**选择主题**。ChatPPT 会根据输入的指令生成几个主题供用户选择。将鼠标指针移至任意主题上，会在右侧显示编辑栏。单击编辑栏右侧的编辑按钮，可进入编辑状态，修改主题文字。这里不对主题文字进行修改，直接单击第 1 个主题，如图 5-18 所示。如果不满意当前给出的主题，也可单击界面右上角的“重新生成”按钮。

图 5-18

步骤 04 **选择目录大纲**。选择主题后，会自动新建演示文稿，进度条中会显示“正在构思大纲”等字样。稍等片刻，会弹出几个目录大纲方案供用户选择。单击第 3 个方案，如图 5-19 所示。

图 5-19

步骤 05 **选择内容丰富程度**。❶生成演示文稿封面，其中的标题就是步骤 03 中所选的主题。同时弹出选择内容丰富程度的界面，❷这里选择“深度”，如图 5-20 所示。随后进入全自动的 AI 创作流程，插件版生成的内容比在线版更复杂、更丰富，耗时也更长。

图 5-20

步骤 06 **查看生成的演示文稿**。生成完毕后进度条上会显示相应的字样。在“幻灯片浏览”视图下查看生成的幻灯片，可看到每一页都添加了动画效果，如图 5-21 所示。

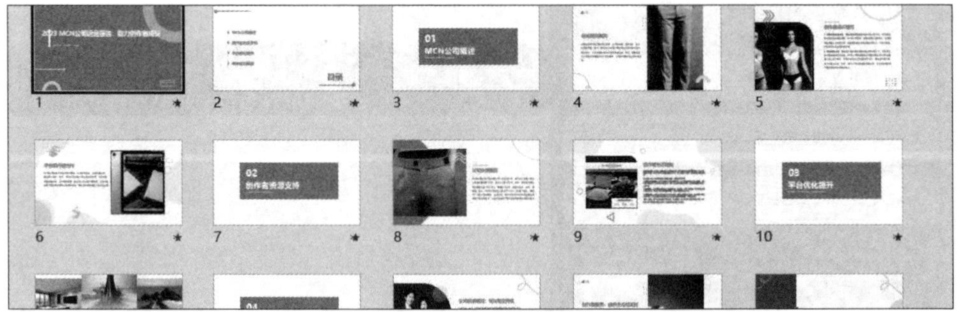

图 5-21

步骤 07　**修改主题颜色**。ChatPPT 生成的演示文稿通常还需要进行修改和完善。以更改主题颜色为例，传统方法是在“设计”选项卡下的“变体”组中选择配色方案或自定义颜色，而现在可以通过输入指令来完成操作。在指令框中输入指令“换一个主题色”，如图 5-22 所示，按〈Enter〉键执行。ChatPPT 就会通过智能语义分析选择一个主题颜色进行替换。

图 5-22

步骤 08　**更改版面布局**。切换至普通视图，选中第 11 页幻灯片，❶在指令框中输入指令“更改排版”，按〈Enter〉键执行，即可一键重新排版，❷效果如图 5-23 所示。

图 5-23

步骤 09 **将图片替换为文字云**。选中第 8 页幻灯片，❶在指令框中输入指令“将图片更换为文字云”，按〈Enter〉键执行，ChatPPT 就会分析页面内容并生成随机样式的文字云图片，❷效果如图 5-24 所示。

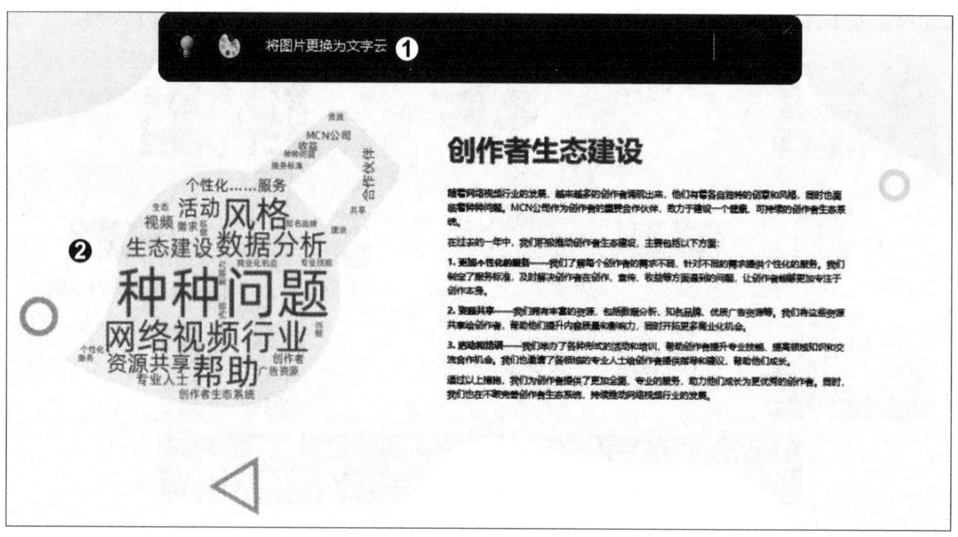

图 5-24

提　示

ChatPPT 目前已开放的指令包括 6 大主题：AI 生成、AI 美化、AI 辅写、AI 演讲、AI 演示、AI 分享。目前可以处理方向指令超过 500。感兴趣的读者可以自行体验。官方表示后续会开放更多类型的指令，让我们拭目以待。

5.3　iSlide：让演示文稿设计更加简单高效

iSlide 是一款演示文稿设计的增效插件，支持微软 Office 和 WPS Office。iSlide 的下载页面网址为 https://www.islide.cc/download，安装过程比较简单，运行安装包后根据界面中的提示操作即可，这里不做详述。

iSlide 针对演示文稿设计中存在的效率不高、专业度不够、素材欠缺等痛点，提供了这些特色功能：提供便捷的排版设计工具，能快速统一字体格式和段落格式、快速调整元素的尺寸和布局、快速对齐元素等，让用户告别徒手拖动排版；诊断演示文稿中存在的问题并给出优化方案；提供丰富的素材资源库，如主题、配色、图示、图表、图标、图片等。

实战演练 高效完成演示文稿设计

本案例将使用 iSlide 对 ChatPPT 生成的 MCN 公司运营报告演示文稿进行完善。

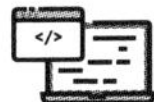

◎ 原始文件：实例文件 / 05 / 5.3 / MCN公司运营报告（ChatPPT）.pptx、01.jpg
◎ 最终文件：实例文件 / 05 / 5.3 / MCN公司运营报告（iSlide）.pptx

步骤01 **登录账户**。打开“MCN 公司运营报告（ChatPPT）.pptx”。❶切换至“iSlide”选项卡，❷单击“登录”按钮，如图 5-25 所示。在弹出的界面中完成账号的注册和登录。

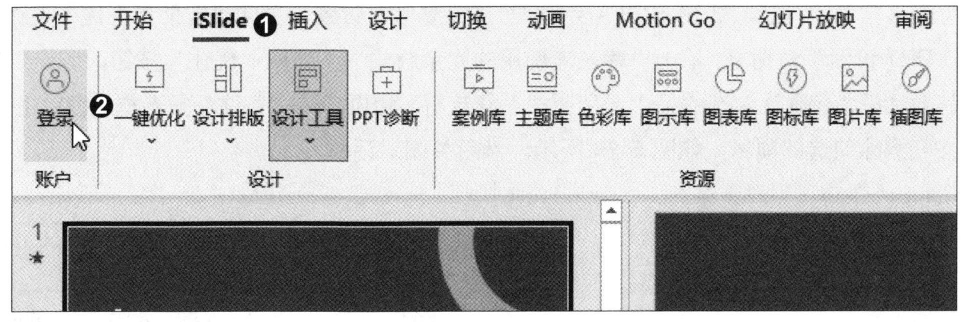

图 5-25

提 示

注册用户可免费使用 iSlide 插件的部分功能，若想体验更丰富的功能和服务，则需要付费订阅。

步骤02 **进行诊断**。先用 iSlide 分析一下 ChatPPT 生成的演示文稿，看看存在哪些问题。在“iSlide”选项卡下单击“设计”组中的“PPT 诊断”按钮，在打开的对话框中可看到该工具能够检测的问题类型。❶单击“一键诊断”按钮，如图 5-26 所示。稍等片刻，诊断完毕，发现的问题下方的“优化”按钮会变为可用状态。❷这里单击“未开启参考线设计布局”下方的“优化”按钮，如图 5-27 所示。

图 5-26

图 5-27

步骤03 **进行优化**。弹出“智能参考线”对话框，❶在“设置参考线”下拉列表框中选择预设的“标准（推荐）”选项，如图 5-28 所示，即可应用参考线设置。关闭“智能参考线”对话框，返回“PPT 诊断”对话框，单击“存在未使用的冗余版式”下方的“优化”按钮，弹出“PPT 瘦身”对话框。❷默认勾选的是“无用版式”复选框，❸再勾选“备注”复选框，❹单击“应用”按钮删除勾选的项目，如图 5-29 所示，然后关闭对话框。

智能参考线

设置参考线

自定义

标准（推荐） ❶ 预设

较窄（内容密集型） 预设

适中 预设

宽 预设

自定义

页脚区

0.0%

图 5-28

图 5-29

步骤04　**统一段落格式**。❶单击“设计”组中的“一键优化”按钮，❷在展开的列表中选择“统一段落”选项，如图 5-30 所示。❸在弹出的“统一段落”对话框中设置“行距”为 1.50、“段前间距”和“段后间距”为 1.00，默认应用于所有幻灯片，❹单击“应用”按钮，如图 5-31 所示。

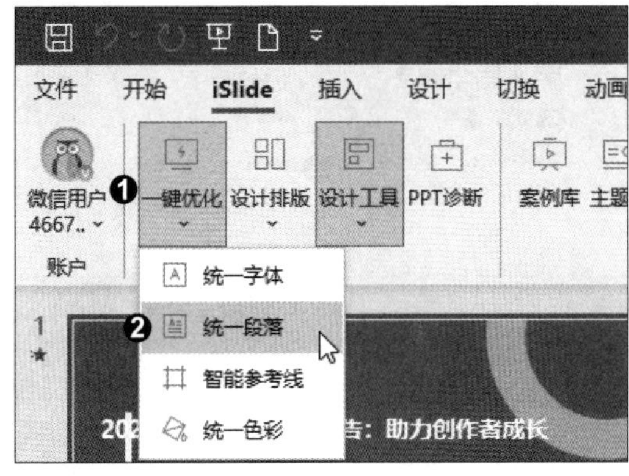

图 5-30

图 5-31

步骤05　**拆分单字**。切换至第 2 页幻灯片，❶选中“目录”文本框，❷在文本框右侧显示的浮动工具栏中单击“文字”按钮，❸在展开的列表中单击“拆分单字”按钮，如图 5-32 所示。

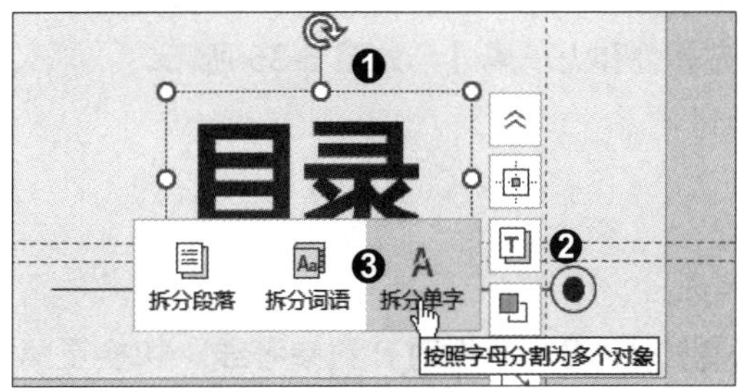

图 5-32

步骤06　**将文本转换为矢量图形**。分别选中拆分后的任一文本框，❶在窗口右侧的“设计工具”窗格中单击“矢量”组中的“文字矢量化”按钮 ，将文本转换为矢量图形。适当调整两个图形的位置和大小后同时选中两个图形，❷单击“矢量”组中的“联合”按钮 ，合并图形，再插入合适的图片填充图形，最终效果如图 5-33 所示。

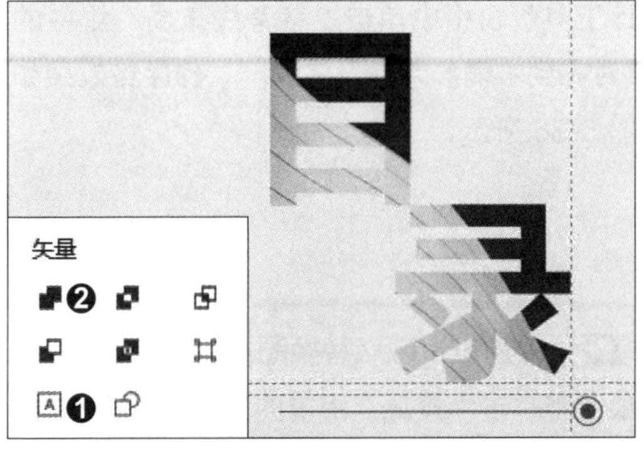

图 5-33

步骤07 **智能选择图形**。❶单击选中第 1 个标题前的图形，❷在“设计工具”窗格中单击“选择”组中的“智能选择”按钮，❸在弹出的对话框中勾选“相同形状”和“相同填充”复选框，❹单击“选择相同”按钮，❺选中当前幻灯片中与所选图形拥有相同形状和填充属性的图形，如图 5-34 所示。

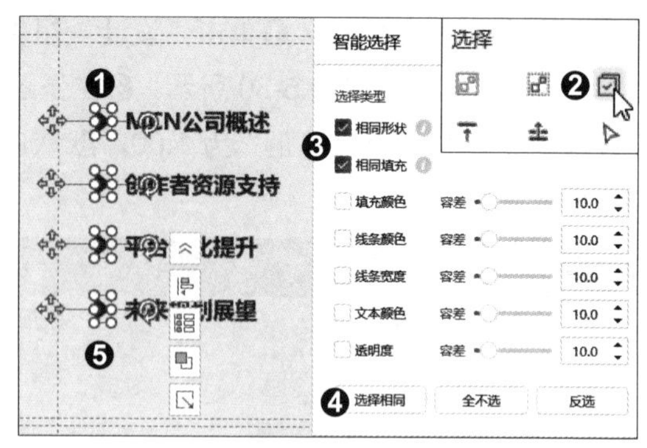

图 5-34

步骤08 **将所选图形替换成资源库中的图标**。❶在“iSlide”选项卡下单击“资源”组中的“图标库”按钮，❷打开“资源库”窗格，❸单击窗格中的某个图标，❹即可将幻灯片中选中的图形替换为该图标，并维持原图形的填充属性和大小属性，如图 5-35 所示。

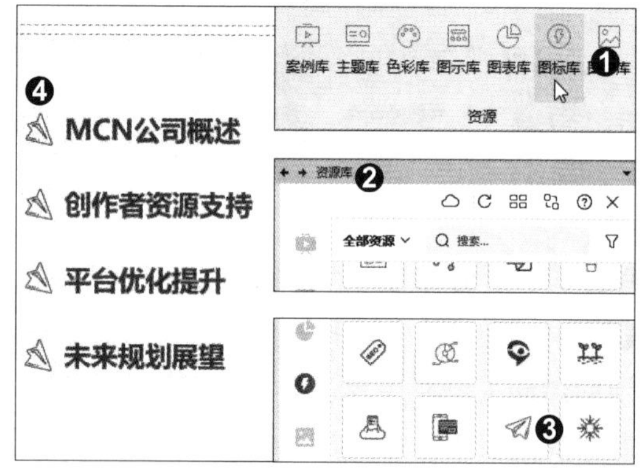

图 5-35

步骤09 **将文本框对齐到参考线**。切换至第 8 页幻灯片，选中正文内容文本框，❶在“设计工具”窗格中单击“参考线布局”组中的“对齐到右侧参考线”按钮，❷最终效果如图 5-36 所示。

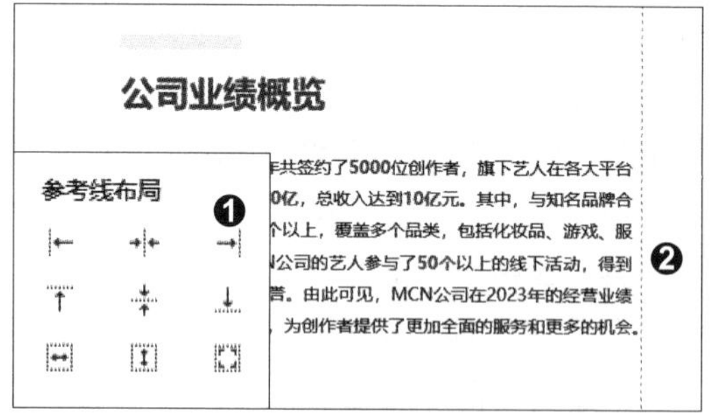

图 5-36

步骤10 **通过资源库替换图片**。❶选中第 8 页幻灯片中的图片，如图 5-37 所示。在“iSlide”选项卡下单击“资源”组中的“图片库”按钮，在打开的“资源库”窗格中找到合适的图片，将鼠标指针放在该图片上，❷单击图片上显示的“替换”按钮，❸替换效果如图 5-38 所示。

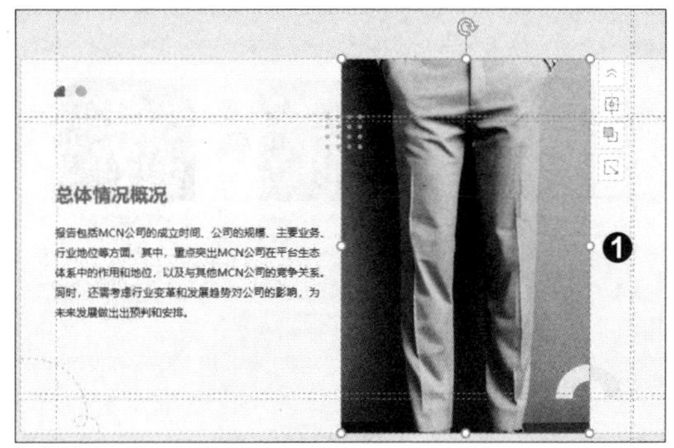

图 5-37

图 5-38

步骤 11　**插入新图片**。如果需要用本地图片、图像集或联机图片等替换幻灯片中的图片，可以使用 iSlide 的“交换形状”功能来避免手动调整新图片尺寸和位置的烦琐操作。切换至需要替换图片的幻灯片，在“插入”选项卡下单击“图片→图像集”选项，❶在打开的“图像集”对话框中选择合适的图片，❷单击“插入”按钮，如图 5-39 所示。❸所选图片会被直接添加到幻灯片中，如图 5-40 所示，可以看到其尺寸和位置都不符合要求。

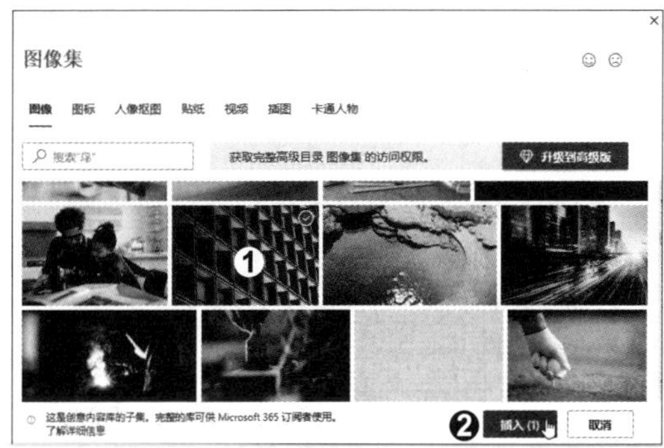

图 5-39

图 5-40

步骤 12　**同时选中新图片和原图片**。为方便操作，适当调整新图片的位置，然后同时选中新图片和原图片，如图 5-41 所示。

图 5-41

步骤13 **交换形状**。❶单击“设计工具”窗格中的“交换形状”按钮，❷即可交换所选图片的位置。删除交换位置后的原图片，再使用相同的方法替换幻灯片中的其他图片，效果如图 5-42 所示。

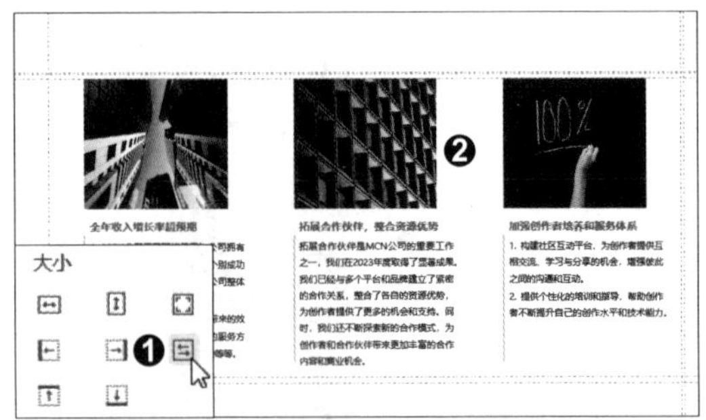

图 5-42

提 示

如今像通义千问、KIMI、讯飞智文、豆包等平台也集成了 PPT 制作功能。与重新注册并学习使用一个新平台来制作 PPT 相比，利用自己已经熟悉或正在使用的平台来制作 PPT，无疑会更为便捷和高效。

第 6 章 AI 图像的惊艳亮相

AI 图像生成技术是利用机器学习和神经网络技术，让计算机从大量的图像数据中学习图像的模式和结构，并生成新的图像。在日常工作中，可以利用 AI 图像生成技术快速、准确、灵活地生成各种类型的图像，以高效完成繁重的图像绘制和处理工作，如制作商业插画、处理电商图片、创作人物图像以及生成设计效果图等。

6.1 豆包：对话式图像创作

豆包是字节跳动公司基于云雀模型开发的 AI 工具，具备跨领域的知识储备和卓越的自然语言理解能力。它集成了 AI 问答、AI 绘画等多项功能，能够通过人机自然对话的方式理解并执行用户的指令。与其他的独立绘画工具不同，豆包允许用户在对话过程中进行图像创作，实现“边聊边画”的便捷体验。

实战演练 快速生成文章配图

在撰写文章时，适当的配图不仅能够为文字内容提供直观的视觉解释，帮助读者更好地理解和吸收信息，还能为文章增添趣味性和吸引力。本案例将使用豆包快速为一篇文章生成配图。

步骤01 **登录账号**。在网页浏览器中打开豆包（https://www.doubao.com/）。单击页面右上角的“登录”按钮，如图 6-1 所示，在弹出的登录框中按提示注册并登录账号。

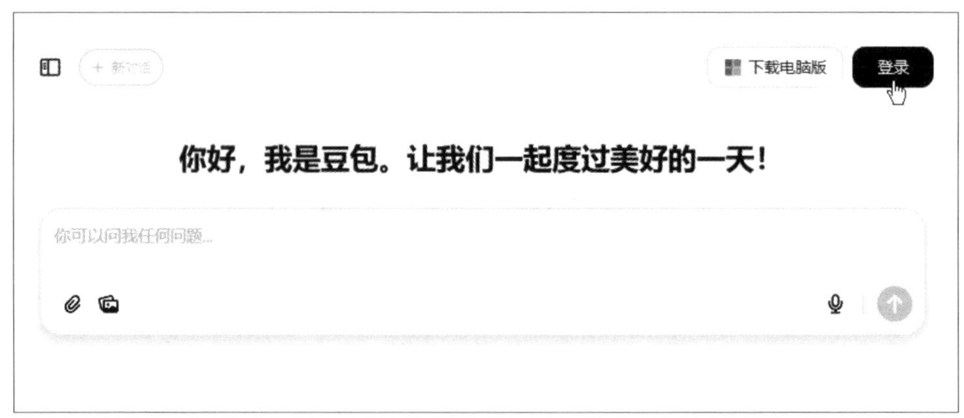

图 6-1

步骤02 **输入问答提示词**。登录成功后，进入豆包的聊天界面。❶在界面底部的文本框中输入要求为一篇文章提供配图建议的提示词，❷单击“深度思考”按钮，❸然后单击右侧的⬆按钮，如图 6-2 所示。

下午好，
我需要你扮演一名写作专家，为一篇主题为"文化传承与创新"的文章提供配图的建议，数量不少于5条。 ❶
❸
深度思考 ❷

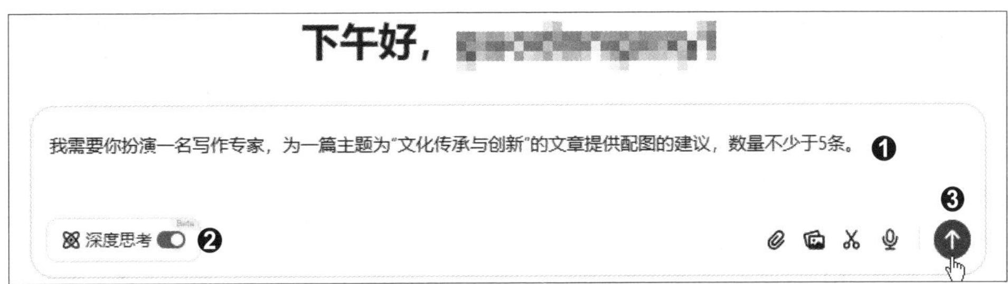

图 6-2

步骤03　**深度思考并解答**。豆包将进入深度思考模式，拆解提问背后的深层内容，并逐一将思考的过程表述出来，如图6-3所示。给出完整的思考过程后，豆包才会给出详细的解答内容，如图6-4所示。

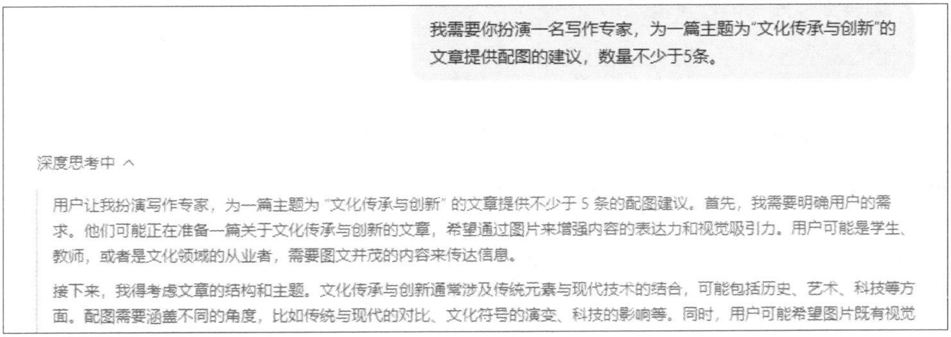

我需要你扮演一名写作专家，为一篇主题为"文化传承与创新"的文章提供配图的建议，数量不少于5条。
深度思考中 ^
用户让我扮演写作专家，为一篇主题为"文化传承与创新"的文章提供不少于 5 条的配图建议。首先，我需要明确用户的需求。他们可能正在准备一篇关于文化传承与创新的文章，希望通过图片来增强内容的表达力和视觉吸引力。用户可能是学生、教师，或者是文化领域的从业者，需要图文并茂的内容来传达信息。
接下来，我得考虑文章的结构和主题。文化传承与创新通常涉及传统元素与现代技术的结合，可能包括历史、艺术、科技等方面。配图需要涵盖不同的角度，比如传统与现代的对比、文化符号的演变、科技的影响等。同时，用户可能希望图片既有视觉

图 6-3

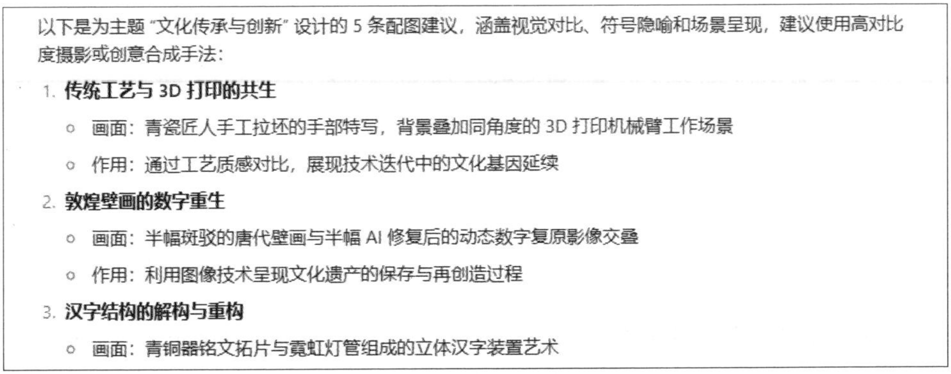

以下是为主题"文化传承与创新"设计的 5 条配图建议，涵盖视觉对比、符号隐喻和场景呈现，建议使用高对比度摄影或创意合成手法：
1. 传统工艺与 3D 打印的共生
○ 画面：青瓷匠人手工拉坯的手部特写，背景叠加同角度的 3D 打印机械臂工作场景
○ 作用：通过工艺质感对比，展现技术迭代中的文化基因延续
2. 敦煌壁画的数字重生
○ 画面：半幅斑驳的唐代壁画与半幅 AI 修复后的动态数字复原影像交叠
○ 作用：利用图像技术呈现文化遗产的保存与再创造过程
3. 汉字结构的解构与重构
○ 画面：青铜器铭文拓片与霓虹灯管组成的立体汉字装置艺术

图 6-4

步骤04 **输入绘图提示词**。❶单击文本框上方的“图像生成”按钮，进入绘图状态，❷在文本框中输入根据豆包的配图建议编写的绘图提示词，如图 6-5 所示。

图 6-5

步骤05 **设置图像比例**。❶单击下方的“比例”按钮，❷在展开的“比例”列表中选择绘制图像的比例，如图 6-6 所示。

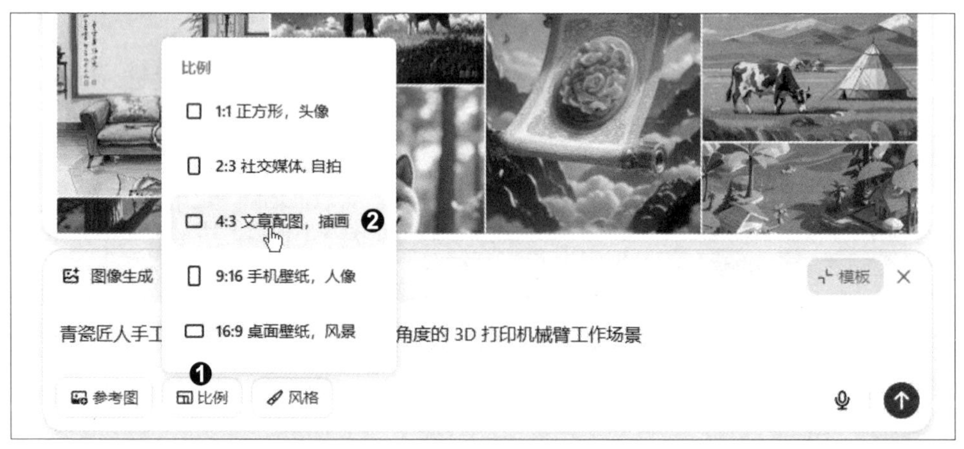

图 6-6

步骤06 **输入绘图提示词**。❶单击下方的“风格”按钮，❷在展开的“风格”列表中选择绘制图像的风格，❸设置完成后单击⬆按钮，如图 6-7 所示。

图 6-7

步骤07　**生成图片**。等待片刻，界面中将再次以“一问一答”的形式依次显示用户输入的提示词和腾讯元宝生成的图像，如图6-8所示。

图 6-8

6.2 即梦 AI：一站式 AI 创作平台

即梦 AI 是字节跳动推出的一站式 AI 创作平台，集图片生成、智能画布、视频生成、故事创作等多种功能于一体。在图片生成方面，即梦 AI 支持文生图和图生图两种方式，用户只需输入关键词或描述，它便能快速生成相应的图片。此外，用户还可以上传自己的图片，通过 AI 进行创意改造，如替换背景、转换风格、人物姿势保持等，让每一张图片都焕发出新的生命力。

实战演练 生成写实风格的素材图片

在日常工作中，人们经常会使用到各式各样的图片素材。以往，这些图片素材需要从各大图片库中去搜索并下载，不仅耗时费力，还可能会因为版权问题造成不必要的麻烦。如今，借助先进的 AI 工具，可以快速获取符合要求的图片。本案例将使用即梦 AI 快速生成写实风格的人物图片。

步骤 01 **打开即梦 AI 页面**。在网页浏览器中打开即梦 AI 首页（https://jimeng,jianying.com/）。单击页面左侧的“图片生成”标签，如图 6-9 所示。在弹出的页面中根据提示进行登录。

图 6-9

步骤02　输入提示词并选择生图模型。进入“图片生成”页面，❶在页面左上角的文本框中输入提示词，❷单击“生图模型”下的模型，❸在弹出的“生图模型”对话框中选择一种模型，如图 6-10 所示。

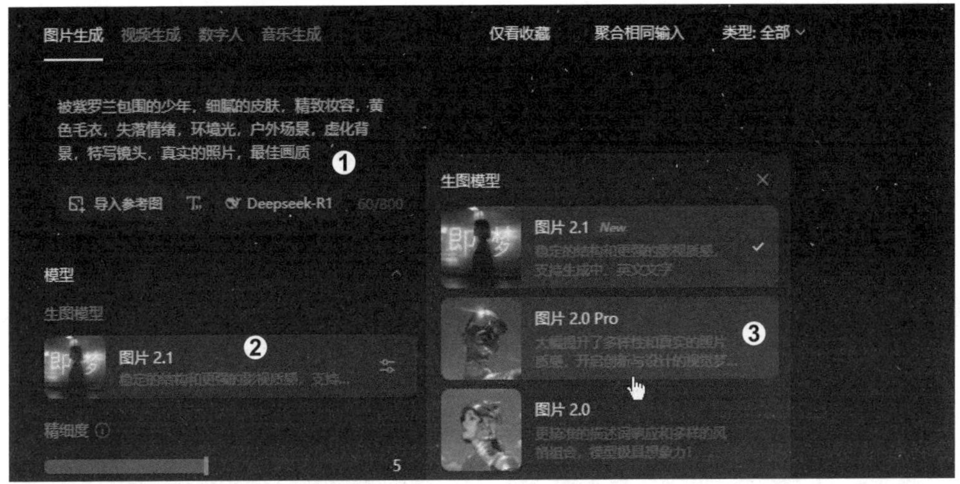

图 6-10

步骤03　设置精细度和图片比例。❶向右拖动“精细度”滑块，以便生成更高质量的图像，如图 6-11 所示，❷单击“图片比例”下的“3:4”按钮，❸然后单击“立即生成”按钮，如图 6-12 所示。

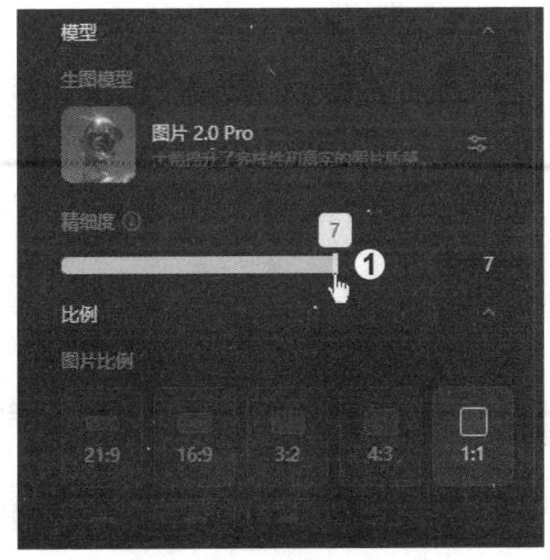

图 6-11

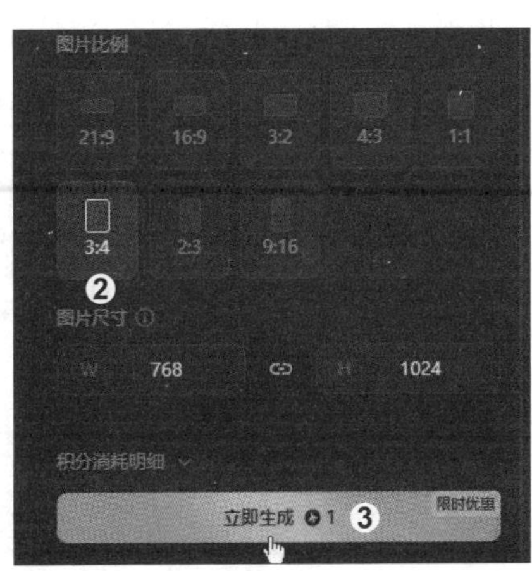

图 6-12

步骤04 **生成图像**。等待一会儿，即梦 AI 会根据输入的提示词生成 4 张图像。将鼠标指针移到生成的图像上时将会显示工具栏，单击工具栏中的“下载”按钮，即可下载生成的图像，如图 6-13 所示。如果不满意生成的图像，可以单击这组图像下方的“重新生成”按钮，重新生成图像。

图 6-13

步骤05 **启用** DeepSeek **输入关键词**。如果不知道该怎么写提示词，可以让 AI 帮忙构思提示词。❶单击文本框下方的“Deepseek-R1”按钮，如图 6-14 所示，切换至 Deepseek-R1 对话模式，❷在文本框中输入想要生成的图片主题，❸然后单击“发送”按钮，如图 6-15 所示。

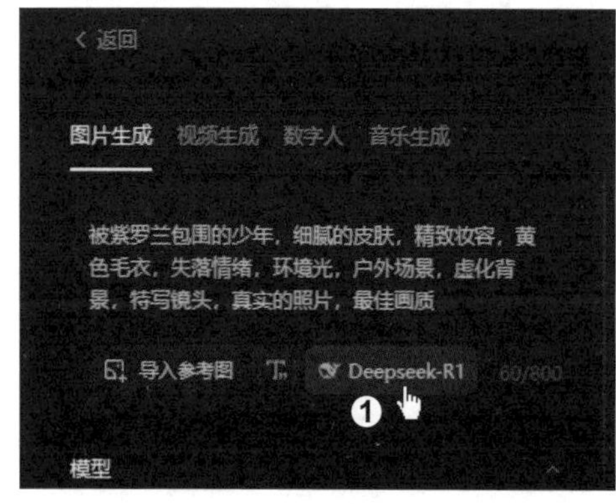

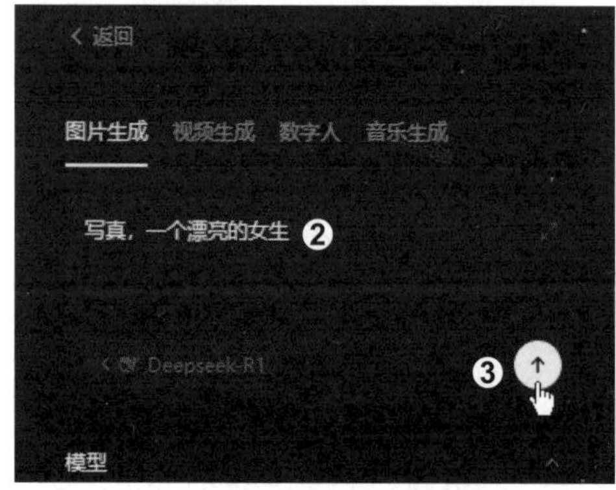

图 6-14

图 6-15

步骤 06　深度思考并生成推荐提示词。DeepSeek-R1 就会启动深度思考模式，并呈现详细的思考过程，如图 6-16 所示。深度思考完成后，DeepSeek-R1 会生成几组推荐提示词，单击推荐提示词下方的“立即生成”按钮，如图 6-17 所示。

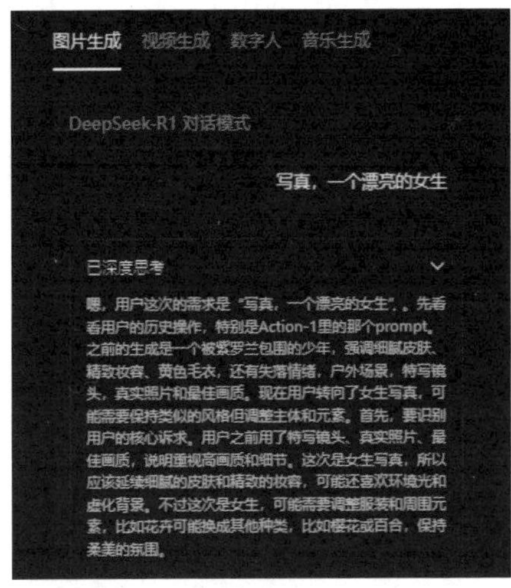

图 6-16

图片生成　视频生成　数字人　音乐生成
DeepSeek-R1 对话模式
推荐提示词：
特写镜头下的亚洲女生，柔和的晨光，细腻瓷肌，裸色唇妆，浅棕色长卷发，米色针织衫，背景是盛开的樱花林，浅景深虚化，8K画质写真人像
立即生成 ✦1　修改
推荐提示词：
逆光环境中的混血少女，蜜桃色腮红，琥珀色瞳孔，灰紫色挑染短发，穿着奶油白缎面衬衫，站在都市夜景的天台，霓虹灯光斑驳虚化，电影感色调
立即生成 ✦1　修改

图 6-17

步骤 07　使用推荐提示词生成图像。等待一会儿，即梦 AI 便会使用 DeepSeek-R1 推荐的提示词直接生成 4 张图像，如图 6-18 所示。

图 6-18

实战演练 参考作品生成海报

在即梦 AI 平台的灵感社区中，用户不仅可以浏览、评论其他用户的作品，还可以利用“做同款”功能，选择感兴趣的社区图片作为灵感，复用提示词，生成同款图像。本案例就将使用即梦 AI 的“做同款”功能快速生成海报。

步骤01 **选择参考灵感的图像**。打开即梦 AI 首页，❶单击“海报设计”标签，切换至“海报设计”选项卡，从中选择一幅自己喜欢的海报作品，❷单击作品下方的“做同款”按钮，如图 6-19 所示。

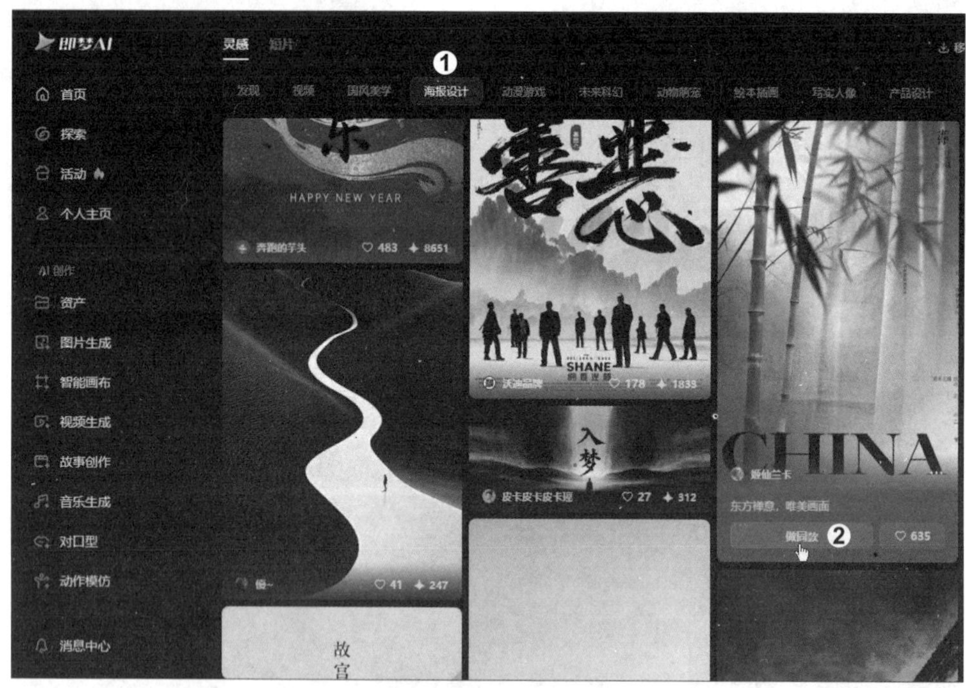

图 6-19

步骤02 **选择立即生成图像**。在页面右侧将会显示“图片生成”窗口，可以看到生成该作品所使用的提示词及生图模型等，这里直接单击下方的“立即生成”按钮，如图 6-20 所示。

图 6-20

步骤03 **生成风格类似的海报图**。等待片刻，即梦 AI 即可快速生成 4 张与所选海报风格类似的图像，如图 6-21 所示。

图 6-21

6.3 Vega AI：简单易用的AI绘画平台

Vega AI 是由右脑科技推出的 AI 绘画平台。该平台具备强大的生成能力和简单易用的操作界面，支持文生图、图生图、条件生图等多种绘画模式。用户可以通过输入文本描述或上传图片文件，选择喜欢的风格和尺寸，生成高质量的绘画作品。此外，Vega AI 的风格广场还提供了其他用户分享的海量绘画风格，涵盖了游戏、人物、插画等各种热门画风，用户可以直接套用这些风格快速生成自己的作品。

实战演练　生成大气恢宏的CG场景图

传统的 CG 场景图创作流程通常涉及一系列复杂的操作，包括概念设计、3D 建模、骨骼绑定、场景搭建、灯光设置、渲染和后期处理等。AI 绘画技术的问世为 CG 场景图的创作提供了新的思路。本案例将使用 Vega AI 轻松创作出大气恢宏的 CG 场景图。

步骤01　**选择图像风格**。在网页浏览器中打开 Vega AI 首页（https://vegaai.art/）。❶单击页面左侧的“风格广场”标签，在风格广场中提供了非常多的风格模板，❷单击“场景”标签，❸在下方选择一种风格，如图 6-22 所示。

图 6-22

步骤02　**应用所选风格**。在打开的页面中单击“应用”按钮，如图 6-23 所示。

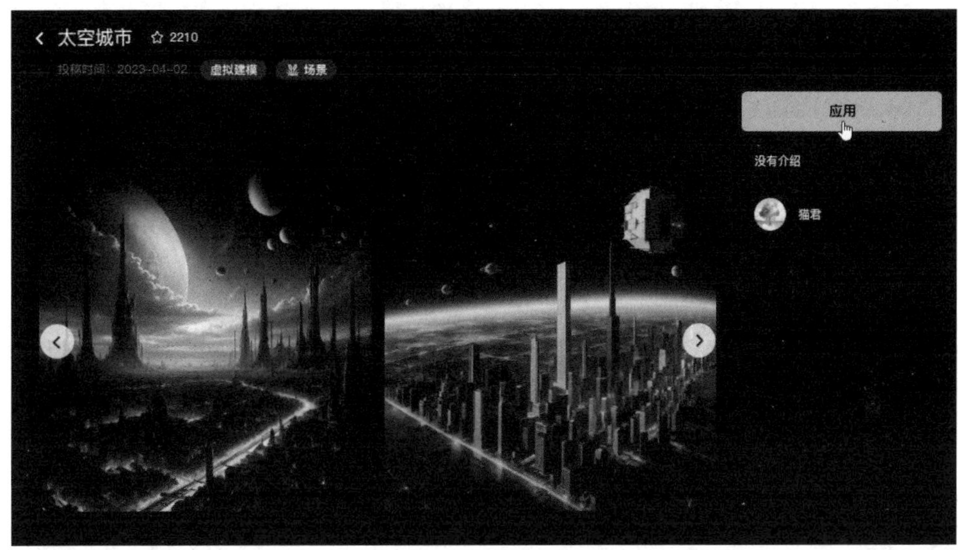

图 6-23

步骤03　**刷新提示词**。跳转至“文生图”页面，页面中会提供一些预设提示词，单击按钮，刷新提示词，如图 6-24 所示。

图 6-24

步骤04　**添加预设提示词**。如果想要使用预设提示词，❶直接单击预设提示词，如图 6-25 所示，❷即可将该提示词填入下方的文本框中，❸单击右侧的“生成”按钮，如图 6-26 所示。

图 6-25

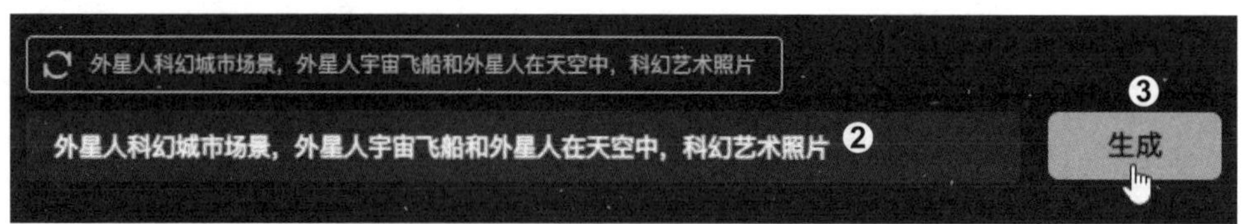

图 6-26

步骤 05 **生成图像**。等待片刻，Vega AI 就会根据提示词生成图像，默认一次生成两张图像，如图 6-27 所示。

图 6-27

步骤 06 **重新输入提示词**。如果对预设提示词的生成结果不满意，可以在文本框内修改或重新输入提示词。例如，输入提示词：“华丽的惊人场景，空间站，行星，太空中的电梯，热带朋克复古的外太空城市，雾，现实主义”，如图 6-28 所示。

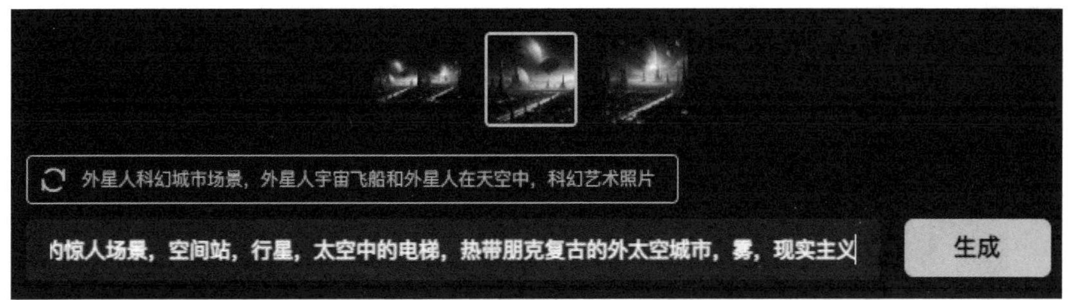

图 6-28

步骤 07　**设置更多选项**。输入提示词后，还可设置绘画选项。❶拖动“风格强度”下方的滑块，设置所选的风格对生成图像的影响大小，如图 6-29 所示，❷单击“图片尺寸”下的“16∶9”按钮，设置生成图像的长宽比，❸单击“张数”右侧的“4”按钮，设置生成图像的数量，如图 6-30 所示。

图 6-29

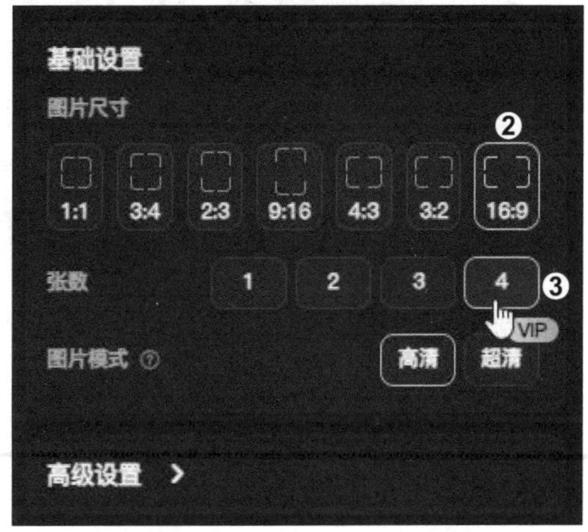

图 6-30

提　示

在使用 Vega AI 生成图像时，如果觉得单一风格的图像太单调，可以尝试单击下方的“叠加风格”按钮，将多种风格进行融合，获得更加丰富多样的图像。

步骤08 **生成图像**。❶再次单击页面中的“生成”按钮，❷等待片刻，Vega AI 就会根据新的提示词生成图像，如图 6-31 所示。

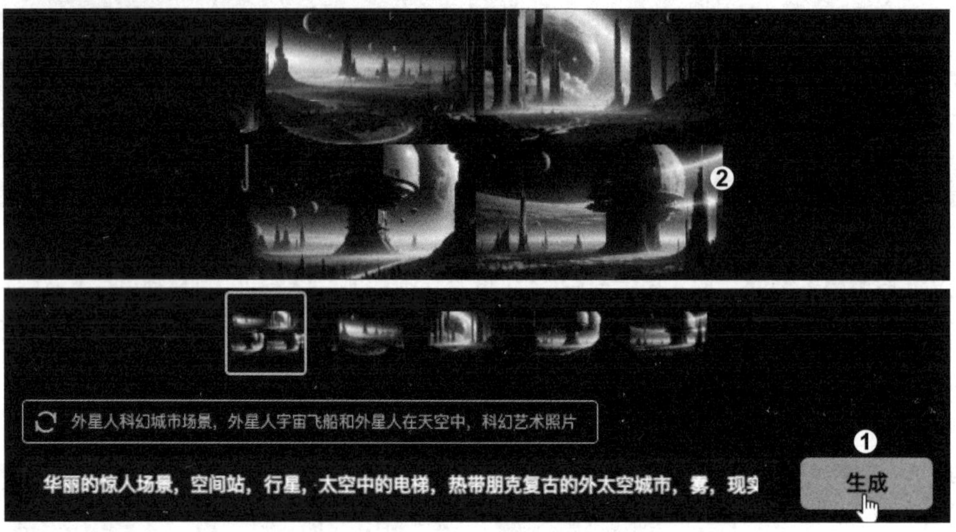

图 6-31

6.4 通义万相：基于通义大模型的AI绘画工具

通义万相是由阿里云基于通义大模型开发的 AI 绘画工具。使用通义万相进行创作非常方便，用户只需输入文本描述，选择风格和长宽比等绘画选项，即可轻松生成符合需求的创意画作。此外，通义万相还提供相似图像生成和图像风格迁移两种功能，可以满足更高层次的创作需求。

实战演练 生成新年主题插画作品

新年主题插画不但要具备深厚的文化内涵，还要具备广泛的商业和社会应用价值，才能够展现人们丰富的节日生活并传递美好的祝愿。本案例将使用通义万相快速生成新年主题插画作品。

步骤01　打开通义万相页面。在网页浏览器中打开通义万相首页（ttps://tongyi.aliyun.com/wanxiang/），单击页面中的“创意作画”按钮，如图 6-32 所示。

图 6-32

步骤02　输入提示词并设置风格。进入“创意作画”页面，❶在文本框中输入提示词，如“新年，中国龙，消散的颗粒效果，浅红色和浅琥珀色，留白”，❷单击“咒语书”下方的“更多咒语”，❸在展开的选项卡中单击“风格”标签，❹单击“浮世绘”选项，如图 6-33 所示。

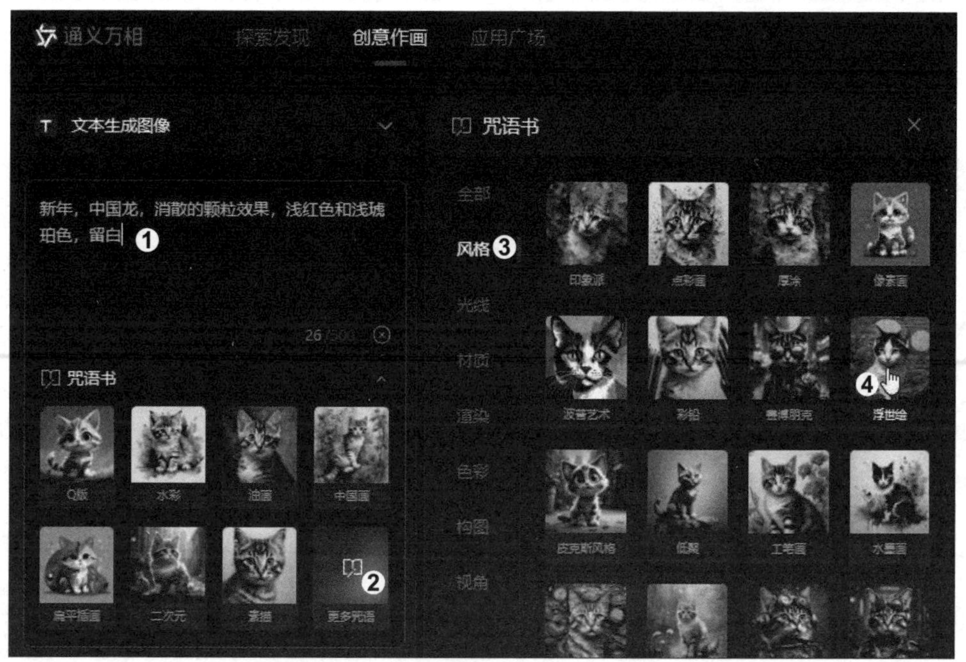

图 6-33

步骤 03　**设置风格和光线**。❶向下滑动鼠标滚轮，单击“涂鸦”选项，叠加风格效果，如图 6-34 所示，❷单击“光线”标签，❸在展开的选项卡中单击“镭射光”选项，❹然后单击“透镜光晕”选项，如图 6-35 所示。

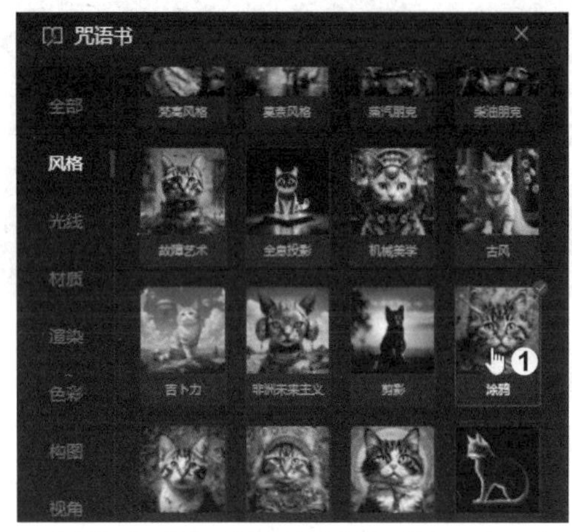

图 6-34

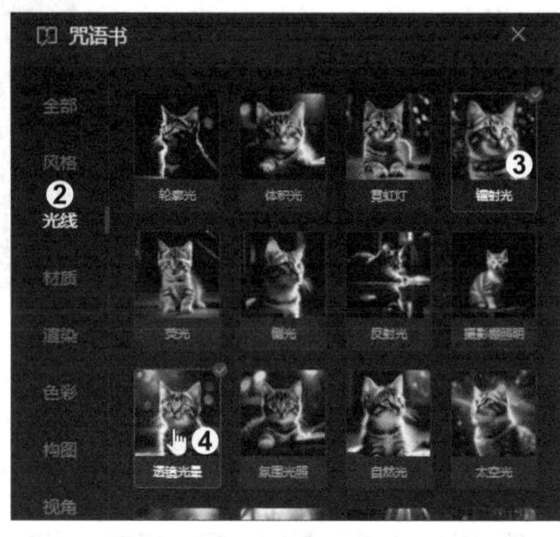

图 6-35

步骤 04　**设置渲染方式**。❶单击“渲染”标签，❷在展开的选项卡中单击“Octane”选项，❸设置后可以看到所选“咒语”信息已被添加至提示词中，如图 6-36 所示。

图 6-36

步骤05　设置生成图像的长宽比。接着设置图像长宽比，这里想要生成竖向的插画，❶因此选择长宽比为“9∶16”，❷然后单击“生成创意画作”按钮，如图 6-37 所示。

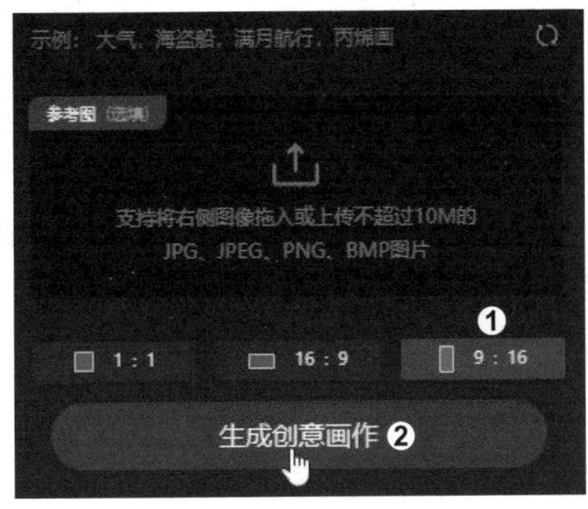

图 6-37

提　示

除了文生图，通义万相还提供另外两种生图方式：“相似图像生成”（图生图）和“图像风格迁移”。单击“文本生成图像”右侧的下拉按钮，在展开的列表中即可选择生图方式，如图 6-38 所示。

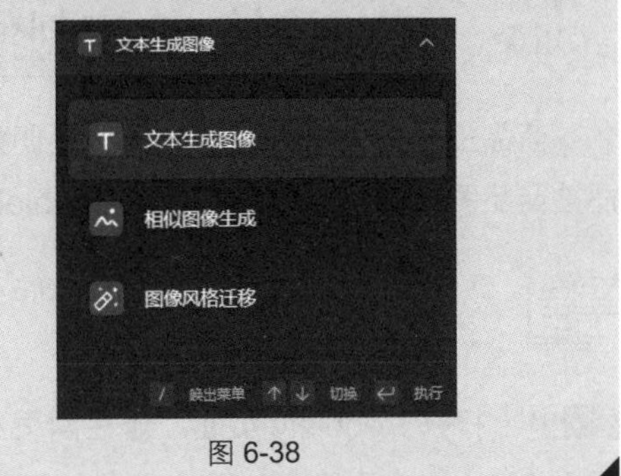

图 6-38

步骤06　生成图像。等待片刻，通义万相就会根据提示词生成 4 张不同的图像，如图 6-39 所示。将鼠标指针移到图像上方，单击“下载 AI 生成结果”按钮，即可下载并保存图像。

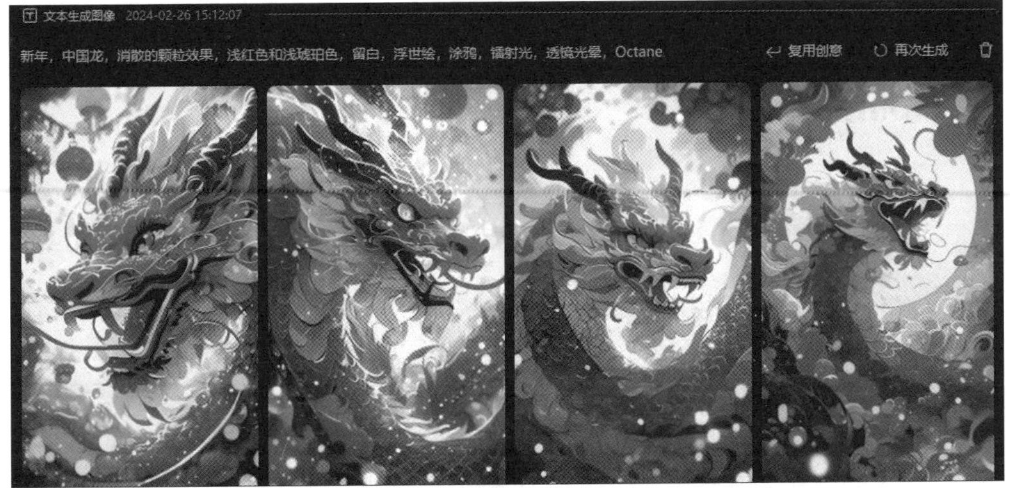

图 6-39

6.5 Pebblely：告别烦琐的电商图片处理

Pebblely 是一种基于 AI 技术的电商图像生成与处理工具。用户只需要将准备好的商品图片上传至 Pebblely，再根据其提供的多个主题设置图片背景，就能快速而准确地生成高质量的电商主图。利用 Pebblely 有助于减少烦琐的抠图与图像合成的时间，大大提高出图效率。

实战演练 快速制作高质量商品主图

商品主图是消费者对商品的第一印象，能直接影响消费者的购买决策。下面以一张室内摆拍商品图为例，介绍如何利用 Pebblely 去除背景，制作高质量的实拍主图。

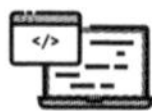

◎ 原始文件：实例文件 / 06 / 6.5 / 春季新品.jpg
◎ 最终文件：无

步骤01 **打开 Pebblely 页面**。❶在网页浏览器的地址栏中输入 https://app.pebblely.com/，打开 Pebblely，在页面中注册并登录。❷登录成功后，单击页面右上方的“Upload new”按钮，如图 6-40 所示。

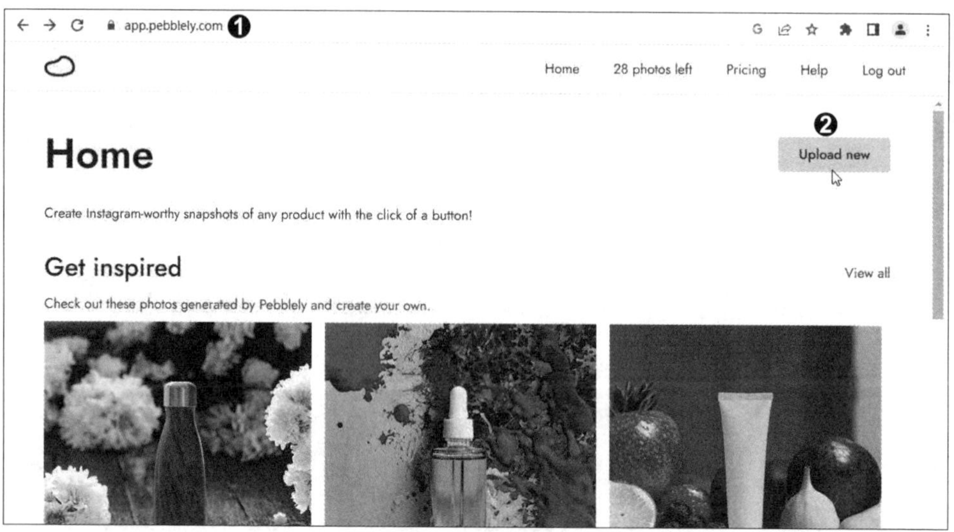

图 6-40

步骤02　**单击选择上传图像**。进入 Add new product 页面，在页面中间位置单击，如图 6-41 所示。也可以直接将需要处理的商品图拖动到画面中间位置。

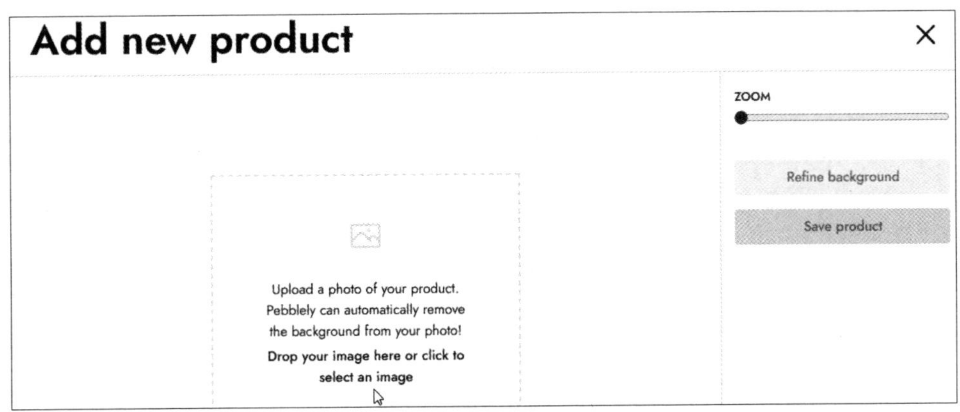

图 6-41

步骤03　**选择并上传图像**。弹出“打开”对话框，❶在对话框中选择要编辑的商品图，❷单击“打开”按钮，如图 6-42 所示。

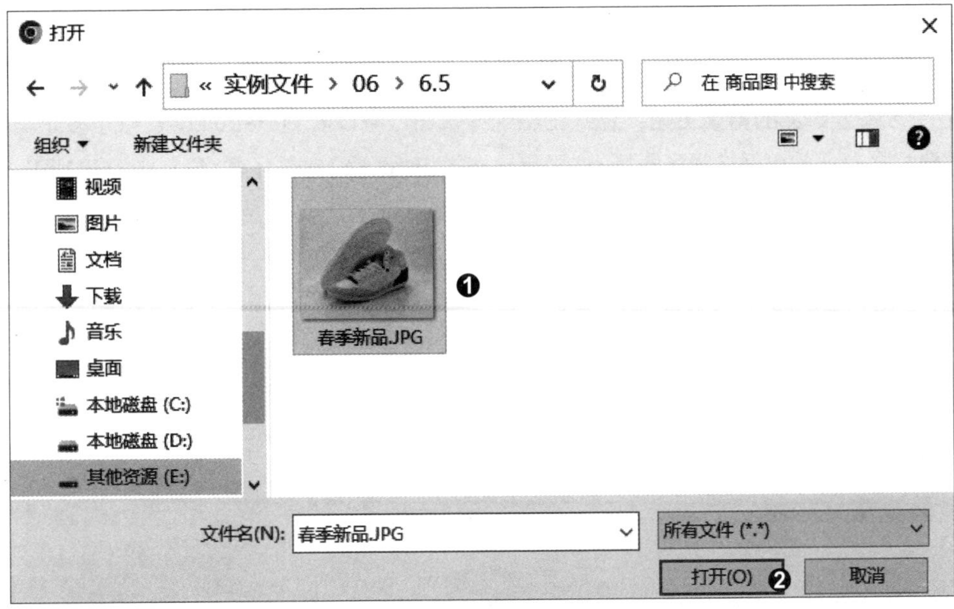

图 6-42

步骤04 **自动去除图像背景。**❶Pebblely 将自动对上传的商品图进行分析，并自动抠取商品主体，❷拖动右侧“ZOOM”下方的滑块，通过缩放预览抠出的商品主体效果，❸单击“Save product”按钮，保存商品图，如图 6-43 所示。

图 6-43

提 示

如果对自动抠取的效果不满意，也可以单击页面右侧的“Refine background”按钮，在打开的新页面中，将画笔调至合适的大小后在背景上涂抹，对背景进行优化处理。

步骤05 **选择要添加的背景主题。**进入主题选择页面，可以看到 Pebblely 提供了多个类型的主题，❶根据自己的喜好选择场景图，这里单击选择“Nature”主题场景，❷单击“GENERATE”按钮，如图 6-44 所示。

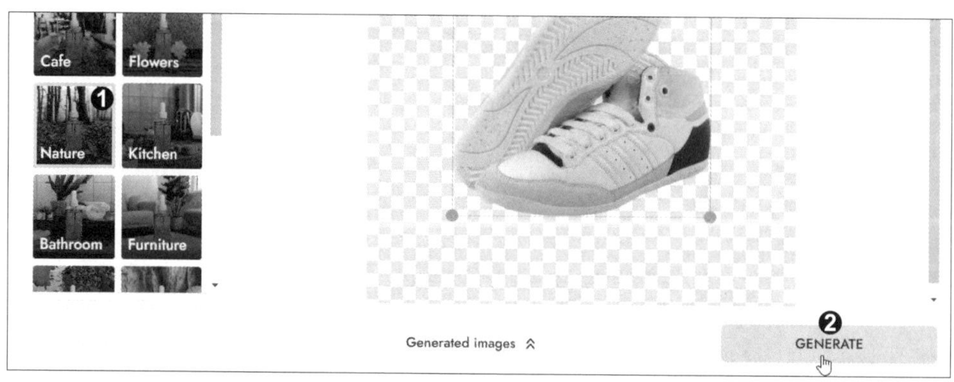

图 6-44

步骤 06　**自动添加背景生成新图**。Pebblely 将根据所选的主题生成 4 张不同背景的场景实拍主图，如图 6-45 所示。如果对于生成的结果不太满意，也可以选择其他主题，再单击“GENERATE”按钮重新生成图片。

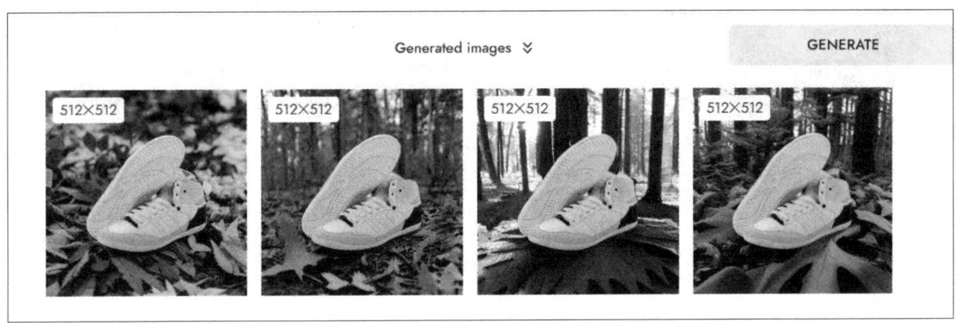

图 6-45

步骤 07　**下载生成的主图**。如果对生成的图片比较满意，❶将鼠标指针移到该图片上，❷单击右上角的 ↓ 按钮，即可下载图片，如图 6-46 所示。

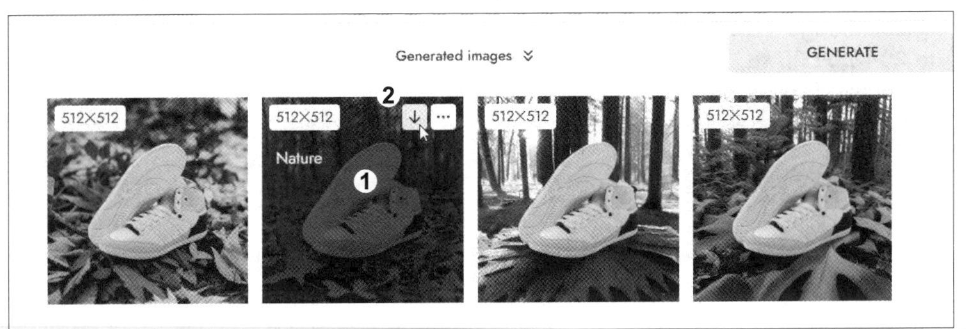

图 6-46

提　示

Pebblely 默认生成的图片大小为 512 像素 ×512 像素，如果需要调整生成图片的大小或对图片做进一步的编辑，❶单击图片右上角的 ··· 按钮，❷在展开的菜单中选择“Resize”或“Edit”选项，如图 6-47 所示，用户需要支付一定的费用购买会员才能使用这两项操作。

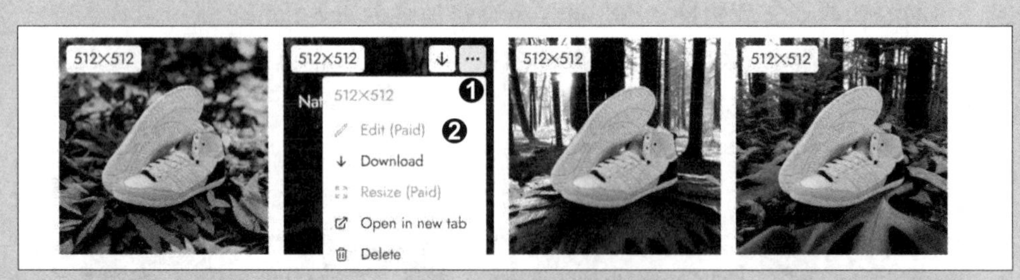

图 6-47

单击页面右上方的“Pricing”按钮，可以打开如图 6-48 所示的付费订阅页面，根据自己的需求购买会员套餐。

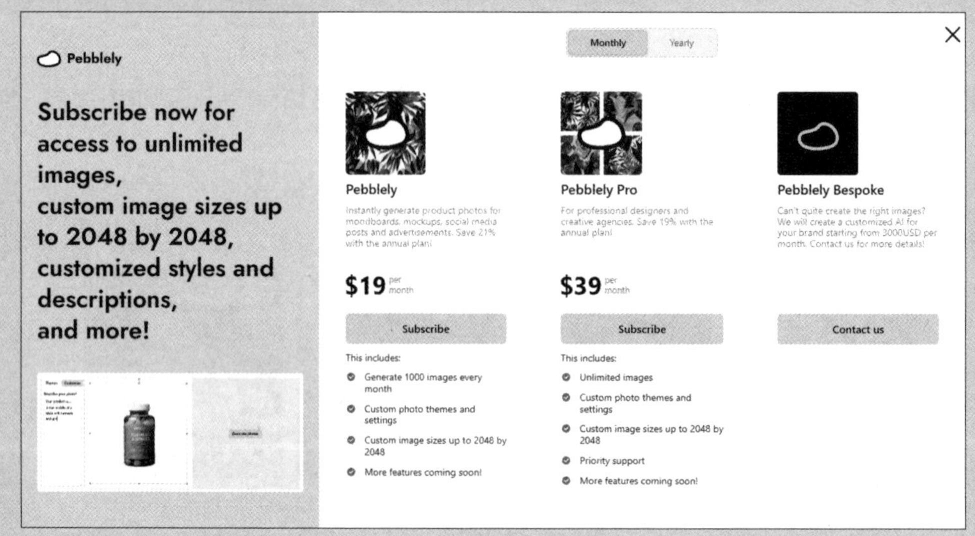

图 6-48

购买会员套餐后，用户还可以自定义主题，添加自己的描述和提示词，让 Pebblely 生成更贴合的场景图。

第 7 章 AI 影音的创新突破

AI 影音生成技术可以为办公场景中的多种任务提供支持，例如广告宣传、演示文稿、教育培训等。使用 AI 影音生成技术，可以在较大程度上减少人力、物力和财力的投入，并且能大大提升办公效率。AI 影音生成技术还降低了商用作品的侵权风险。

7.1 AIVA：原创音乐的创作利器

AIVA 是一款基于人工智能的音乐创作工具，能够根据设置的基本音乐元素等生成音乐，以便作为影视配乐、游戏音乐、广告音乐等使用。使用 AIVA 可以减少音乐制作的成本和时间，同时也能提高音乐的质量和匹配度。

实战演练 轻松生成广告背景曲

下面以创作一段流行音乐作为电商广告的背景曲为例，介绍如何使用 AIVA 来生成自有版权的音乐作品，具体操作如下。

步骤 01 **打开 AIVA 页面**。打开网页浏览器，❶在地址栏中输入 https://creators.aiva.ai/，打开 AIVA，❷单击页面中的“Create an account”按钮，如图 7-1 所示。

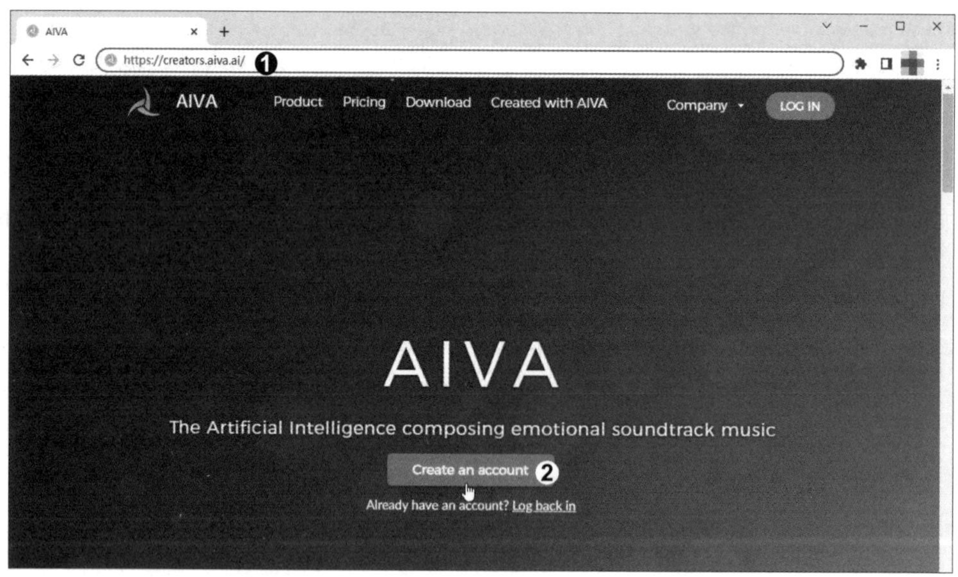

图 7-1

步骤 02 **开始创建曲目**。注册并成功登录账号后，即可进入音乐创作页面，单击页面左上角的“Create Track”按钮，如图 7-2 所示。

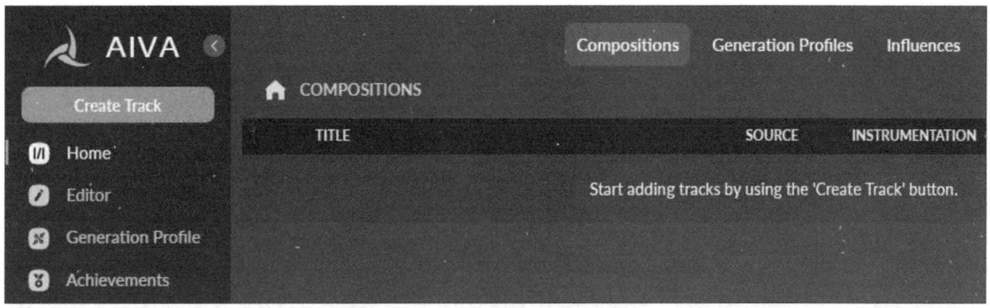

图 7-2

步骤 03　**选择要创作的音乐风格**。❶单击“Preset styles”预设风格样式标签，❷在展开的选项卡中选择一种喜欢的音乐风格类型，这里选择“POP/ROCK”下的“Pop”风格，如图 7-3 所示。

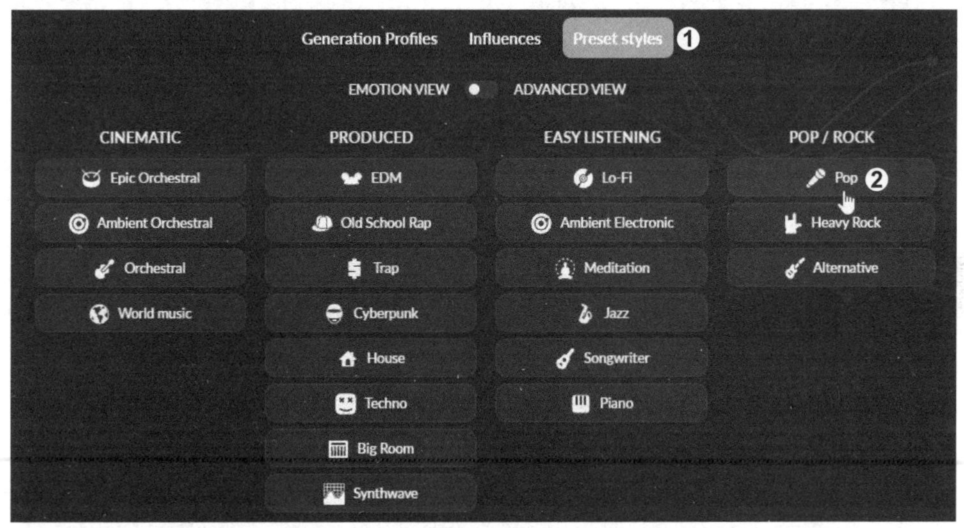

图 7-3

步骤 04　**设置音乐的情绪、时长及生成的作品数**。选定音乐风格后，❶在“SELECT AN EMOTION”下方选择音乐的情绪，❷在“SELECT A DURATION”下方按个人需要选择音乐的时长，时长最多不超过五分三十秒，❸在“NUMBER OF COMPOSITIONS”下方选择生成的音乐作品数量，一次最多可以生成 5 段音乐，❹完成设置后单击“Create your track(s)”按钮，如图 7-4 所示。

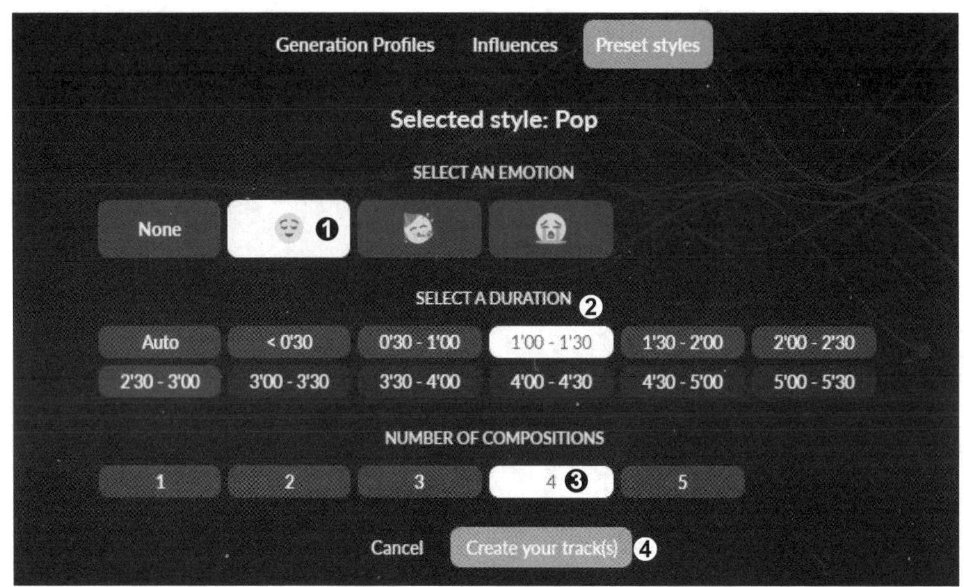

图 7-4

步骤05 **播放音乐试听效果**。等待片刻，AIVA 就会根据设置自动生成指定数量和指定时长范围的音乐并显示在播放列表中。这里选择的生成作品数量为 4，所以在播放列表中可以看到生成的 4 段音乐，单击音乐最前方的播放按钮，可以试听该音乐，如图 7-5 所示。

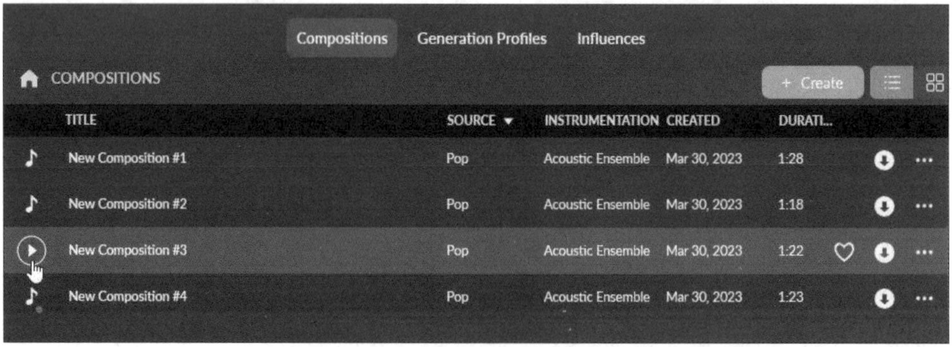

图 7-5

步骤06 **下载生成的音乐作品**。试听后如果比较满意，❶单击右侧的下载按钮，❷在弹出的对话框中选择下载音乐的格式，一般选择 MP3 格式即可，如图 7-6 所示。

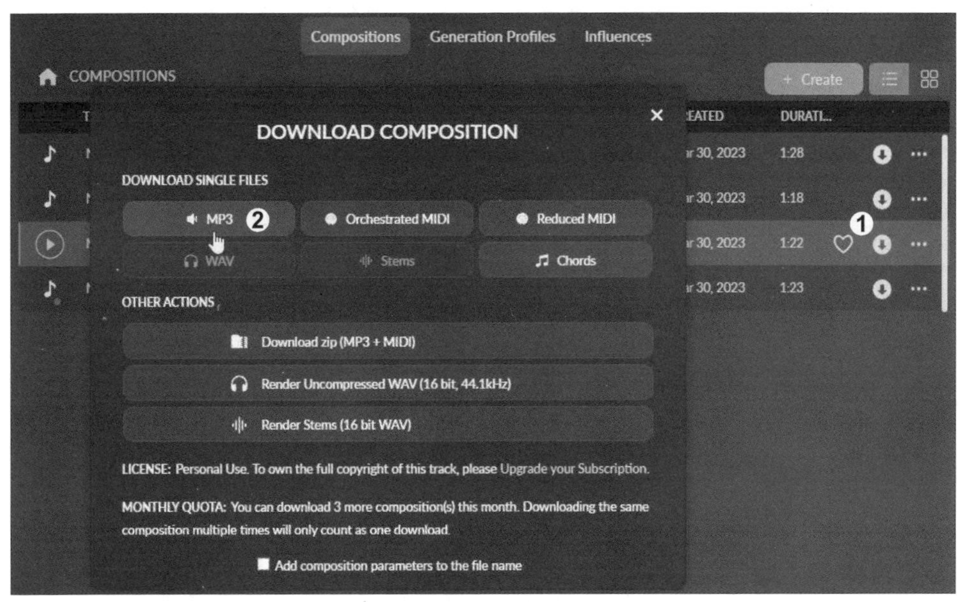

图 7-6

步骤 07　**选择需要编辑的音乐**。此外，AIVA 还提供了一个专业的音乐编辑器，可以对生成的音乐进行编辑。❶在生成的音乐列表中选择一首音乐，❷单击左侧的“Editor”按钮，如图 7-7 所示。

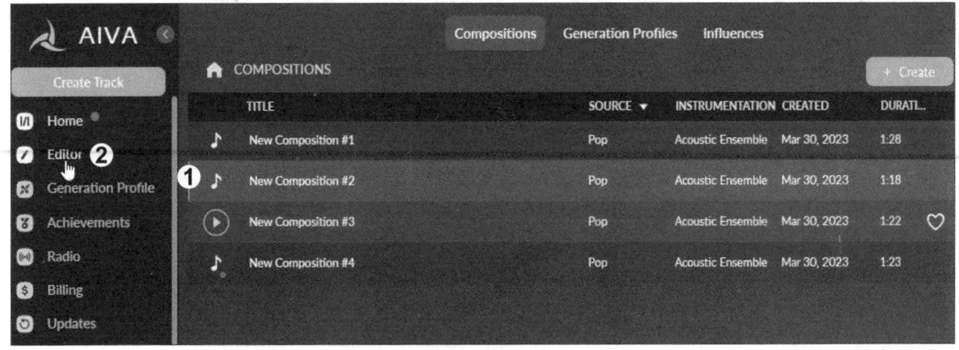

图 7-7

步骤 08　**打开音乐编辑器调整音乐**。进入编辑器，可以为音乐添加配乐、调整音乐的曲调，并按照自己的想法创作独一无二的音乐作品，如图 7-8 所示。

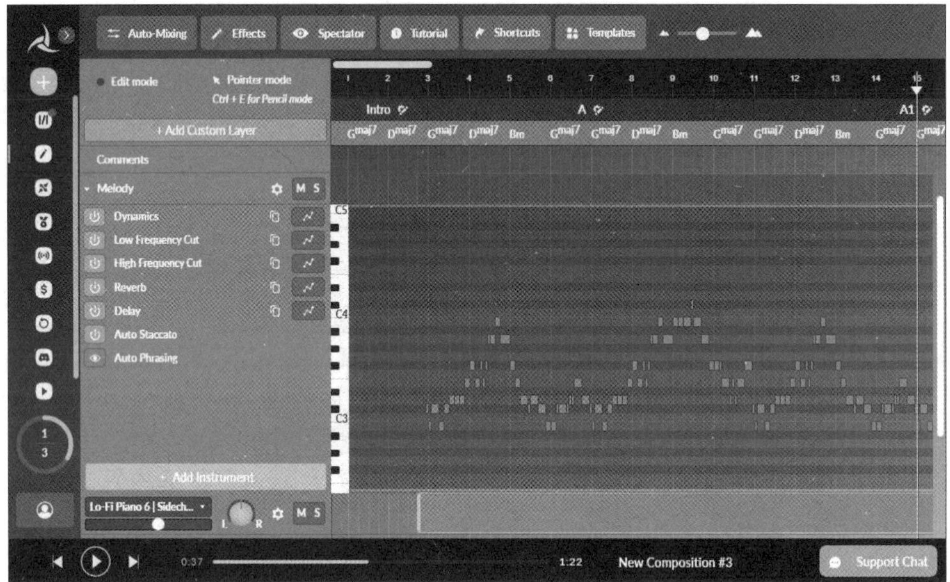

图 7-8

提 示

编辑音乐时，一般需要使用实时播放功能试听调整后的效果，但是在网页中直接编辑音乐容易遇到实时播放音频功能与浏览器不兼容的情况，此时可以下载应用程序安装包，将 AIVA 安装到自己的计算机上，然后在桌面端启动应用程序后进行音乐的创作和编辑操作。

实战演练 为自媒体打造原创国风音乐

AIVA 提供了极具特色的“Chinese”风格，这是一种使用五声音阶和古筝、琵琶等中国传统乐器表现的音乐风格。下面就以具体的操作来介绍如何用 AIVA 创作适合自媒体使用的别具韵味的国风音乐。

步骤 01 **选择创建音乐作品**。在 AIVA 页面中，❶单击音乐列表上方的“Create”按钮，❷在展开的下拉列表中选择“Composition”选项，如图 7-9 所示。

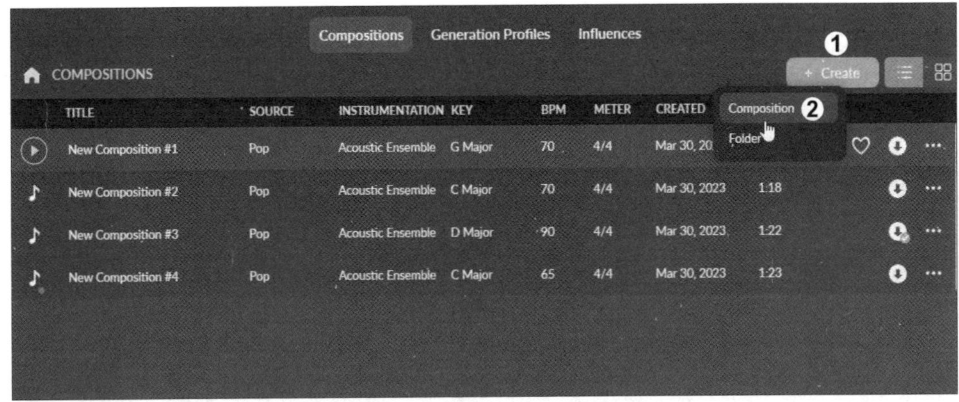

图 7-9

步骤 02　**选择"Chinese"风格**。❶单击"Preset styles"预设风格样式标签，❷在展开的选项卡中单击"EMOTION VIEW"和"ADVANCED VIEW"中间的滑块，开启高级视图模式，❸单击"Chinese"风格，如图 7-10 所示。

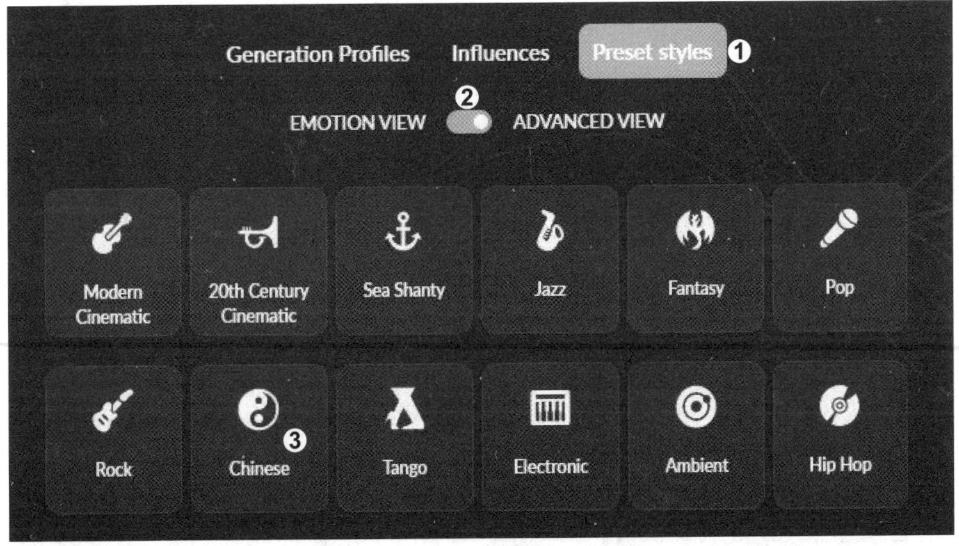

图 7-10

步骤 03　**选择音乐的调号**。❶单击"Auto(KEY SIGNATURE)"按钮，❷在展开的下拉列表中选择"Any Major"，如图 7-11 所示。

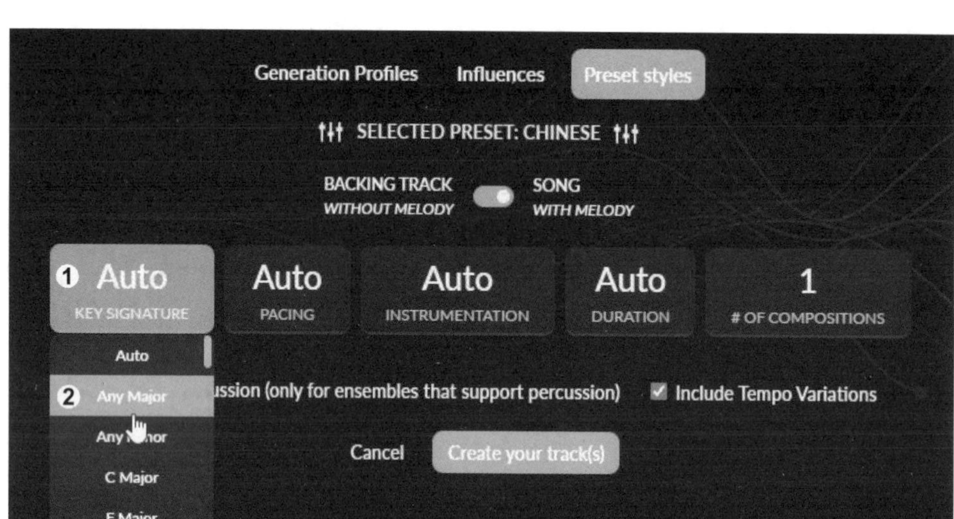

图 7-11

步骤04 **设置更多的选项。**❶继续在选项卡中设置音乐的节奏、所使用的乐器、持续时间以及生成的作品数量，❷完成后单击“Create your track(s)”按钮，如图 7-12 所示。

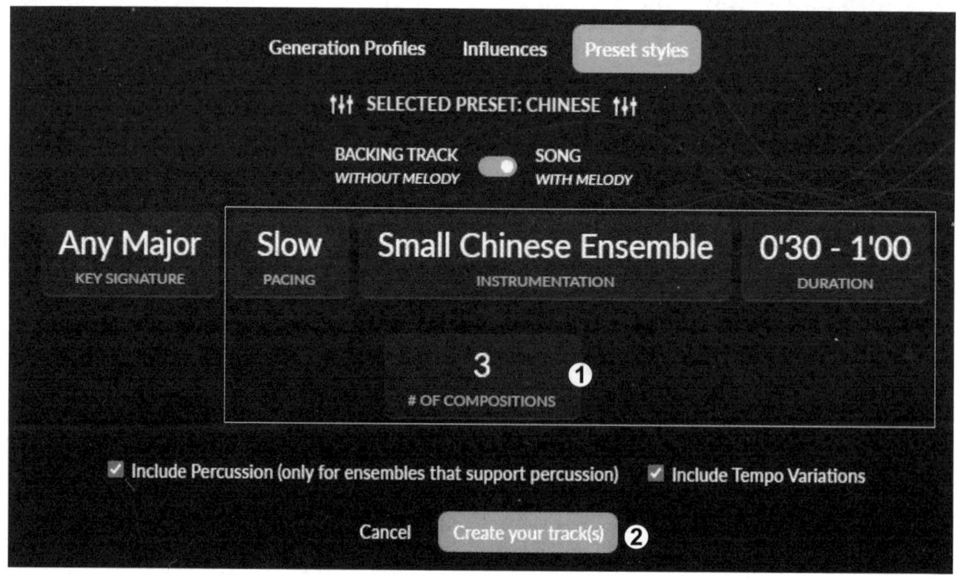

图 7-12

步骤 05　**重新生成音乐**。等待片刻，AIVA 即可根据设置自动生成音乐，并显示在播放列表中，如图 7-13 所示。

Compositions　Generation Profiles　Influences

COMPOSITIONS　+ Create

TITLE	SOURCE	INSTRUMENTATION	KEY	BPM	METER	CREATED	DURATI...
New Composition #1	Pop	Acoustic Ensemble	G Major	70	4/4	Mar 30, 2023	1:28
New Composition #2	Pop	Acoustic Ensemble	C Major	70	4/4	Mar 30, 2023	1:18
New Composition #3	Pop	Acoustic Ensemble	D Major	90	4/4	Mar 30, 2023	1:22
New Composition #4	Pop	Acoustic Ensemble	C Major	65	4/4	Mar 30, 2023	1:23
New Composition #5	Chinese	Small Chinese Ens...	C Major	80	4/4	Mar 31, 2023	0:45
New Composition #6	Chinese	Small Chinese Ens...	C Major	60	4/4	Mar 31, 2023	0:45
New Composition #7	Chinese	Small Chinese Ens...	C Major	90	4/4	Mar 31, 2023	0:52

图 7-13

7.2　Soundraw：创意音乐生成器平台

Soundraw 是一个为音乐创作者服务的音乐生成器平台。用户只需要选择想要的音乐类型，包括种类、乐器、情绪风格、长度等，Soundraw 就能生成美妙且可供放心使用的音乐。这些音乐可以商用，如在社交媒体、电视、广播或其他平台使用，不用担心版权纠纷，也不用支付额外的费用。

实战演练　快速生成匹配视频的音乐

下面以一段旅游宣传视频为例，通过设置时长、节奏、情绪等简单选项，快速生成适合的背景音乐作品，具体的操作步骤如下。

◎　原始文件：实例文件 / 07 / 7.2 / 海景.mp4

◎　最终文件：无

步骤01 **打开 Soundraw 页面**。打开网页浏览器，❶在地址栏中输入 https://soundraw.io/，打开 Soundraw，❷单击页面中的“Create music”按钮，如图 7-14 所示。

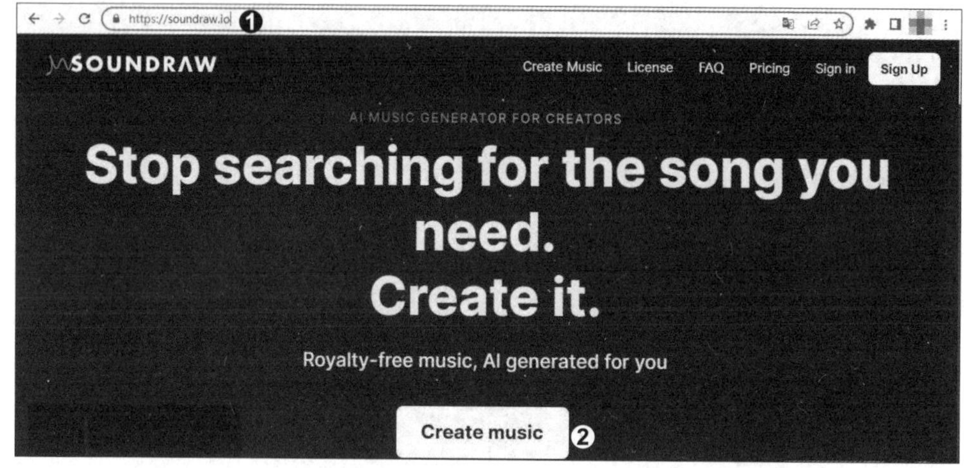

图 7-14

步骤02 **选择音乐时长**。进入音乐创作页面，首先设置要创作音乐作品的时长，Soundraw 默认音乐时长为 3 分钟。❶单击“3:00”，❷在展开的列表中选择所需的音乐时长，如图 7-15 所示。

图 7-15

步骤03 **设置音乐的节奏**。Soundraw 提供了“Slow”“Normal”和“Fast”三种节奏，❶单击“Slow”选项，❷再单击“Fast”选项，取消二者的选中状态，将音乐节奏设为“Normal”，如图 7-16 所示。

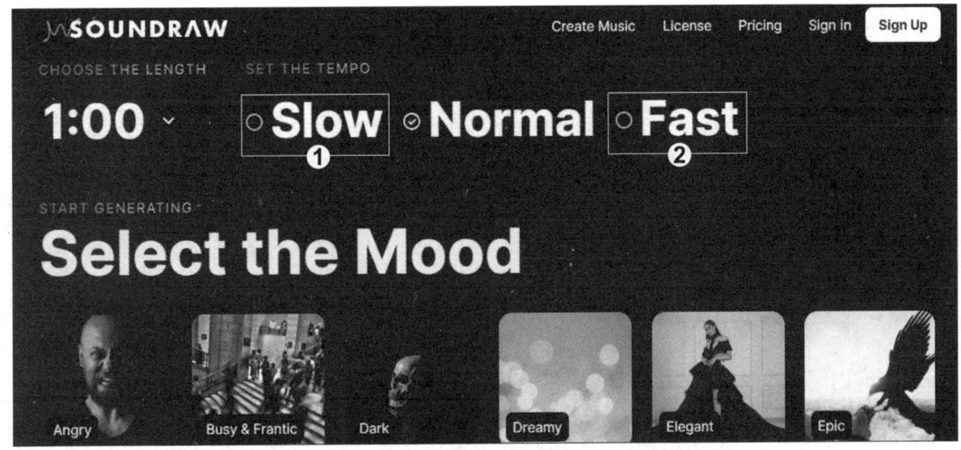

图 7-16

步骤 04　**选择音乐主题**。除了选择时长和节奏，生成音乐前还需要选择音乐的情绪、流派或主题，通常只需要选择其中一项即可。单击选择“Select the Theme”下的“Travel”主题，如图 7-17 所示。

图 7-17

步骤 05 **自动生成音乐**。等待片刻，Soundraw 会根据所选的主题生成几段音乐，如图 7-18 所示。

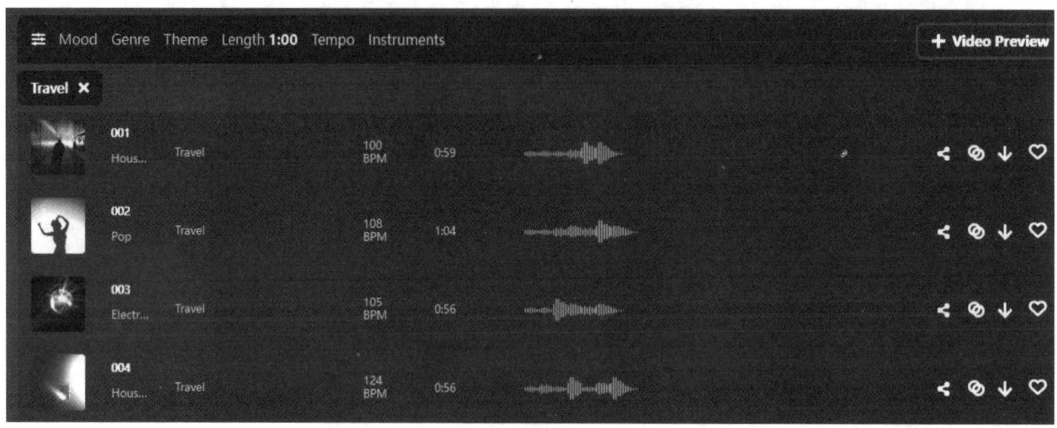

图 7-18

步骤 06 **添加音乐情绪**。如果对生成的音乐不是很满意，❶可以单击音乐列表上方的“Mood”标签，❷在展开的列表中单击要添加的情绪，可以同时添加多种情绪，如图 7-19 所示。

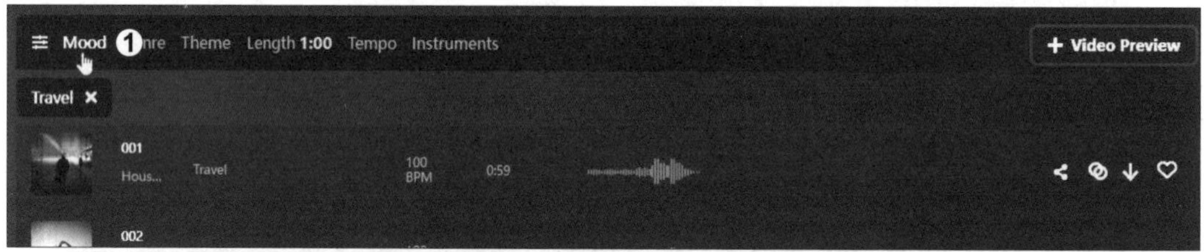

图 7-19

步骤07 **重新生成音乐**。添加情绪后，Soundraw 将根据添加的情绪自动重新生成新的音乐，如图 7-20 所示。此外，也可以采用相同的方法添加音乐的流派或更改音乐主题等。

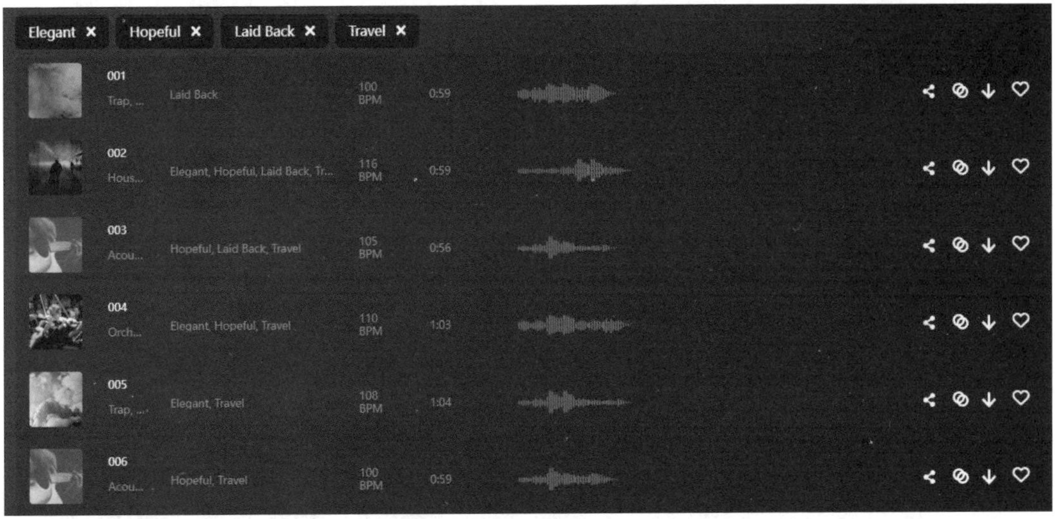

图 7-20

步骤08 **播放音乐**。将鼠标指针移到生成的音乐上，单击播放按钮，如图 7-21 所示，即可播放生成的音乐。

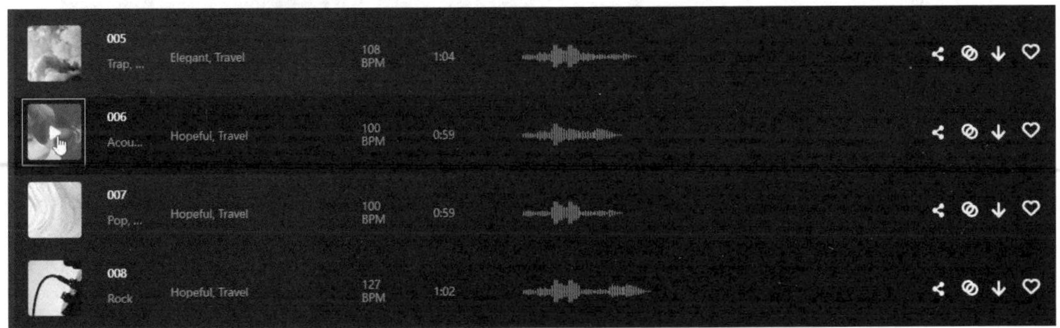

图 7-21

步骤09 **开启 Pro 模式**。生成音乐之后，若是想要对其做进一步的调整，单击音乐右侧的“Pro mode”按钮，开启 Pro 模式，如图 7-22 所示。

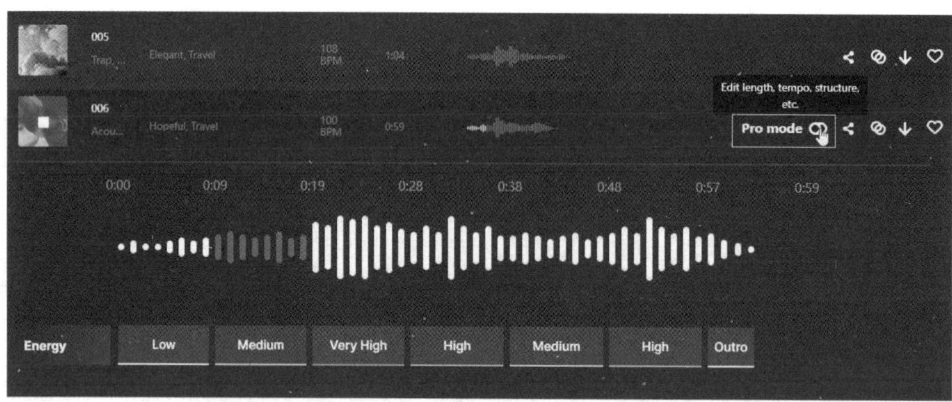

图 7-22

步骤 10 **选择音乐时段**。在 Pro 模式下，❶单击时间轴上的音乐片段，❷然后单击音乐片段下方的⊞按钮，如图 7-23 所示，即可添加一段相同的音乐。

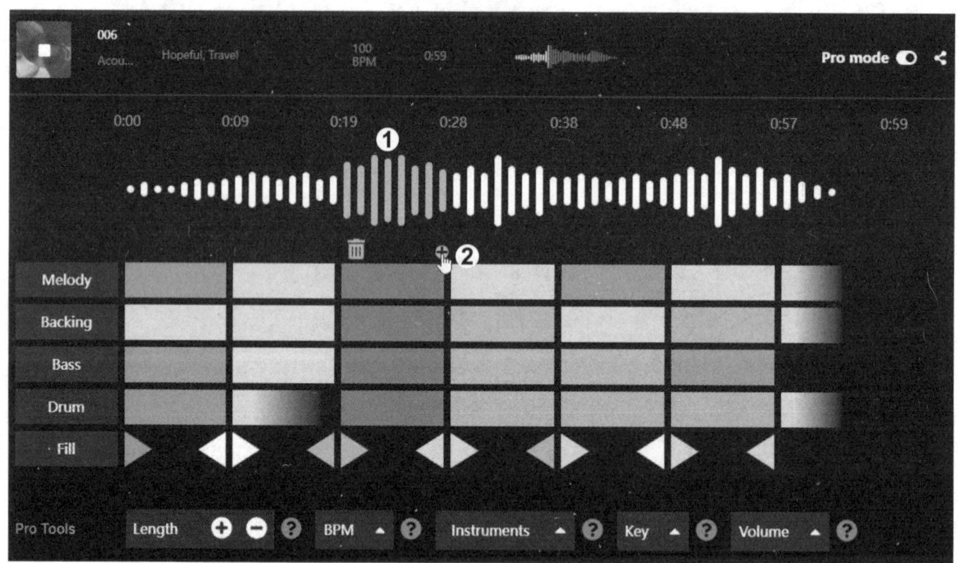

图 7-23

步骤 11 **调整音乐的节奏**。在 Pro 模式下，还可以调整音乐的时长、节拍、间调、音量等。❶单击“BPM”按钮，❷在弹出的列表中选择“80”选项，调整音乐节奏，将其设置得更慢一些，如图 7-24 所示。

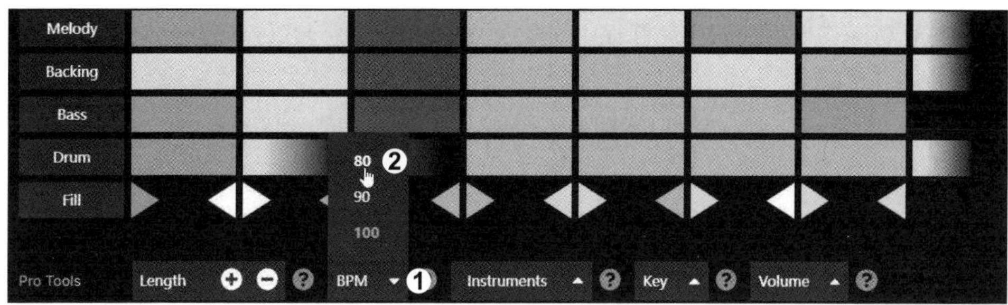

图 7-24

步骤 12 **调整音乐的音量。**❶单击“Volume”按钮，❷在弹出的面板中拖动“Melody”滑块，调整旋律部分的音量，❸拖动“Backing”滑块，调整伴奏部分的音量，如图 7-25 所示。

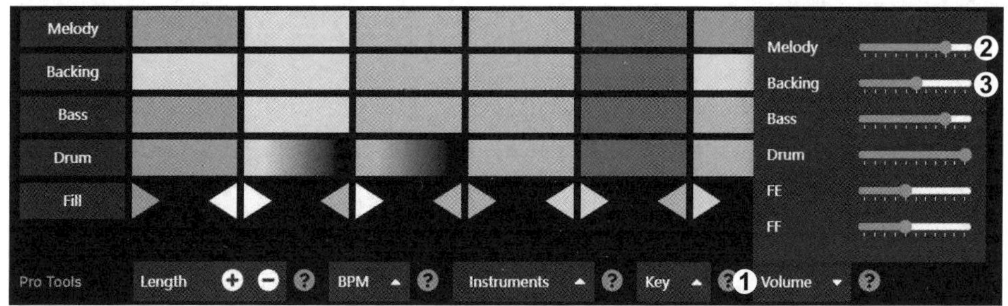

图 7-25

提 示

Pro 模式下提供了 Length 、BPM、Instruments 、Key 和 Volume 5 个工具，如图 7-26 所示。下面分别对这些工具进行介绍。

图 7-26

- Length：用于调整生成音乐的时长。单击⊕按钮，增加音乐时长；单击⊖按钮，缩短音乐时长。
- BPM：用于调整音乐的节拍，控制音乐的整体节奏，设置的数值越大，生成的音乐节奏越快。
- Instruments：用于指定生成音乐中使用的乐器。

- Key：用于设置生成音乐的音调，包括“k01”“k02”和“k03”3 个音调。其中，“k01”为低音，“k03”为高音。
- Volume：用于设置生成音乐的音量，可以分别拖动滑块调整旋律、伴奏、贝斯及鼓等的音量。

步骤 13 **添加视频画面**。为了保证音乐和视频素材的协调配合，建议在创作过程中先将视频上传至 Soundraw 平台进行预览。❶单击“Video Preview”按钮，❷在弹出的对话框中单击图标，如图 7-27 所示。

图 7-27

步骤 14 **选择要添加的视频素材**。弹出“打开”对话框，❶在对话框中单击选择视频素材，❷单击“打开”按钮，如图 7-28 所示。

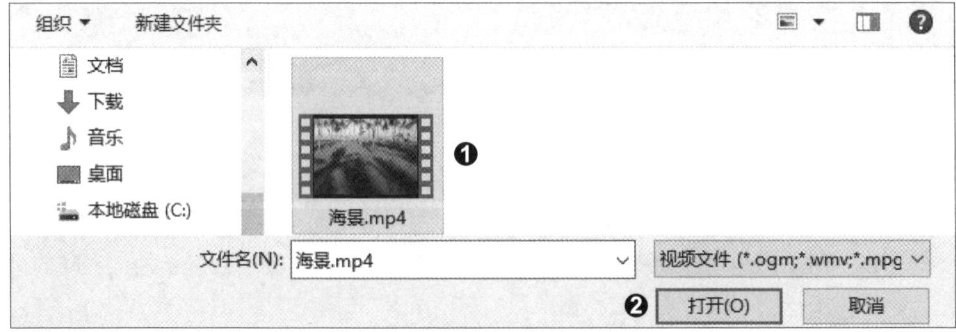

图 7-28

步骤 15　**同步播放音乐和视频**。添加视频后，将鼠标指针移到音乐上方，再次单击播放按钮，如图 7-29 所示，同时播放音乐和添加的视频效果。

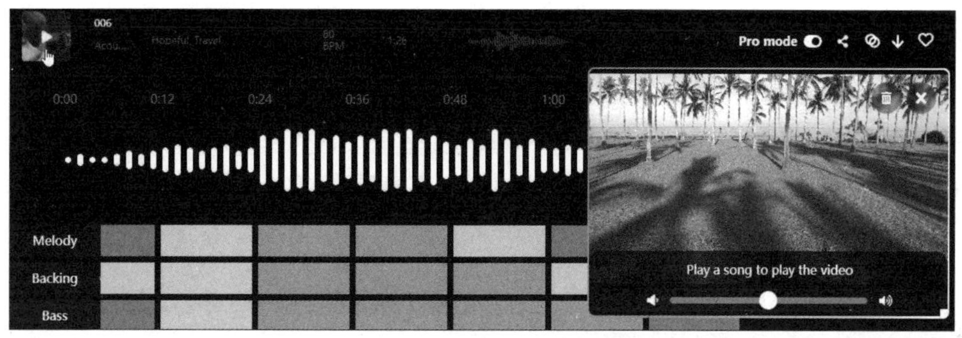

图 7-29

提　示

使用 Soundraw 生成音乐之后，如果生成的音乐中有自己喜欢的音乐，可以单击右侧的下载按钮将其下载下来。基于 Soundraw 创作的音乐，在使用方式和版权上非常自由，但如果是要下载用 Soundraw 创作的音乐就需要支付一定的费用。

7.3　TTSMaker：更适合国人的配音工具

TTSMaker（马克配音）是一个在线文本转语音工具。它支持中文、英语、日语、韩语等 50 余种语言，并提供超过 300 种语音风格。无论是为视频配音，还是制作有声书，TTSMaker 都能胜任。目前，TTSMaker 完全免费，不需要开通会员，也没有广告干扰，每周 3 万个字符的额度对大多数用户来说完全够用。

实战演练　在线轻松自制有声书

有声书是一种将书面文字转换为语音形式的新型出版物。通过专业人士的朗读和演绎，有声书能够让文字作品变得生动鲜活，为听众带来沉浸式的“阅读”体验。本案例将使用 TTSMaker 快速将文本转换成有声书。

◎ 原始文件：实例文件 / 07 / 7.3 / 文章选段.txt
◎ 最终文件：实例文件 / 07 / 7.3 / 文章选段（TTSMaker生成）.mp3

步骤01 **复制要朗读的文本**。打开“文章选段 .txt”，依次按快捷键〈Ctrl+A〉和〈Ctrl+C〉，全选并复制文本，如图 7-30 所示。

步骤02 **在 TTSMaker 中粘贴文本**。在网页浏览器中打开 TTSMaker 官网页面（https://ttsmaker.cn），将插入点置于页面左侧的文本框中，按快捷键〈Ctrl+V〉，粘贴文本，如图 7-31 所示。

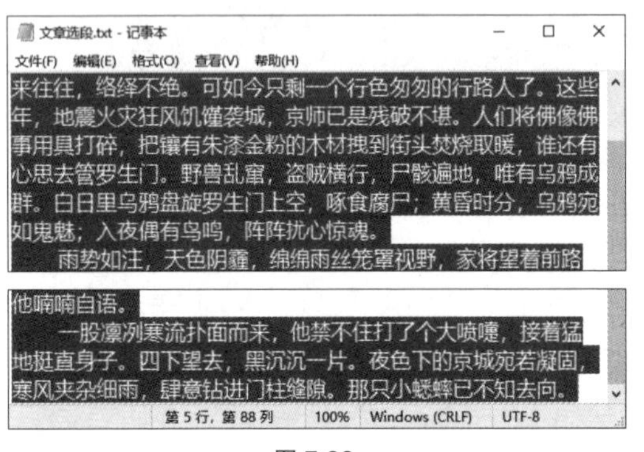

图 7-30

图 7-31

步骤03 **选择文本语言和发音人**。❶在“选择文本语言”下拉列表框中根据实际情况选择文本的语言，在“选择您喜欢的声音”列表框中滚动浏览发音人，❷单击发音人下方的⊙按钮可试听发音人的音色，如图 7-32 所示，❸如果觉得合适，单击选中发音人，如图 7-33 所示。

图 7-32

图 7-33

步骤 04 **设置高级选项**。❶输入 4 位数字的验证码，❷单击“高级设置”按钮，如图 7-34 所示。在展开的选项卡中，❸选择下载文件格式为 MP3 格式，❹设置语速为“0.95x 降速”，❺设置音量为“120% 提升音量”，❻设置每个段落之间的停顿时间为“400 ms”，如图 7-35 所示。

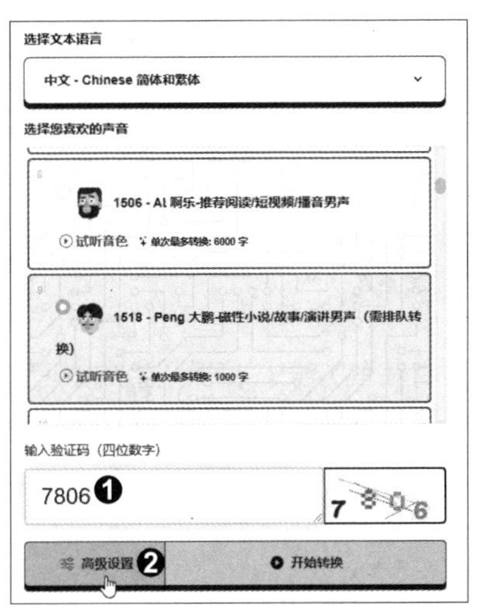

图 7-34

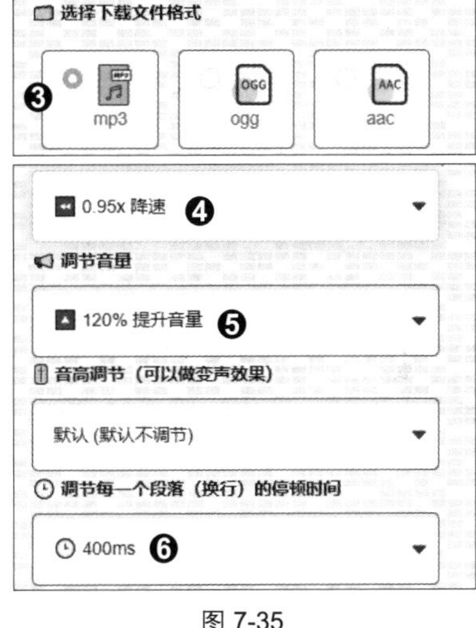

图 7-35

步骤 05 **开始转换并下载文件**。❶设置完成后单击“开始转换”按钮，TTSMaker 便会根据文本生成语音，生成完毕后会自动播放，❷确认无误后单击“下载文件到本地”按钮，如图 7-36 所示，即可将语音文件下载至本地硬盘。

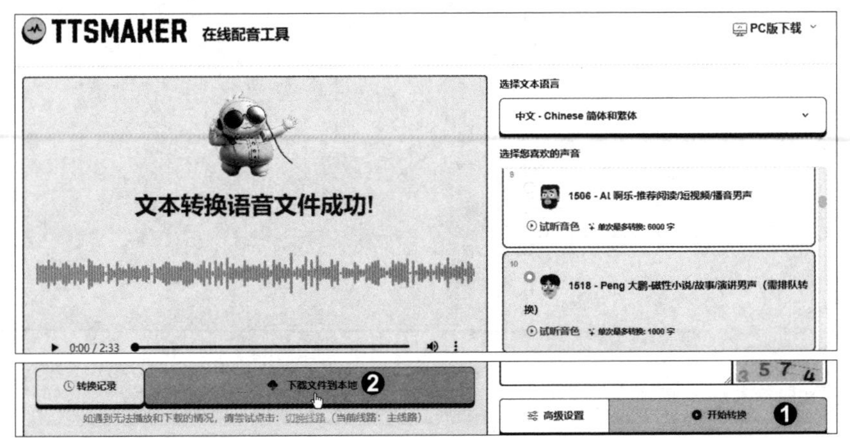

图 7-36

7.4 即梦 AI：高质量的视频生成工具

即梦 AI 是集图片生成、视频生成、故事创作等功能于一体的一站式 AI 创作平台。除了在图片生成方面表现优秀外，即梦 AI 在视频生成上同样令人惊艳。用户只需输入关键词或描述，AI 就能快速生成连贯、视觉冲击力强的高质量视频。此外，即梦 AI 还支持多种运镜选择和速度控制能力，让生成的视频更加生动、有趣。

实战演练 快速生成多样视频素材

借助 AI 工具生成视频已成为一种既简便又高效的素材获取方式。在视频生成方面，即梦 AI 支持文生视频和图生视频两种方式。下面将分别介绍使用这两种方式生成视频的具体操作步骤。

◎ 原始文件：实例文件 / 07 / 7.4 / 糖果.jpeg

◎ 最终文件：实例文件 / 07 / 7.4 / 糖果.mp4、萨摩耶小狗.mp4

步骤01 **打开即梦 AI 页面**。在网页浏览器中打开即梦 AI 首页（https://jimeng.jianying.com），单击页面左侧的“视频生成”标签，如图 7-37 所示。

图 7-37

步骤 02　上传图片。进入“视频生成”页面，默认为图生视频模式，❶单击下方的“上传图片”按钮，如图 7-38 所示。弹出“打开”对话框，❷在对话框中选择需要作为参考图的图片，❸单击“打开”按钮，如图 7-39 所示。

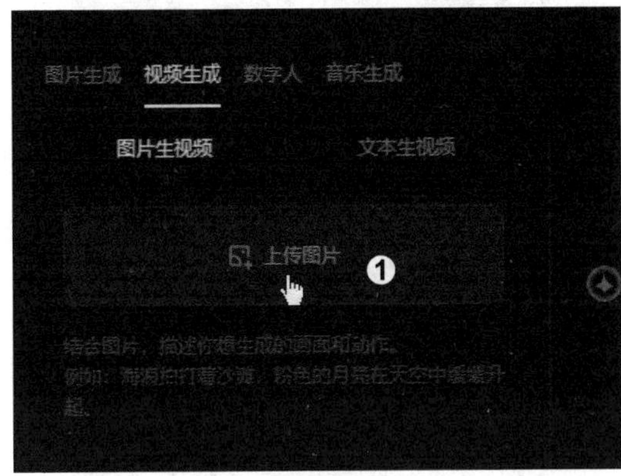

图 7-38

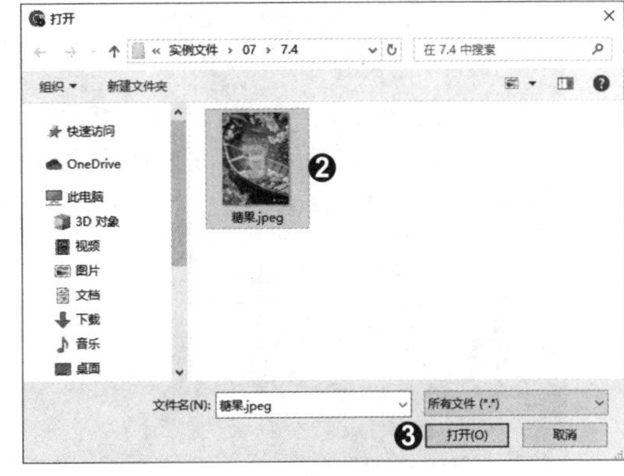

图 7-39

步骤 03　输入提示词。图片上传成功后，在下方输入提示词：“水中的一袋糖果，花瓣飘落，水波荡漾”，如图 7-40 所示，然后单击“生成视频”按钮，如图 7-41 所示。

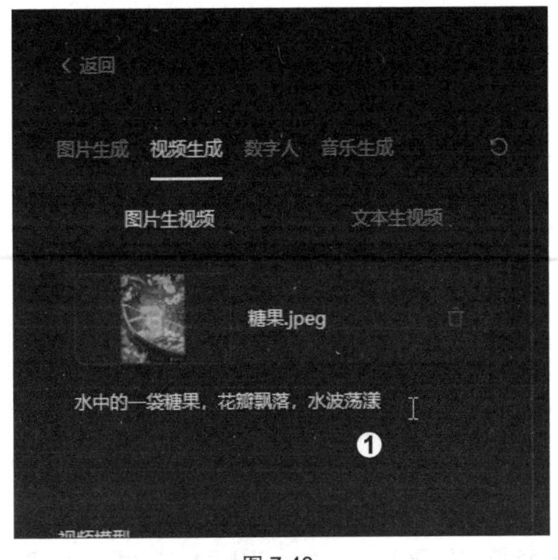

图 7-40

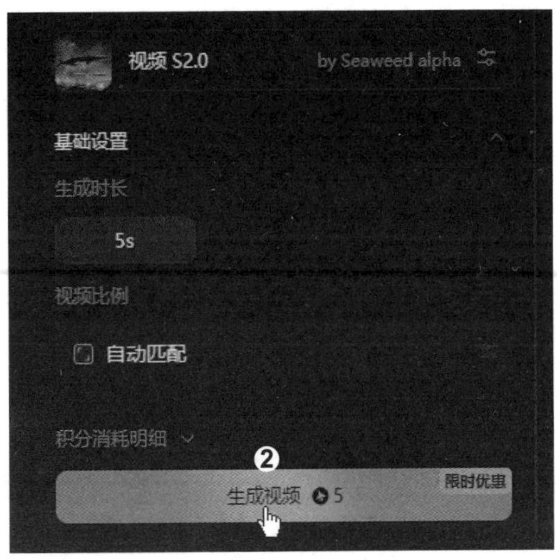

图 7-41

步骤 04 **生成视频**。稍等片刻，即梦 AI 就会根据上传图片和输入的提示词生成一段视频，将鼠标指针移到生成的视频上，单击工具栏中的“下载”按钮，即可下载并保存生成的视频，如图 7-42 所示。

图 7-42

步骤 05 **输入提示词**。除了图生视频，即梦 AI 也支持文生视频。❶单击“文本生视频”按钮，切换至“文本生视频”模式，❷在文本框中输入提示词，如图 7-43 所示。

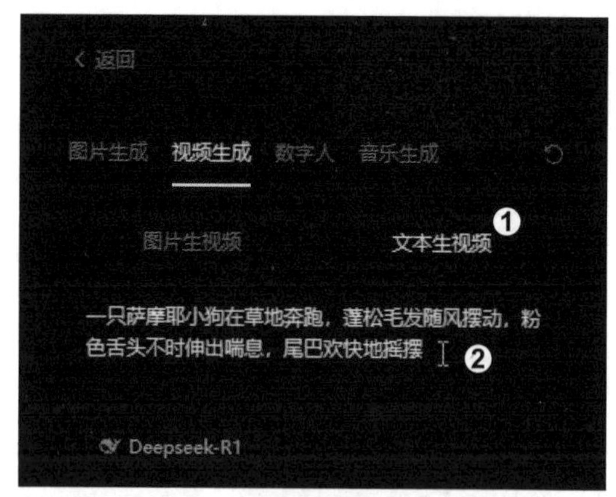

图 7-43

步骤 06 **选择视频模型**。❶单击“视频模型”下方的“视频 S2.0”模型，❷在弹出的“视频模型”窗口中单击选择要应用的模型，这里选择各方面都有较平衡表现的“视频 1.2”模型，如图 7-44 所示。

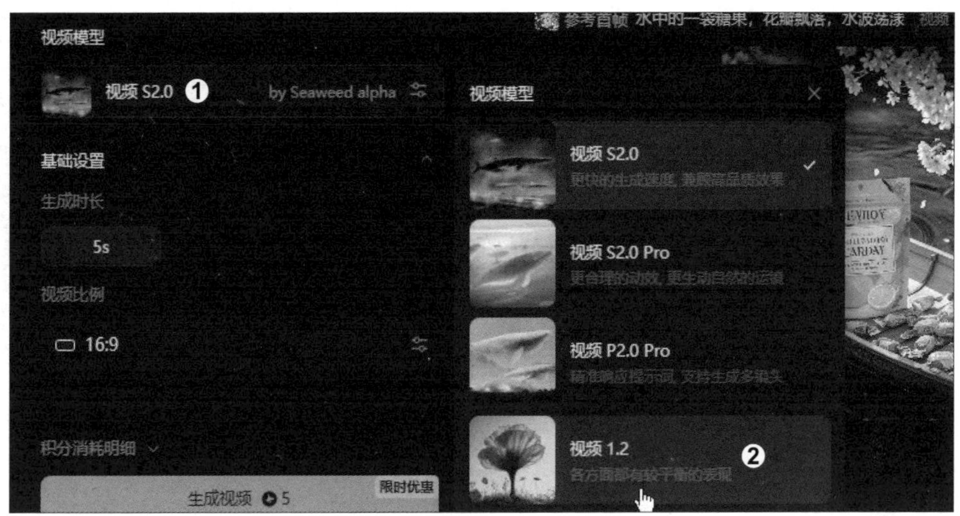

图 7-44

步骤 07　**设置运镜方式**。❶单击“远镜控制”下方的“随机运镜”，弹出“运镜控制”窗口，❷单击“变焦”右侧的▣按钮，选择变焦推近运镜，❸单击“幅度”右侧的“中”按钮，设置变焦幅度，❹然后单击“应用”按钮，如图 7-45 所示。

图 7-45

步骤 08　**设置运动速度和模式**。❶单击“运动速度”下方的“快速”按钮，❷再单击“模式选择”下方的“流畅模式”按钮，❸设置完成后单击“生成视频”按钮，如图 7-46 所示。

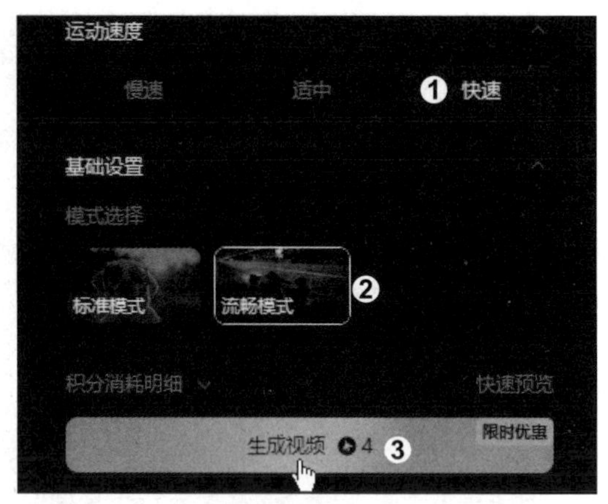

图 7-46

步骤 09　**生成视频**。稍等片刻，即梦 AI 就会根据输入的提示词生成一段视频，如图 7-47 所示。

图 7-47

7.5　Clipchamp：可轻松掌握的视频编辑工具

Clipchamp 是一款功能全面的在线视频编辑工具，拥有易用的界面和直观的操作方式。

它提供的文字转语音功能可以快速将文字转换为模拟真人的语音内容，并且支持多种语言和声音类型，用户可以根据需要选择适合自己视频的语音风格。Clipchamp 的视频编辑功能也非常强大，可以完成多种视频编辑任务，例如剪辑视频、添加转场动画、字幕等。

实战演练　模拟真人语音生成商品描述音频

下面以一款无人机为例，展示如何使用 Clipchamp 快速生成出色的商品描述音频，具体的操作如下。

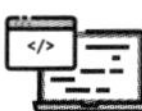

◎ 原始文件：实例文件 / 07 / 7.5 / 商品描述文本.txt

◎ 最终文件：无

步骤 01　**选择语言为中文**。打开网页浏览器，❶在地址栏中输入 https://clipchamp.com/，打开 Clipchamp，可以看到 Clipchamp 默认页面是英文显示的，我们可以将其转换为中文显示，❷单击页面中“English”右侧的下拉按钮，❸在展开的下拉列表中选择“中文”选项，如图 7-48 所示。

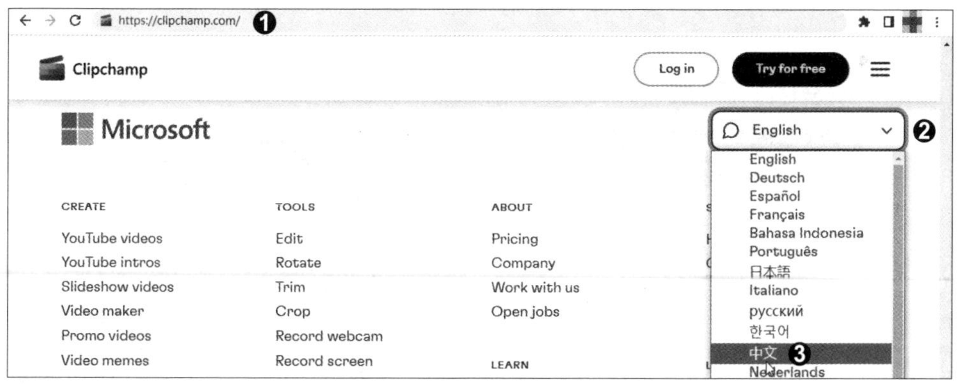

图 7-48

提　示

若使用的是 Windows 11 系统，则预装了 Clipchamp。在“开始”菜单的“所有应用”列表中找到该程序的快捷方式，双击打开后根据提示进行登录，即可开始使用 Clipchamp。

步骤02 **将页面显示语言切换为中文**。等待片刻，Clipchamp 页面即切换为中文显示，单击页面中的“免费试用”按钮，如图 7-49 所示。

图 7-49

步骤03 **选择“录制内容”**。Clipchamp 可使用微软账号、谷歌账号或脸书账号直接登录，也可以使用电子邮箱注册新账户后登录。登录成功后，将进入 Clipchamp 主页，这里需要使用 Clipchamp 的文字转语音功能智能生成一段商品描述音频，因此，单击主页中的“录制内容”按钮，如图 7-50 所示。

图 7-50

步骤04 **输入商品描述文本**。进入“录像和创建”页面，❶单击左侧的“文字转语音”按钮，弹出“文字转语音”对话框，❷在下方文本框中输入商品“大疆无人机”的描述文本，如图 7-51 所示。

图 7-51

步骤 05　**设置声音、语速及音调。**❶在“声音”下拉列表中选择发音人，❷向右拖动“语音速度”滑块，将语音速度设置得相对快一些，❸在“语音音调”下拉列表中选择“高”选项，❹单击“保存到媒体”按钮，如图 7-52 所示。

图 7-52

提　示

输入文字并设置声音、语音速度和语音音调后，可以先单击“文字转语音”对话框左下角的播放按钮▶，试听生成的语音效果。如果对生成的语音效果不是很满意，可以重新设置各选项。

步骤 06　**生成语音效果。**等待片刻，Clipchamp 即可将输入的文字转换为语音，并显示在页面左上角的媒体库中，如图 7-53 所示。将鼠标指针移到生成的音频上，Clipchamp 即可自动播放该段音频。

图 7-53

实战演练 影音融合生成产品宣传视频

生成商品描述音频后，将其与拍摄好的视频结合，制作成完整的产品宣传视频，有助于更好地推广和销售商品。 接下来添加几段商品视频素材，使用 Clipchamp 的视频编辑功能进一步编辑这些素材，打造一段高质量的无人机宣传视频，具体的操作如下。

◎ 原始文件：实例文件 / 07 / 7.4 / 大疆无人机（文件夹）

◎ 最终文件：实例文件 / 07 / 7.4 / 产品宣传视频——使用Clipchamp制作.mp4

步骤01 **将语音拖动到时间线上**。继续上一个案例的操作，❶添加视频素材前，先将鼠标指针移到媒体库中的音频上，❷将其拖动到时间线上，释放鼠标，❸然后单击媒体库上方的“导入媒体”按钮，如图 7-54 所示。

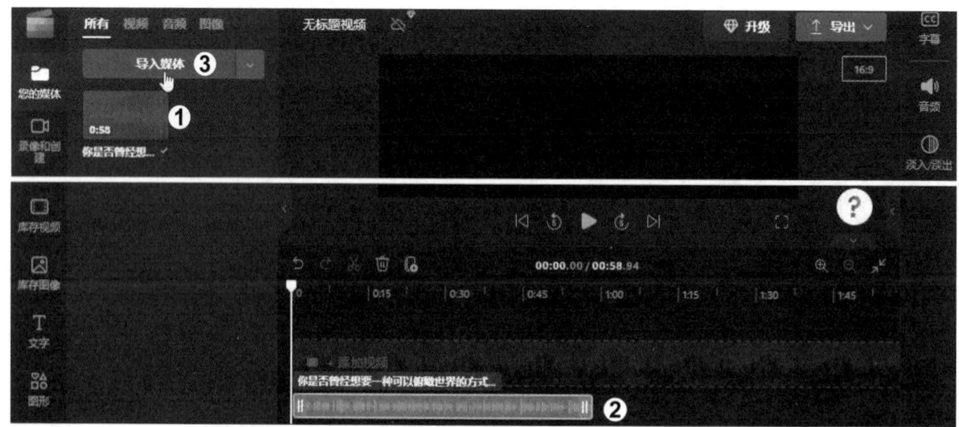

图 7-54

步骤02　**选择视频素材**。❶在弹出的“打开”对话框中选中视频文件，❷单击“打开”按钮，如图 7-55 所示。

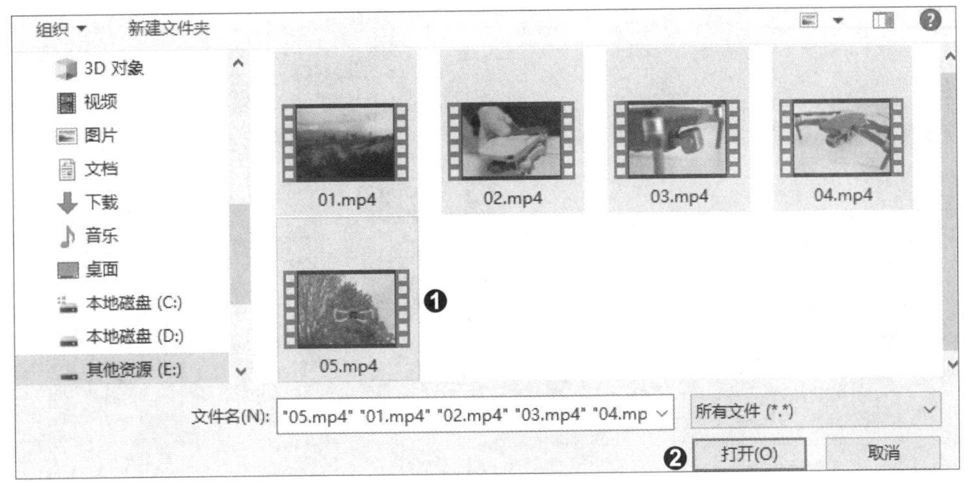

图 7-55

步骤03　**将视频拖动到时间线上**。❶在页面左上角显示导入的多段视频素材，❷将导入的视频素材依次拖动到时间线上，❸并选中第 1 段视频，如图 7-56 所示。

图 7-56

步骤04 **调整视频播放速度**。❶单击右侧的“速度”按钮，❷然后向右拖动“速度”滑块，加快视频播放速度，如图 7-57 所示。

图 7-57

步骤05 **删除两个视频片段间的空白部分**。❶将鼠标指针移到视频片段 1 和片段 2 之间的空白处并单击鼠标右键，❷在弹出的快捷菜单中单击“删除空白”命令，如图 7-58 所示。

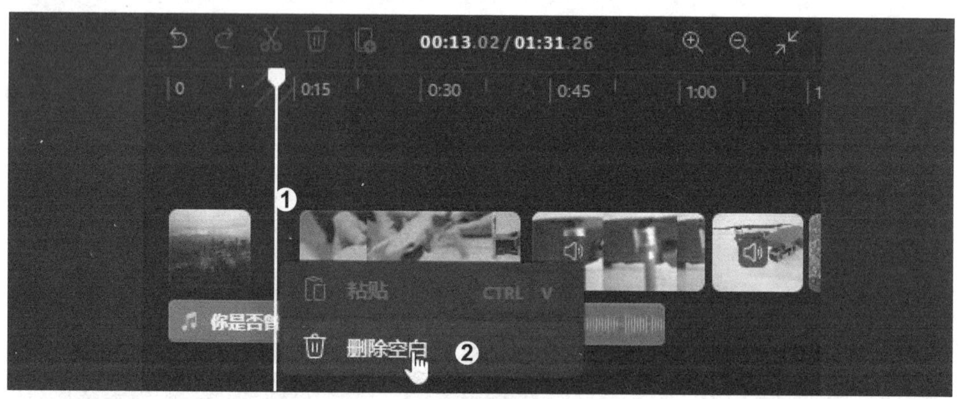

图 7-58

步骤06 **调整另外几段视频**。使用相同的方法，选中另外几段视频，调整播放速度并删除中间空白区域，统一视频与音频时长，如图 7-59 所示。

图 7-59

步骤 07　**添加背景音乐**。❶单击页面左侧的“音乐和音效”，❷然后单击“可免费使用”右侧的“查看更多”按钮，❸在展开的列表中选择一首喜欢的音乐，单击“添加到时间线”按钮，如图 7-60 所示。

图 7-60

步骤 08　**移动寻道器位置**。❶将音乐添加到时间线上并将寻道器移到视频画面结束的位置，❷单击“分割”按钮，如图 7-61 所示。

图 7-61

步骤 09　**分割并删除音乐**。可从当前时间点将导入的音乐分割为两段，如图 7-62 所示。按〈Delete〉键，删除分割出来的第二段音乐。

图 7-62

步骤 10　**设置淡出效果**。❶选中保留下来的第一段音乐，❷单击右侧的“淡入 / 淡出”按钮，❸在展开的面板中向右拖动“淡出”滑块，在音频结束位置添加 0.3 秒的淡出效果，如图 7-63 所示。

图 7-63

步骤 11　调节背景音乐音量。❶单击“音频”按钮，❷在展开的面板中向左拖动“音量”滑块，降低背景音乐的音量，如图 7-64 所示。

图 7-64

步骤 12　选择导出视频的画质。单击视频画面上方的“导出”按钮，在展开的列表中选择导出视频的画质，如图 7-65 所示。

图 7-65

步骤13 **导出视频**。在打开的页面中将显示视频的导出进度，导出完成后在页面中会显示导出视频的长度以及大小，如图 7-66 所示。单击视频标题右侧的按钮，可对视频标题进行修改。单击“保存到你的电脑”按钮，即可将视频文件导出到计算机中的指定位置。

图 7-66

提 示

如果想要根据语音在视频中添加字幕，可以在导出之前，单击页面右侧的“字幕”按钮，然后单击“打开自动字幕”按钮，在弹出的“字幕识别语言”窗口中先选择在整个项目中使用的语言，再单击“打开自动字幕”按钮即可，如图 7-67 所示。

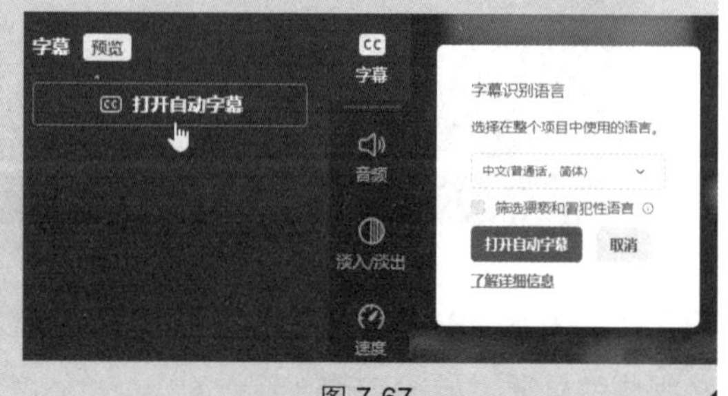

图 7-67

第8章

用 AI 辅助编程为办公加速

如今的办公软件功能越来越丰富，但它们并不能完全适应所有的办公需求，有时我们可能需要更高级的功能或定制化的功能来处理一些特殊的任务。要想做到“见招拆招”，就需要掌握一定的编程技能，根据五花八门的需求编写自己的脚本或程序来解决问题。

一门编程语言的学习并非一日之功，这让许多没有编程基础的办公人士望而却步。幸运的是，在 AI 技术飞速发展的今天，编程的门槛被大大降低了。本章就将讲解如何用 AI 工具进行自然语言编程。

8.1　AI 辅助编程的特长和局限性

AI 辅助编程（AI-Assisted Coding）是指使用 AI 工具（通常是机器学习模型）编写代码。用户只需要用自然语言描述希望实现的功能，AI 工具就能自动生成相应的代码。AI 辅助编程目前正处于发展阶段，其特长和局限性都非常明显。

1．AI 辅助编程的特长

（1）AI 工具允许用户使用自然语言描述希望实现的功能，从而大大降低了编程的门槛，对不会编程的办公人士来说非常友好。

（2）AI 工具不仅能生成代码，还能对已有代码进行解读、查错、优化，对正处于学习和摸索阶段的编程新手来说有很大帮助。

（3）AI 工具的知识库中不仅有编程语言的语法知识，还有大量的编程经验。这让 AI 工具能够编写出高质量的代码。

2．AI 辅助编程的局限性

（1）AI 工具并不总是能够提供正确的答案或建议，可能会误导用户。用户需要自行检查和验证 AI 工具生成的代码是否正确。

（2）AI 工具在训练中学习到的编程语言种类是有限的，所以它的编程能力可能无法覆盖所有的编程语言。

（3）AI 工具生成的内容有长度限制，因而不适合用来开发大型项目。

（4）目前，大多数 AI 工具只能基于文本与用户交流，因而对用户的表达能力有较高的要求。例如，在编写处理数据表格的代码时，部分 AI 工具不能“看到”表格或直接读取表格，需要用户用简洁而准确的提示词为 AI 工具描述表格的结构和内容。

（5）如果将包含隐私或商业机密的信息（如企业内部的代码库）提供给 AI 工具，可能会导致这些信息被泄露。

单从上文来看，AI 辅助编程的特长似乎并不多，局限性倒是不少。但对于办公人士而言，“显著降低编程的门槛”这一巨大的优势远胜于局限性带来的不便，更不用说其中一些局限性在办公环境中并不会成为问题。例如，办公环境中使用的编程语言种类其实并不多，代码的规模通常也不大。办公人士只需要注重提高提示词的编写能力和信息安全的保护意识，就能自如地运用 AI 辅助编程让工作效率“飞起来”。

8.2　AI 辅助编程的基础知识

本节将为没有编程基础的读者讲解一些编程必备的基础知识，包括编程语言的选择、编程环境的准备、AI 辅助编程的基本步骤。

1．编程语言的选择

目前流行的编程语言有很多，本章要推荐两种适合办公人士使用的编程语言：Python 和 VBA（Visual Basic for Applications）。表 8-1 对这两种编程语言进行了对比。

表 8-1

比较的项目	Python	VBA
适用范围	一种通用的高级编程语言，适用范围非常广泛	主要用于控制 Microsoft Office 应用程序实现操作的自动化
难易程度	语法比较接近自然语言，代码简洁易懂，易于上手	需要对 Office 程序有一定的熟悉程度，与 Python 相比，语法略显烦琐和陈旧
编程环境	需要安装解释器、代码编辑器和第三方模块	集成在 Office 程序中，不需要额外进行安装
跨平台性	其代码可以在多种主流操作系统和设备上运行，跨平台性强	其代码只能在 Office 程序中运行，跨平台性相对较弱
扩展性	拥有数量丰富的第三方模块，扩展性强	可引用的外部库和组件较少，扩展性相对较差，但足以满足大多数办公需求

总体来说，Python 在大多数方面都具有比较明显的优势，但是 Microsoft Office 在现代办公中的“王者”地位也为 VBA 赋予了不可替代的价值。下面简单介绍如何根据办公任务的特点在这两种编程语言中进行选择。

（1）对于不是必须使用 Office 程序来完成的任务，通常选择 Python，如文件和文件夹的批量整理、数据的分析和可视化等。需要注意的是，有些任务看似必须用 Office 程序来完成，但实际上借助 Python 的第三方模块也能完成。例如，Word 文档的生成和简单编辑可以使用 python-docx 模块来完成。

（2）对于必须使用 Office 程序来完成的任务，又分为两种情况。如果任务比较简单，大多数操作在单个 Office 程序内进行，适合选择 VBA。如果任务比较复杂，需要调用多种类型的数据或联合使用多个 Office 程序，则适合选择 Python。

上面所说的只是一般性的原则，在实践中还要根据应用场景和需求进行灵活处理。

2. 编程环境的准备

虽然 AI 工具可以帮用户编写代码，但是代码的运行仍然需要由用户自己来完成。因此，我们有必要掌握搭建和使用编程环境的基础知识。

（1）Python 编程环境的准备。Python 的编程环境主要由 3 个部分组成：解释器，用于将代码转译成计算机可以理解的指令；代码编辑器，用于编写、运行和调试代码；模块，预先编写好的功能代码，可以理解为 Python 的扩展工具包，主要分为内置模块和第三方模块两类。

本书建议从 Python 官网下载安装包，其中集成了解释器、代码编辑器（IDLE）和内置模块。第三方模块则使用专门的 pip 命令来安装。这里以 Windows 10 64 位系统为例，简单讲解 Python 编程环境的搭建和使用方法。

步骤01 **下载 Python 安装包**。在网页浏览器中打开 Python 官网的安装包下载页面（https://www.python.org/downloads/），根据操作系统的类型下载安装包，建议尽可能安装最新的版本。这里直接下载页面中推荐的 Python 3.11.2，如图 8-1 所示。

图 8-1

提　示

下载 Python 安装包时要注意两个方面。首先是操作系统的版本，版本较旧的操作系统（如 Windows 7）不能安装较新版本的安装包。其次是操作系统的架构类型，即操作系统是 32 位还是 64 位，架构类型选择错误会导致安装失败。

步骤02 **安装解释器和代码编辑器**。安装包下载完毕后，双击安装包，❶在安装界面中勾选“Add python.exe to PATH”复选框，❷然后单击“Install Now”按钮，如图 8-2 所示，即可开始安装。当看到“Setup was successful”的界面时，说明安装成功。

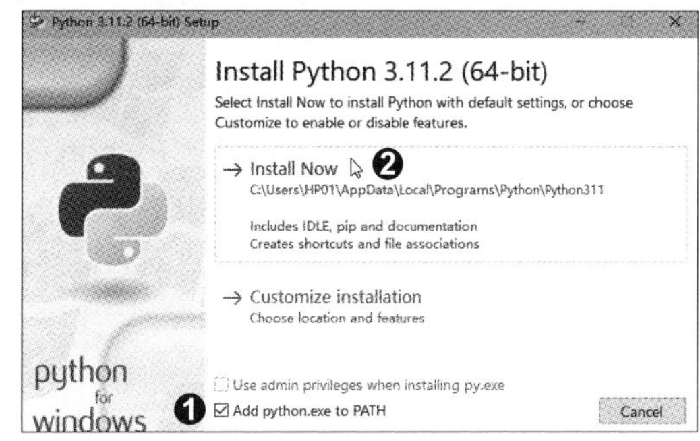

图 8-2

提　示

如果要自定义安装路径，那么路径中最好不要包含中文字符。

步骤03 **安装第三方模块**。内置模块在步骤 02 的安装操作完成后就可以使用了，而第三方模块还需要用专门的 pip 命令来手动安装，这里以安装用于中文分词的 jieba 模块为例讲解具体方法。按快捷键〈Win+R〉打开“运行”对话框，输入“cmd”后按〈Enter〉键，打开命令行窗口，输入如图 8-3 所示的命令后按〈Enter〉键，即可开始安装。等待一段时间后，如果看到“Successfully installed”的提示信息，说明模块安装成功。如果看到“Requirement already satisfied”的提示信息，说明模块在之前已经安装过了。

图 8-3

提　示

第三方模块的安装命令可分成 3 个部分来理解："pip install"表示用 pip 命令执行安装模块的操作；"-i https://pypi.tuna.tsinghua.edu.cn/simple"表示从清华大学的镜像服务器上下载模块，这样下载速度会更快；"jieba"表示要安装的模块的名称。命令的前两个部分基本上是固定的，只需要修改第 3 个部分，即可安装其他第三方模块。

步骤04　**新建代码文件**。下面来编写和运行一段简单的代码，测试一下 Python 编程环境的安装效果。在"开始"菜单中单击"Python 3.11"程序组中的"IDLE（Python 3.11 64-bit）"，启动 IDLE Shell 窗口。在窗口中执行菜单命令"File → New File"或按快捷键〈Ctrl+N〉，如图 8-4 所示。该命令将新建一个代码文件并打开相应的代码编辑窗口。

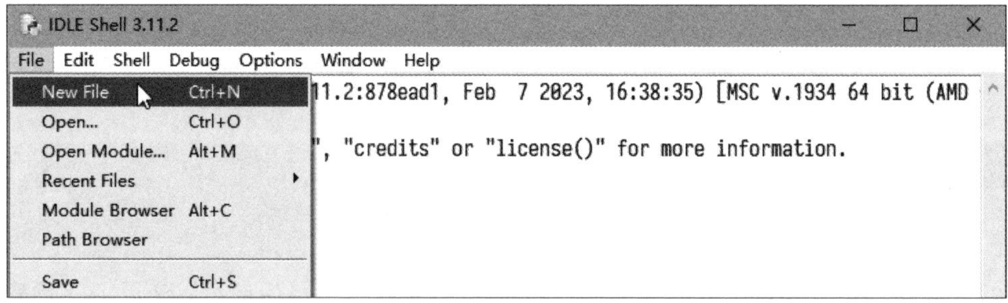

图 8-4

提　示

如果要打开已有的代码文件，可以在 IDLE Shell 窗口中执行菜单命令"File → Open"或按快捷键〈Ctrl+O〉。

步骤05　**输入代码**。在代码编辑窗口中输入如图 8-5 所示的代码，其功能是使用 jieba 模块对指定的字符串进行分词，注意第 4 行代码的前方要有 4 个空格的缩进。

test.py - E:/test.py (3.11.2)

File Edit Format Run Options Window Help

```
import jieba
segs = jieba.cut("用Python为办公加速")
for s in segs:
    print(s)
```

图 8-5

提　示

为了提高代码的可读性，建议将代码编辑窗口中的字体设置为专业的编程字体，如 Consolas。方法是执行菜单命令“Options → Configure IDLE”，打开“Settings”对话框，在“Fonts”选项卡下进行设置。

步骤06　**运行代码**。代码输入完毕后，在代码编辑窗口中执行菜单命令“File → Save”或按快捷键〈Ctrl+S〉保存代码文件，然后执行菜单命令“Run → Run Module”或按快捷键〈F5〉运行代码，即可在 IDLE Shell 窗口中看到运行结果，如图 8-6 所示。

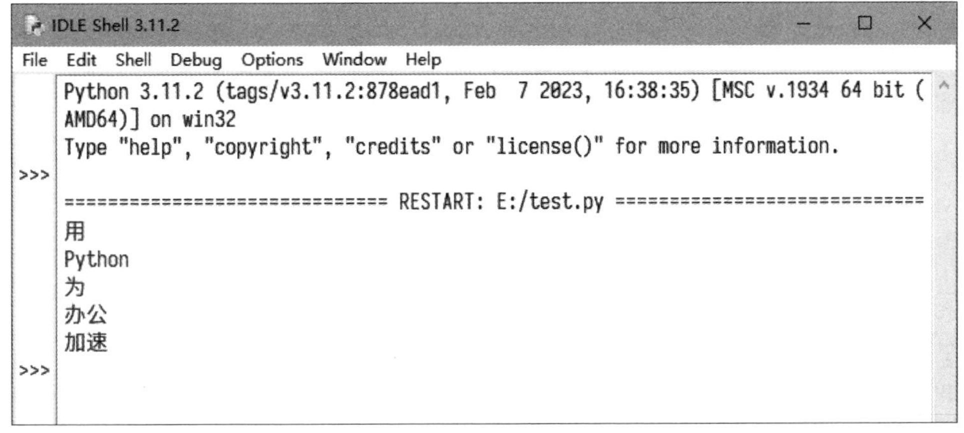

图 8-6

到这里，一个基本的 Python 编程环境就搭建完毕了。目前市面上还有其他的解释器（如 Anaconda）和代码编辑器（如 PyCharm、Visual Studio Code、Jupyter Notebook），感兴趣的读者可以自行了解。

（2）VBA **编程环境的准备**。VBA 的编程环境集成在各个 Office 程序中，通过简单的设置就可以使用。这里以 Excel 为例讲解 VBA 编程环境的设置和使用方法。

步骤01　**启用“开发工具”选项卡**。启动 Excel，执行菜单命令“文件→选项”，打开“Excel 选项”对话框。❶在左侧单击“自定义功能区”选项组，❷在右侧勾选“开发工具”复选框，如图 8-7 所示。❸然后单击“确定”按钮。

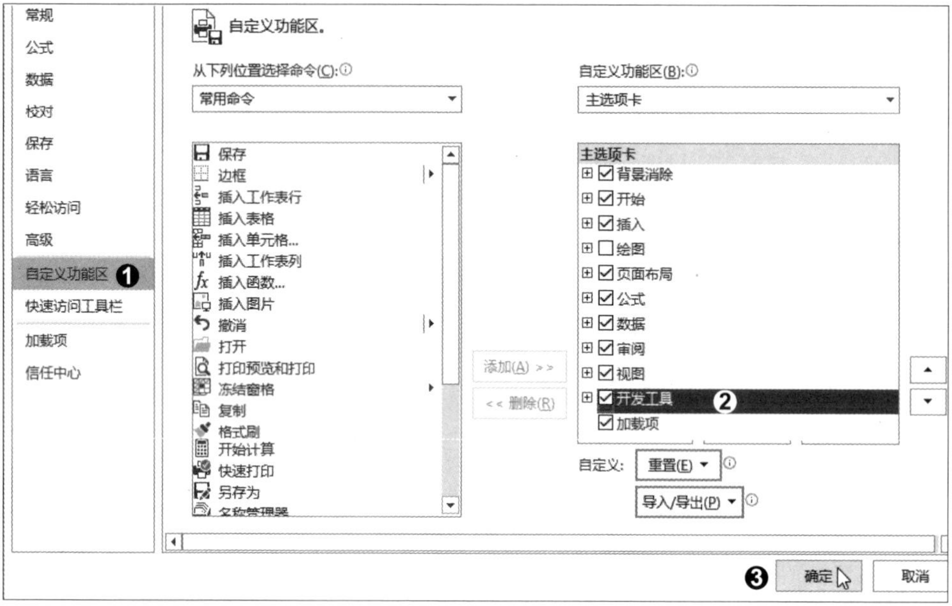

图 8-7

步骤 02　设置宏安全性。在 Excel 窗口的功能区可以看到新增的“开发工具”选项卡。切换至该选项卡，单击“代码”组中的“宏安全性”按钮，如图 8-8 所示。

图 8-8

步骤 03　启用所有宏。在弹出的“信任中心”对话框中单击“宏设置”选项组下的“启用所有宏（不推荐；可能会运行有潜在危险的代码）”单选按钮，如图 8-9 所示，然后单击“确定”按钮。

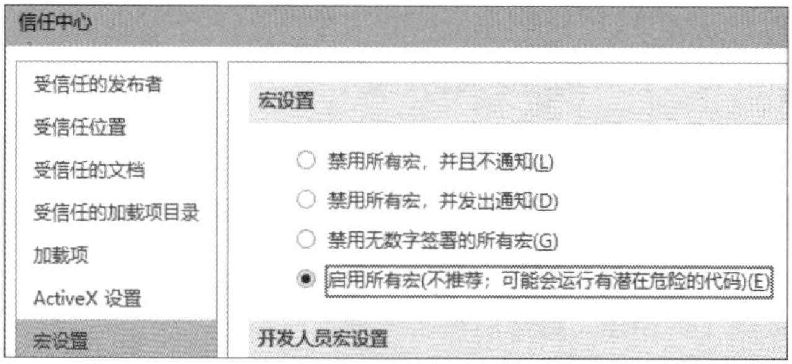

图 8-9

步骤04　**打开 VBA 编辑器并插入模块**。新建一个空白工作簿，然后在“开发工具”选项卡下单击“代码”组中的“Visual Basic”按钮或按快捷键〈Alt+F11〉，即可打开 VBA 编辑器窗口。VBA 代码的编写和运行都在 VBA 编辑器中进行。❶在左侧的工程资源管理器中确认选中的是当前工作簿，❷然后执行菜单命令“插入→模块”，如图 8-10 所示。

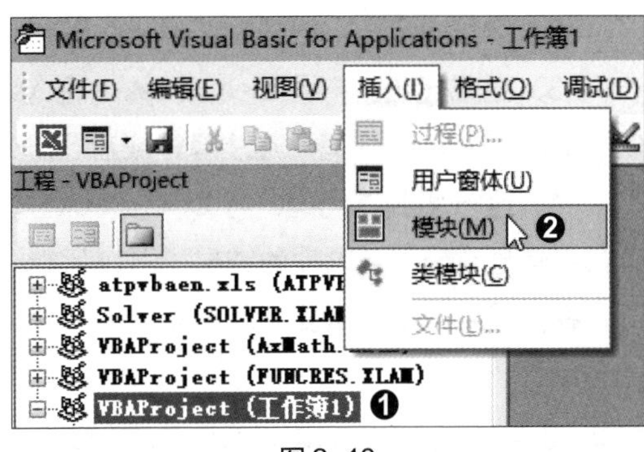

图 8-10

步骤05　**输入代码**。❶在窗口左侧会显示新增的“模块 1”，❷在窗口右侧则会显示该模块的代码编辑区。在编辑区输入如图 8-11 所示的代码，其功能是将当前工作簿的第 1 个工作表重命名为“数据表”。

步骤06　**运行代码**。将插入点置于代码中，然后按快捷键〈F5〉，即可运行代码。返回工作簿窗口，可看到重命名工作表的效果，如图 8-12 所示。

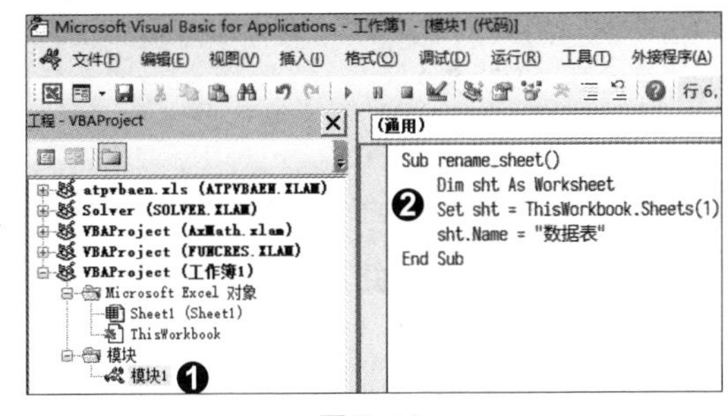

图 8-11

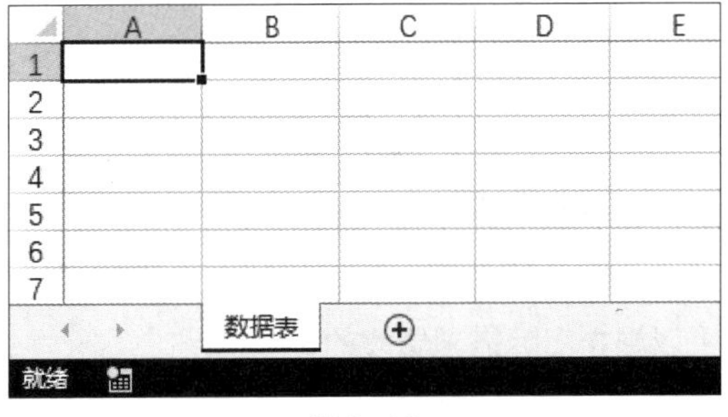

图 8-12

步骤07　**保存工作簿**。按快捷键〈Ctrl+S〉保存工作簿，选择文件类型为“Excel 启用宏的工作簿（*.xlsm）”，即可将 VBA 代码和工作簿保存在一起。

3. AI 辅助编程的基本步骤

这里以 DeepSeek 为例，介绍 AI 辅助编程的基本步骤。

（1）**梳理功能需求**。在与 DeepSeek 对话之前，要先把功能需求梳理清楚，如要完成的工作、要输入的信息和希望得到的结果等。

（2）**编写提示词**。根据功能需求编写提示词，描述要尽量具体和精确。

（3）**生成代码**。打开 DeepSeek，输入编写好的提示词，生成代码。如果有必要，还可以让 DeepSeek 为代码添加注释，或者让 DeepSeek 讲解代码的编写思路。

（4）**运行和调试代码**。将 DeepSeek 生成的代码复制、粘贴到编程环境中并运行。如果有报错信息或未得到预期的结果，可以反馈给 DeepSeek，让它给出解决方法。

在实践中，可能需要不断重复以上步骤并经过多次对话，才能得到预期的结果。

8.3 用 AI 工具解读和修改代码

有时我们会利用搜索引擎搜索一些代码来使用，但是由于水平有限，看不懂代码，也就不知道如何根据自身需求修改代码。本案例就来讲解如何用 DeepSeek 解读和修改代码。

实战演练 按扩展名分类整理文件

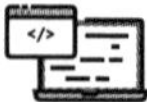

◎ 原始文件：实例文件 / 08 / 8.3 / 修改前.py、待分类（文件夹）

◎ 最终文件：实例文件 / 08 / 8.3 / 修改后.py

假设我们在某个网页上找到了如下所示的 Python 代码，网页中声称这段代码可以按扩展名分类整理文件。我们想知道代码能否真的实现声称的功能，还想知道代码的哪些地方是可以根据实际需求修改的。

```
from pathlib import Path
file_group = {"数据": [".xls", ".xlsx", ".xlsm", ".csv"],
              "文档": [".pdf", ".doc", ".docx", ".wps"],
              "图片": [".jpg", ".png", ".tif"]}
folder_path = Path("./工作文件")
for i in folder_path.glob("*"):
    if i.is_file():
```

```
        suf_name = i.suffix.lower()
        for group, suffix_list in file_group.items():
            if suf_name in suffix_list:
                new_folder_path = folder_path / group
                if not new_folder_path.exists():
                    new_folder_path.mkdir()
                new_file_path = new_folder_path / i.name
                i.rename(new_file_path)
```

步骤01 **询问代码的功能**。打开 DeepSeek，进行如下所示的对话。DeepSeek 不仅帮助我们确定了代码的功能，还讲解了代码的运行逻辑。

你能解释一下这段 Python 代码是用来做什么的吗？（代码内容不再重复）

这段 Python 代码是一个文件分类工具，用于对指定文件夹下的文件进行分类并移动到不同的文件夹中。

具体来说，代码首先定义了一个字典 file_group，其中包含了三种文件类型及其对应的文件扩展名。然后指定了一个文件夹 folder_path，表示要对该文件夹下的所有文件进行分类。接着使用 Path 类创建了一个 Path 对象，使用 glob() 方法列出了 folder_path 下的所有文件和文件夹，并通过 is_file() 方法判断该对象是否为文件。若为文件，则获取其扩展名，使用 lower() 方法转换为小写形式，然后遍历字典 file_group 中的每个元素，检查该文件扩展名是否属于该文件类型。若属于，则在 folder_path 下创建一个以该文件类型为名的新文件夹，并将该文件移动到该文件夹中。

步骤02 **询问可修改的地方**。对代码有了基本的了解后，继续与 DeepSeek 进行如下所示的对话。

这段代码中有哪些地方是可以根据实际情况修改的呢？

这段代码中可以根据实际情况修改的地方有：

①字典 file_group 中的文件类型和扩展名：根据实际需要添加或删除不同的文件类

型，并修改对应的扩展名列表。

②变量 folder_path：根据实际需要修改要进行文件分类的文件夹路径。

③文件移动逻辑中的新文件夹命名规则：该代码将文件按照类型移动到不同的文件夹中，新文件夹的命名规则是以文件类型为名。如果需要使用其他命名规则，可以修改变量 new_folder_path 的值。

④文件重命名规则：该代码将文件移动到新的文件夹中，并保持文件名不变。如果需要对文件进行重命名，可以修改变量 new_file_path 的值。

需要注意的是，对于修改后的代码，需要仔细检查代码逻辑是否正确，并对可能出现的错误进行充分测试。

步骤 03 **询问如何修改变量** folder_path。DeepSeek 给出了 4 处可修改的地方，我们决定从最简单的地方入手，修改变量 folder_path 中的文件夹路径。继续与 DeepSeek 进行如下所示的对话。

变量 folder_path 中的“./ 工作文件”是什么意思呢？

变量 folder_path 中的“./ 工作文件”是一个相对路径，其中“.”表示当前工作目录（即运行脚本所在的目录），“工作文件”是相对于当前工作目录的一个子文件夹。

例如，如果该脚本文件所在的路径为“/home/user/my_script.py”，则相对路径“./ 工作文件”表示文件夹“/home/user/ 工作文件”。其中“.”表示文件夹“/home/user”，“工作文件”是该文件夹下的一个子文件夹。

需要注意的是，相对路径的解析是基于当前工作目录的，所以在不同的运行环境下，相对路径所指向的文件夹可能不同。在实际应用中建议使用绝对路径，以避免路径解析错误导致的问题。

我想把变量 folder_path 中的路径修改成绝对路径，代码要在 Windows 下运行，应该怎么修改变量 folder_path 呢？

如果需要分类的文件夹路径为“D:\WorkData”，则可将变量 folder_path 修改为：

```
folder_path = Path("D:\\WorkData")
```

或者使用原生字符串来避免转义符：

```
folder_path = Path(r"D:\WorkData")
```

注意，Windows 下的路径分隔符为反斜杠“\”，而 Python 中反斜杠是转义符，因此需要使用双反斜杠“\\”或原生字符串来表示路径。

步骤04 **询问如何用对话框获取路径**。看了 DeepSeek 的回答，我们不仅知道了如何修改代码，还学习了一些语法知识和编程经验。但是，每次运行代码之前都要手动修改路径又有些烦琐，如果能通过对话框来选择文件夹会更加直观和方便。因此，我们继续与 DeepSeek 进行如下所示的对话。

我想通过对话框来获取变量 folder_path 中的文件夹路径，请修改代码。

如果你想通过对话框来获取变量 folder_path 中的文件夹路径，可以使用 Python 的 tkinter 模块来创建一个简单的对话框，让用户选择文件夹。以下是示例代码：

```
from tkinter import filedialog
import tkinter as tk
from pathlib import Path

# 创建 Tkinter 应用程序实例
root = tk.Tk()
root.withdraw()

# 打开对话框，选择文件夹
folder_path = filedialog.askdirectory(title="选择工作目录")

# 将路径转换为 Path 对象
folder_path = Path(folder_path)

```

```
# 显示选择的路径
print("选择的工作目录为：", folder_path)

# 进行文件分类和移动
（以下与原代码相同，从略）
```

在这段代码中，我们使用 tkinter.filedialog 模块中的 askdirectory() 函数来创建一个选择文件夹的对话框，让用户选择要进行文件分类的文件夹。用户选择的文件夹路径会被保存到变量 folder_path 中，并进行文件分类和移动操作。

需要注意的是，在使用 tkinter 模块时，需要创建一个 Tkinter 应用程序实例，并调用 withdraw() 方法将窗口隐藏起来，以避免出现窗口闪烁等问题。

提 示

在 Python 代码中，以“#”开头的内容是注释，在运行代码时会被自动忽略。注释的作用是对代码的功能和编写思路等进行解释和说明，以提高代码的可读性。在使用 DeepSeek 编写或修改代码时，我们可以要求它为代码添加注释。

步骤05 **运行代码**。将 DeepSeek 修改后的代码复制到剪贴板，然后按照 8.2 节讲解的方法新建一个代码文件，将代码粘贴进去并运行。假设要对如图 8-13 所示的文件夹进行整理，运行代码后，在弹出的对话框中选择该文件夹，如图 8-14 所示。

图 8-13

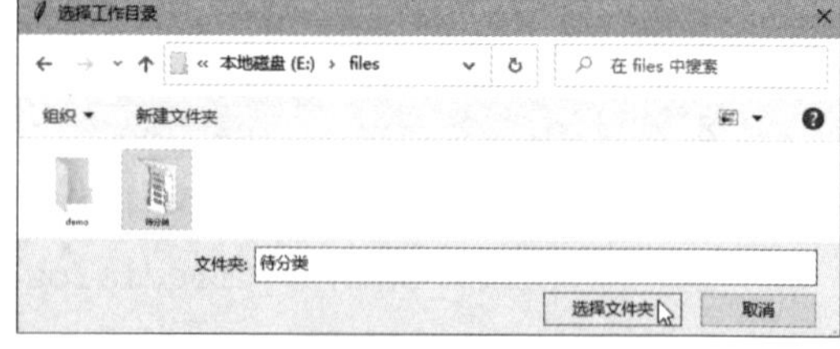

图 8-14

步骤06 **查看运行结果**。代码运行完毕后，在 IDLE Shell 窗口中会输出所选文件夹的路径。在资源管理器中打开该文件夹，可看到按扩展名分类整理文件的效果，如图 8-15 和图 8-16 所示。

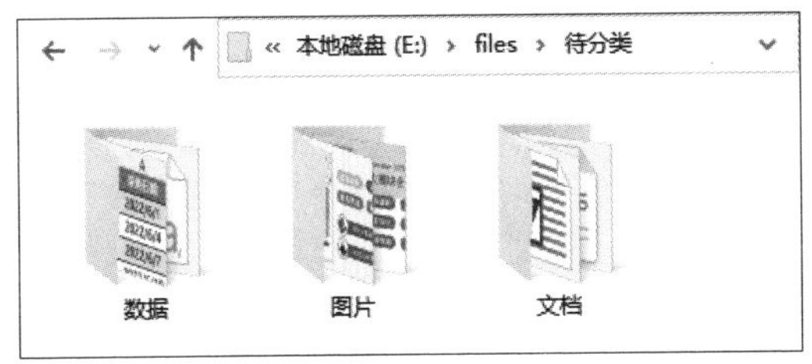

图 8-15

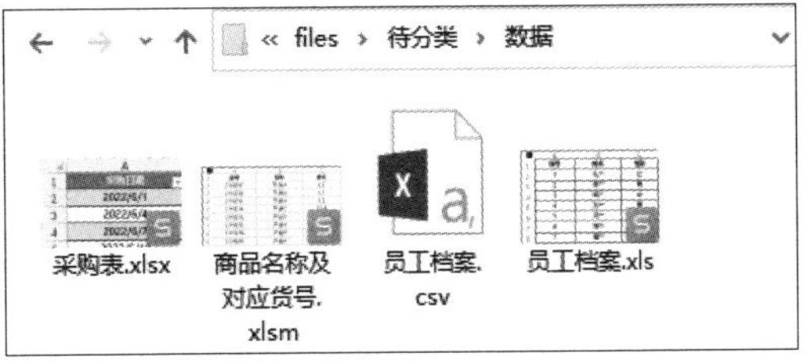

图 8-16

如果还想修改代码的其他地方，或者想深入了解某个模块和函数的用法，都可以继续询问 DeepSeek。

8.4　用 AI 工具编写 Python 代码

8.3 节的案例是让 DeepSeek 对已有代码进行解读和修改，本节的案例则要展示 AI 辅助编程的完整过程，让 DeepSeek 根据用户描述的功能需求“从零开始”编写 Python 代码，并根据用户的反馈修改代码。

实战演练　将文本文件中的数据转换成表格

◎ 原始文件：实例文件 / 08 / 8.4 / data.txt

◎ 最终文件：实例文件 / 08 / 8.4 / 数据转换.py、data.xlsx

文本文件“data.txt”的内容如图 8-17 所示。其中每 5 行为一组数据，对应的字段名依次为姓名、性别、年龄、地址、电话。现在需要将这些数据整理成二维表格并添加字段名，然后导出成 Excel 工作簿。

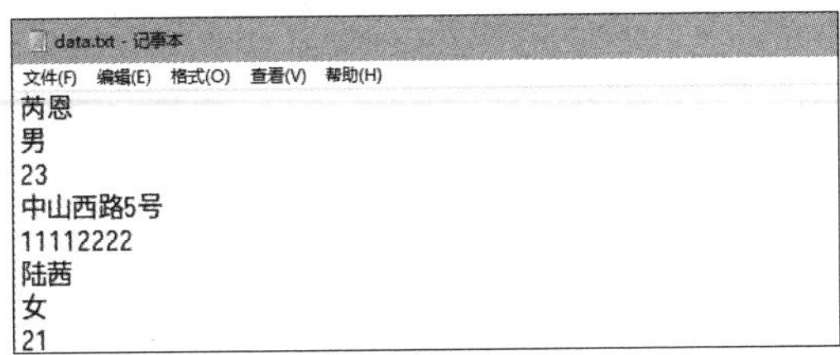
data.txt - 记事本
文件(F) 编辑(E) 格式(O) 查看(V) 帮助(H)
芮恩
男
23
中山西路5号
11112222
陆茜
女
21

图 8-17

步骤 01　**描述功能需求并生成代码**。打开 DeepSeek，进行如下所示的对话。

我有一个文本文件“data.txt”，其中每 3 行为一组数据，对应的字段名依次为姓名、性别、年龄。以下是一些样本数据：

"""
芮恩
男
23
陆茜
女
21
"""

请帮我编写 Python 代码，将“data.txt”中的数据整理成二维表格并添加字段名，然后保存为 Excel 工作簿。

提 示

步骤 01 的提示词有以下几个值得注意的要点。

①为便于 DeepSeek 理解数据的结构，给出了一些样本数据。

②为便于描述，在不影响 DeepSeek 理解数据结构的前提下，适当减少了数据的字段数（从 5 个字段减少为 3 个字段）。

③为了防止 DeepSeek 混淆指令和样本数据，使用三引号对两者进行了区隔。

你可以使用 Python 中的 pandas 模块来处理和操作数据。下面是实现的代码：

```
import pandas as pd

# 读取数据
with open("data.txt") as f:
    lines = f.readlines()

# 整理数据为二维表格
data = []
for i in range(0, len(lines), 3):
```

```
        name = lines[i].strip()
        gender = lines[i+1].strip()
        age = int(lines[i+2].strip())
        data.append([name, gender, age])
    df = pd.DataFrame(data, columns=["姓名", "性别", "年龄"])

    # 将数据保存为Excel工作簿
    df.to_excel("data.xlsx", index=False)
```

解释一下这个代码的工作流程：

首先，我们使用 Python 内置的 open() 函数打开文件“data.txt”，读取其中的所有行并存储到列表 lines 中。

然后我们使用一个循环来遍历列表 lines 中的所有行，每次循环取出 3 行数据，分别为姓名、性别和年龄，将这 3 个数据存储到一个列表中，最后将这个列表添加到列表 data 中。列表 data 中的每个元素都是一个包含姓名、性别和年龄的列表。

接下来，我们使用 pd.DataFrame() 函数将列表 data 转换为一个二维表格，其中第 1 个参数为列表数据，第 2 个参数为列表中各个数据列的名称。

最后，我们使用 to_excel() 方法将数据保存为 Excel 工作簿。其中，index=False 参数表示不需要保存行索引。

步骤02 **修改功能需求**。根据实际的字段数，继续与 DeepSeek 进行如下所示的对话。

如果“data.txt”的内容变成每 5 行为一组数据，上面的代码还能处理吗？

如果“data.txt”的内容变成每 5 行为一组数据，你只需要稍微修改一下上面的代码就可以处理了。下面是修改后的代码：

```
import pandas as pd

# 读取数据
```

```
with open("data.txt") as f:
    lines = f.readlines()

# 整理数据为二维表格
data = []
for i in range(0, len(lines), 5):
    name = lines[i].strip()
    gender = lines[i+1].strip()
    age = int(lines[i+2].strip())
    address = lines[i+3].strip()
    phone = lines[i+4].strip()
    data.append([name, gender, age, address, phone])
df = pd.DataFrame(data, columns=["姓名", "性别", "年龄", "地址", "电话"])

# 将数据保存为Excel工作簿
df.to_excel("data.xlsx", index=False)
```

上述代码与之前的代码的主要区别是，循环时每次遍历 5 行数据，而不是 3 行。同时，在将每一行数据转换为列表时，需要多添加 2 个元素（地址和电话）。最后，还需要更新列表中数据列的名称。

步骤03 **指出代码的不足并要求修改**。根据 DeepSeek 对代码的说明，我们可以预见到代码不能灵活地应对字段数的变化，因而继续与 DeepSeek 进行如下所示的对话。

但是如果每组数据的行数变多，代码的行数也会越来越多，有什么更好的编写思路吗？

确实，如果每组数据的行数变多，那么按照之前的写法，代码行数也会越来越多。为了避免这种情况，我们可以将每组数据的处理过程抽象出来，写成一个函数。这个函数可以接受一个列表作为输入，然后从列表中取出每组数据并处理成一个列表，最后返回所有处理过的数据列表。这样，当数据文件的格式变化时，我们只需要修改这个函数的实现，而不需要修改主程序。

下面是一个实现这个函数的例子：

```
def process_data(lines, num_fields):
    data = []
    for i in range(0, len(lines), num_fields):
        fields = [lines[i+j].strip() for j in range(num_fields)]
        data.append(fields)
    return data
```

这个函数接受两个参数：lines 表示读取的所有行数据，num_fields 表示每组数据的行数。在函数内部，我们使用一个循环遍历所有数据行，并使用列表推导式将每组数据的所有字段取出来，最后将这些字段组成一个列表并添加到列表 data 中。最终，函数返回所有处理过的数据列表。

现在，我们可以使用这个函数来处理数据文件，并将处理后的数据保存为 Excel 工作簿。下面是主程序的代码：

```
import pandas as pd

# 读取数据
with open("data.txt") as f:
    lines = f.readlines()

# 处理数据为二维表格
fields = ["姓名", "性别", "年龄", "地址", "电话"]
data = process_data(lines, len(fields))

```

```
# 转换为DataFrame
df = pd.DataFrame(data, columns=fields)

# 将数据保存为Excel工作簿
df.to_excel("data.xlsx", index=False)
```

在这个主程序中，我们首先使用 process_data() 函数将所有数据处理为一个二维列表。接下来，我们使用 pd.DataFrame() 函数将这个列表转换为一个 DataFrame 对象，并指定每个数据列的名称。最后，我们使用 to_excel() 方法将数据保存为 Excel 工作簿。这样，当数据文件的格式发生变化时，我们只需要修改 process_data() 函数的实现，以及主程序中的数据列名称列表。这种思路可以让我们的代码更加灵活和易于维护。

步骤04 **尝试运行代码**。上一步中 DeepSeek 给出的解决方案看起来比较靠谱，所以我们让它把两段代码合并成完整的代码（具体对话过程这里不做赘述）。将完整代码粘贴到一个代码文件中，然后运行代码，结果在 IDLE Shell 窗口中看到如图 8-18 所示的报错信息。

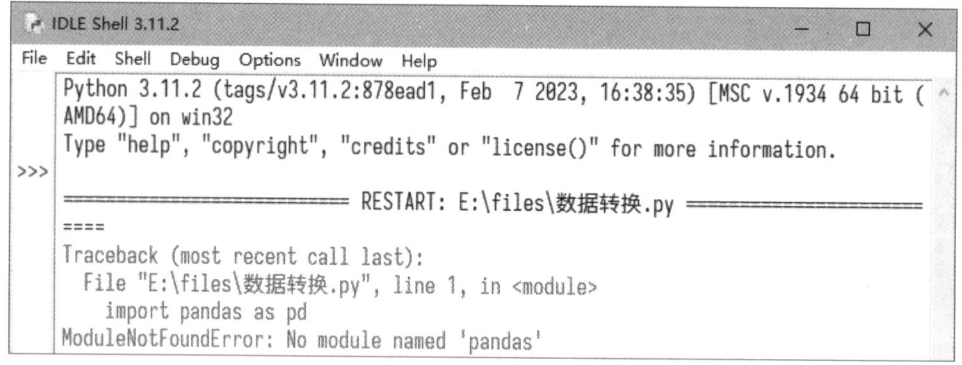

图 8-18

步骤05 **反馈报错信息**。将报错信息反馈给 DeepSeek，对话过程如下。

我运行了代码，但是得到如下报错信息，这是怎么回事呢？

"""

ModuleNotFoundError: No module named 'pandas'

"""

这个错误提示表示你的 Python 环境中没有安装名为 pandas 的模块。pandas 是一个强大的数据处理库，它提供了很多方便的数据处理工具，如 DataFrame 和 Series 等。为了解决这个问题，你需要先安装 pandas 模块。

提　示

代码运行时出现的报错信息长短不一，通常最后一行是最关键的。如果报错信息行数很多，可以尝试只将最后一行反馈给 DeepSeek。

步骤 06　**安装模块并再次运行代码**。根据 DeepSeek 的回答，我们按照 8.2 节讲解的方法，用 pip 命令安装好 pandas 模块，然后再次运行代码，结果还是报错，如图 8-19 所示。

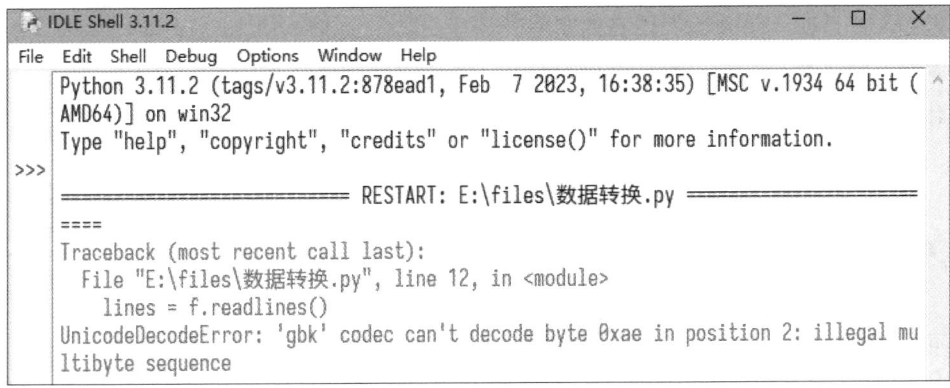

图 8-19

步骤 07　**再次反馈报错信息**。将新的报错信息反馈给 DeepSeek，对话过程如下。

我运行了代码，但是得到如下报错信息，这是怎么回事呢？

"""

UnicodeDecodeError: 'gbk' codec can't decode byte 0xae in position 2: illegal multibyte sequence

"""

这个错误通常表示读取的文件内容的编码格式与你的 Python 解释器使用的默认编码格式不一致。默认情况下，Windows 下的 Python 解释器使用的是 gbk 编码，而在某些情况下，文件中的数据可能使用了其他编码格式，如 utf-8 编码。

为了解决这个问题，你可以在读取文件时指定正确的编码格式。例如，如果你的文件使用的是 utf-8 编码，你可以使用下面的代码读取文件：

```
with open("data.txt", encoding="utf-8") as f:
    lines = f.readlines()
```

这段代码使用了 encoding 参数来指定文件的编码格式为 utf-8，这样就可以避免出现编码错误了。如果你不确定文件使用的是什么编码格式，可以用一些常见的编码格式（如 utf-8、gbk、gb2312 等）进行尝试。

步骤08 **修改和运行代码**。根据 DeepSeek 的回答修改代码，然后再次运行代码，这次没有报错，并且在“data.txt”所在的文件夹下可以看到生成的工作簿“data.xlsx”。打开该工作簿，可看到如图 8-20 所示的数据表格，与预期的效果一致，说明代码是正确的。

	A	B	C	D	E
1	姓名	性别	年龄	地址	电话
2	芮恩	男	23	中山西路5号	11112222
3	陆茜	女	21	人民南路2号	33334444
4	艾力	男	32	新华北路6号	55556666
5					
6					
7					
8					

图 8-20

8.5 用 AI 工具编写 Excel VBA 代码

本节的案例要用 DeepSeek 编写处理 Excel 工作簿的 VBA 代码。

实战演练 将每个工作表都保存成单独的工作簿

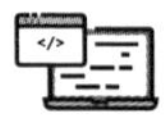

◎ 原始文件：实例文件 / 08 / 8.5 / 月度销售表.xlsx

◎ 最终文件：实例文件 / 08 / 8.5 / 月度销售表.xlsm

Excel 工作簿“月度销售表 .xlsx”中有多个工作表，如图 8-21 所示。现在需要将每个工作表都保存成单独的工作簿。

	1月销售表			
2	日期	员工姓名	业绩	
3			销售量	销售额
4	2021-01-01	张君	56	¥ 4,984.00
5	2021-01-02	郭晓冬	48	¥ 4,272.00
9	2021-01-06	张兰	49	¥ 4,361.00
10	2021-01-07	李浩	28	¥ 2,492.00

1月 2月 3月

图 8-21

步骤01　**描述功能需求并生成代码**。打开 DeepSeek，进行如下所示的对话。

我有一个 Excel 工作簿，其中有多个工作表，我想把每个工作表都保存成单独的工作簿，你能帮我编一段 VBA 代码吗?

当然可以！下面是一段使用 VBA 将 Excel 工作簿中的每个工作表单独保存为工作簿的代码:

```
Sub SplitWorkbook()
    Dim ws As Worksheet
    For Each ws In ThisWorkbook.Worksheets
        ws.Copy
        ActiveWorkbook.SaveAs Filename:=ThisWorkbook.Path &
        "\" & ws.Name & ".xlsx"
        ActiveWorkbook.Close
    Next ws
End Sub
```

代码将创建与当前工作簿相同路径下的多个单独的工作簿，每个工作簿包含原工作簿中的一个工作表。

步骤02　**修改代码**。根据 DeepSeek 的说明，新的工作簿将被保存在当前工作簿所在的文件夹下，这样显得不够灵活。因此，我们要求 DeepSeek 修改代码。

请按以下思路修改代码:

①弹出对话框让用户选择目标文件夹。

②如果用户单击了“取消”按钮,则将目标文件夹设置成当前工作簿所在的文件夹。

③将当前工作簿中的每个工作表导出到目标文件夹。

下面是按要求修改后的代码:

```
Sub SplitWorkbook()
    Dim ws As Worksheet
```

```
    Dim targetFolder As String
    Dim savePath As String
    Dim dlg As FileDialog

    '显示文件夹选择对话框，让用户选择目标文件夹
    Set dlg = Application.FileDialog(msoFileDialogFolderPicker)
    With dlg
        .Title = "选择目标文件夹"
        .AllowMultiSelect = False
        If .Show = -1 Then
            targetFolder = .SelectedItems(1)
        Else
            targetFolder = ThisWorkbook.Path
        End If
    End With

    '对于每个工作表，将其保存到目标文件夹中
    For Each ws In ThisWorkbook.Worksheets
        savePath = targetFolder & "\" & ws.Name & ".xlsx"
        ws.Copy
        ActiveWorkbook.SaveAs Filename:=savePath
        ActiveWorkbook.Close SaveChanges:=False
    Next ws
End Sub
```

这段代码先创建了一个 FileDialog 对象 dlg，并将其设置为文件夹选择对话框（msoFileDialogFolderPicker），然后显示对话框并等待用户选择目标文件夹。如果用户单击了“取消”按钮，则将 targetFolder 设置为当前工作簿所在的文件夹。

接下来使用一个循环遍历每个工作表。对于每个工作表，使用 targetFolder 和工作表的名称构建一个保存路径 savePath，然后将该工作表复制到一个新的工作簿中，并使用 SaveAs 将新的工作簿保存到 savePath 中。最后关闭新的工作簿并不保存任何更改。这样，代码就可以根据用户选择的目标文件夹将当前工作簿中的每个工作表导出到单独的工作簿中。

提　示

VBA 代码中的注释以“'”（英文单引号）开头。

步骤03　**运行代码**。打开 Excel 工作簿“月度销售表 .xlsx”，按照 8.2 节讲解的方法打开 VBA 编辑器，插入模块并粘贴 DeepSeek 生成的代码，然后运行代码。在弹出的对话框中选择目标文件夹，如图 8-22 所示。等待一段时间后，在目标文件夹下可看到生成的 3 个新工作簿，每个工作簿都用原工作表的名称命名，如图 8-23 所示。打开任意一个新工作簿，如“1 月 .xlsx”，可看到原工作表的内容，说明代码是正确的。

图 8-22

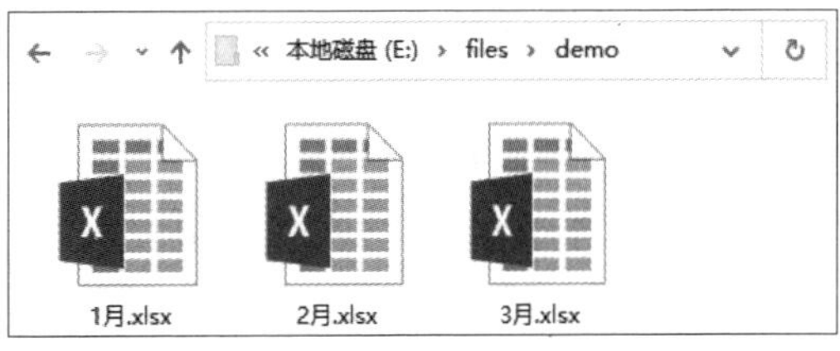

图 8-23

8.6　用 AI 工具编写 Word VBA 代码

本节的案例要用 DeepSeek 编写处理 Word 文档的 VBA 代码。

实战演练　将 Word 文档中的多个关键词标记成不同颜色

◎ 原始文件：实例文件 / 08 / 8.6 / 常见蔬菜.docx

◎ 最终文件：实例文件 / 08 / 8.6 / 常见蔬菜.docm

Word 文档“常见蔬菜 .docx”的内容如图 8-24 所示。现在需要将“番茄”“黄瓜”“茄子”这 3 个关键词设置成加粗字体，并将它们的字体颜色分别设置成红色、绿色、紫色。

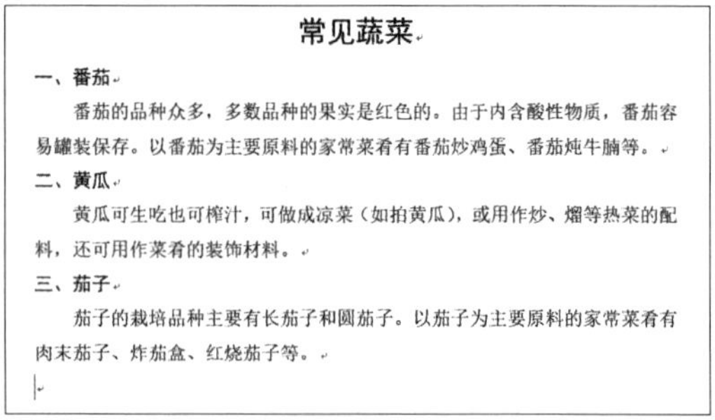

常见蔬菜

一、番茄

番茄的品种众多，多数品种的果实是红色的。由于内含酸性物质，番茄容易罐装保存。以番茄为主要原料的家常菜肴有番茄炒鸡蛋、番茄炖牛腩等。

二、黄瓜

黄瓜可生吃也可榨汁，可做成凉菜（如拍黄瓜），或用作炒、焖等热菜的配料，还可用作菜肴的装饰材料。

三、茄子

茄子的栽培品种主要有长茄子和圆茄子。以茄子为主要原料的家常菜肴有肉末茄子、炸茄盒、红烧茄子等。

图 8-24

步骤 01 **描述功能需求并生成代码**。打开 DeepSeek，进行如下所示的对话。

请帮我编写 VBA 代码，将一个 Word 文档中的多个关键词都设置成加粗字体，并分别设置成不同的颜色。例如：

番茄→红色

黄瓜→绿色

茄子→紫色

以下是一段简单的 VBA 代码，可以将指定的关键词设置为加粗字体，并设置不同的颜色：

```
Sub HighlightKeywords()
    Dim doc As Document
    Set doc = ActiveDocument

    '定义关键词数组和颜色数组
    Dim keywords As Variant
    keywords = Array("番茄", "黄瓜", "茄子")
    Dim colors As Variant
    colors = Array(wdColorRed, wdColorGreen, wdColorPurple)

    '循环遍历每个关键词
```

```
    Dim i As Integer
    For i = 0 To UBound(keywords)
        '使用Find对象查找关键词
        Dim rng As Range
        Set rng = doc.Range
        With rng.Find
            .Text = keywords(i)
            .Format = False
            .MatchCase = True
            .MatchWholeWord = True
            '循环查找并设置颜色和加粗属性
            Do While .Execute
                rng.Font.Color = colors(i)
                rng.Font.Bold = True
            Loop
        End With
    Next i
End Sub
```

将上述代码复制到 Word VBA 编辑器中并运行即可。注意：在运行代码之前，请确保将文档保存，以避免意外修改文档内容。

步骤 02　**运行代码**。打开 Word 文档“常见蔬菜 .docx”，按照 8.2 节讲解的方法打开 VBA 编辑器，插入模块并粘贴 DeepSeek 生成的代码，然后运行代码，运行过程中未报错。返回 Word 文档窗口，如图 8-25 所示，发现所有的“番茄”和“黄瓜”都被设置成指定格式，只有“茄子”的字体颜色未被设置成紫色。

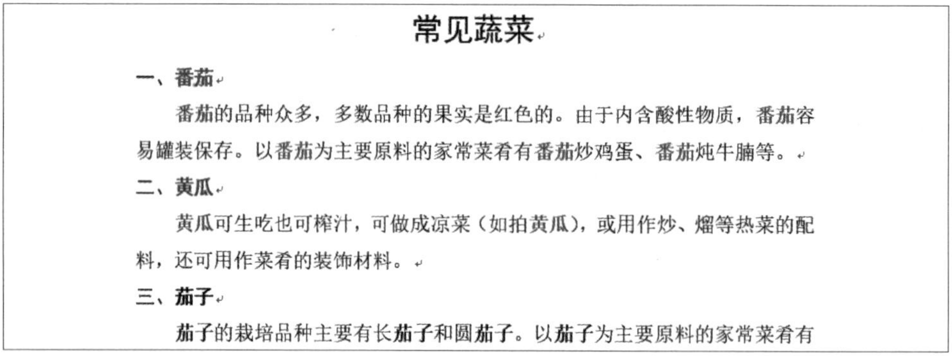

常见蔬菜

一、番茄

番茄的品种众多，多数品种的果实是红色的。由于内含酸性物质，番茄容易罐装保存。以番茄为主要原料的家常菜肴有番茄炒鸡蛋、番茄炖牛腩等。

二、黄瓜

黄瓜可生吃也可榨汁，可做成凉菜（如拍黄瓜），或用作炒、熘等热菜的配料，还可用作菜肴的装饰材料。

三、茄子

茄子的栽培品种主要有长**茄子**和圆**茄子**。以**茄子**为主要原料的家常菜肴有

图 8-25

步骤03 **反馈问题并修改代码**。将运行结果中存在的问题反馈给 DeepSeek。

我运行了代码，但是“茄子”没有被设置成紫色。

如果代码运行后“茄子”没有被设置成紫色，可能是因为 Word 中定义的“紫色”并不是 wdColorPurple，而是一个具体的 RGB 值。可以尝试使用以下代码将“茄子”设置为 RGB 值为“128、0、128”的紫色：

```
colors = Array(wdColorRed, wdColorGreen, RGB(128, 0, 128))'使用RGB值设置颜色
```

步骤04 **运行修改后的代码**。按照 DeepSeek 的回答修改代码并重新运行，效果如图 8-26 所示。可以看到达到了预期的目的，代码是正确的。

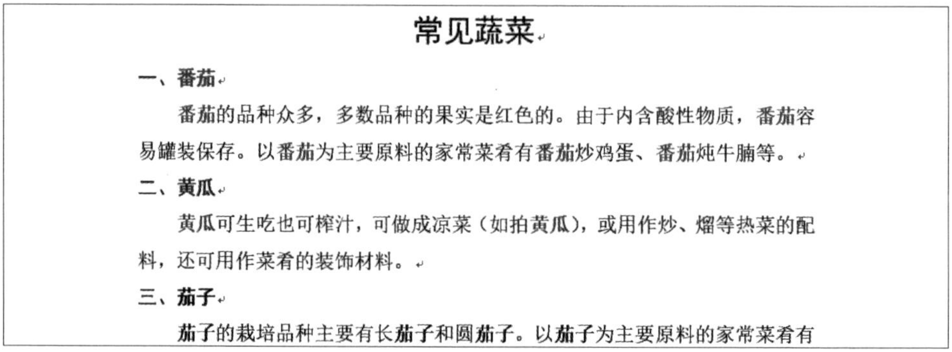

常见蔬菜

一、番茄

番茄的品种众多，多数品种的果实是红色的。由于内含酸性物质，番茄容易罐装保存。以番茄为主要原料的家常菜肴有番茄炒鸡蛋、番茄炖牛腩等。

二、黄瓜

黄瓜可生吃也可榨汁，可做成凉菜（如拍黄瓜），或用作炒、熘等热菜的配料，还可用作菜肴的装饰材料。

三、茄子

茄子的栽培品种主要有长**茄子**和圆**茄子**。以**茄子**为主要原料的家常菜肴有

图 8-26

第9章 AI 工具实战综合应用

本章将通过一个综合性较强的案例讲解如何结合使用多种 AI 工具来提高办公效率。案例的背景是一家化妆品公司要为一款新产品举办一场网络视频直播发布会，会前需要完成的主要准备工作如下。

- 撰写产品发布会预告；
- 制作产品的网店主图；
- 制作产品宣讲演示文稿；
- 制作演讲者备忘稿。

9.1 撰写产品发布会预告

产品发布会之前通常需要进行宣传和预热，本案例采用的主要形式是在品牌的微信公众号上发表发布会的预告。预告的内容可以用 DeepSeek 来生成。

步骤 01 **生成预告正文**。打开 DeepSeek，进行如下所示的对话。

××× 化妆品公司将于 2025 年 5 月 1 日 19 时举行新产品在线发布会，会议的主要内容是介绍新产品“百花纯露柔肤水”。请撰写一则发布会预告，邀请感兴趣的人士届时观看。

尊敬的各位朋友：

我们将于 2025 年 5 月 1 日晚上 7 点举行一场盛大的在线发布会，介绍即将推出的全新产品——“百花纯露柔肤水”！

这款柔肤水由 100% 纯植物提取，选用多种珍贵花卉提取物精心调配而成，具有深层滋养、补水保湿、修护肌肤等多重功效，能够帮助您拥有更加健康、柔嫩的肌肤。

届时，我们将会为大家详细介绍这款产品的研发历程、成分特点和使用效果，并邀请知名化妆品专家为大家解读和分享相关美容知识和护肤技巧。此外，还将有惊喜礼品和现场抽奖等活动等着大家！

在线发布会将于北京时间 2025 年 5 月 1 日晚上 7 点准时开始。我们邀请所有对美肤护肤有兴趣的人士点击下方链接预约参加，共同见证这一重要时刻！

[预约链接]

步骤 02 **修改预告正文**。DeepSeek 生成的预告正文初稿已经具备了比较完整的结构和内容，但由于我们提供给 DeepSeek 的信息比较少，初稿肯定还有不尽如人意的地方。我们可以继续要求 DeepSeek 进行修改，也可以自己进行润色，这里不再赘述。

步骤 03 **生成预告标题**。DeepSeek 没有为预告生成标题，因此，我们继续与它进行如下所示的对话。

请为这则预告撰写至少 5 个版本的标题，要求突出“纯植物提取”的核心卖点，带有梦幻的感情色彩，激发用户对产品的兴趣。

好的，以下是为这则预告撰写的 5 个版本的标题：

①【花香梦境】百花纯露柔肤水发布会，邀您共享纯植物滋养之旅！

②【花漾美肌】5 月 1 日，百花纯露柔肤水盛装而来！

③【瑰丽花海】品味纯植物精华，共享柔嫩肌肤，敬请参加新品发布会！

④【美丽花园】百花纯露柔肤水发布会，让您的肌肤沐浴在纯净花海之中！

⑤【梦幻花语】柔肤水即将上市，百花纯露为您诠释纯植物精华的美丽奇迹！

步骤 04　**修改预告标题**。DeepSeek 生成的 5 个标题各有优点和不足，我们可以继续要求 DeepSeek 修改，或者自行整合，最终得到满意的标题。

9.2　制作产品的网店主图

本案例使用 Pebblely 制作产品的网店主图。该工具的详细使用方法在 6.5 节已经讲解过，这里只简单叙述主要的操作过程。

在网页浏览器中打开 Pebblely 的页面，上传拍摄好的产品照片并去除图像背景，保存后选择背景主题，这里选择契合产品特性的“Flowers”主题，然后单击“GENERATE”按钮生成主图，如图 9-1 所示。

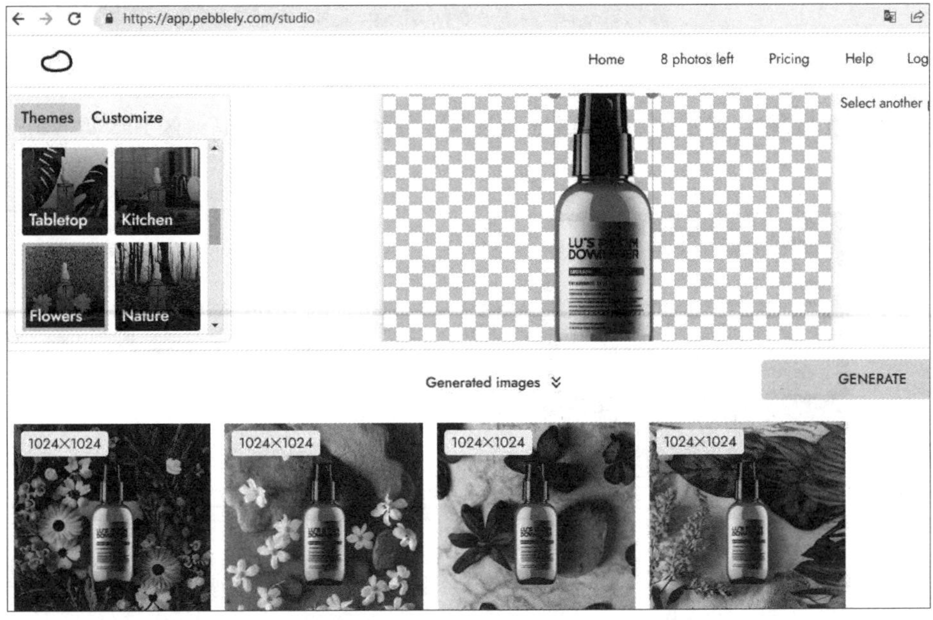

图 9-1

得到满意的主图后，将其下载下来，再使用 Photoshop 等图像处理软件进行添加文字等编辑操作即可。

9.3 制作产品宣讲演示文稿

本案例使用 ChatPPT 制作产品宣讲演示文稿。该工具的详细使用方法在 5.2 节已经讲解过，这里只简单叙述主要的操作过程。

步骤01 **输入主题**。启动 PowerPoint，在“Motion Go”选项卡下的“Motion 实验室”组中单击“ChatPPT”按钮，在指令框中输入“创建一款柔肤水的产品发布会宣讲演示”，如图 9-2 所示，然后按〈Enter〉键，开始创作演示文稿。

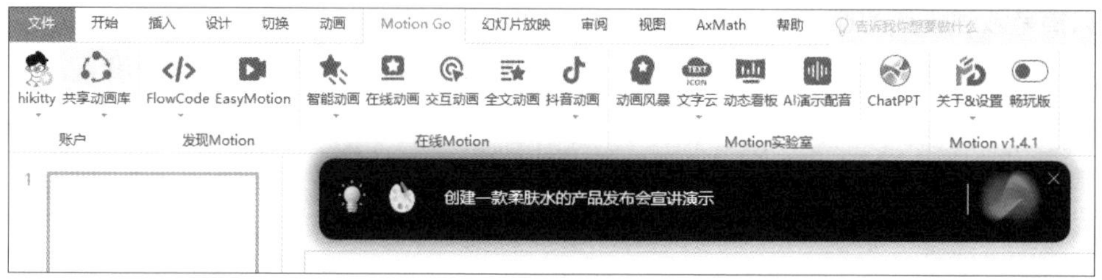

图 9-2

步骤02 **选择和编辑主题方案**。在生成的几个主题方案中选择一个满意的方案并进行适当编辑，如图 9-3 所示。

图 9-3

步骤03 **选择和编辑大纲方案**。在生成的几个大纲方案中选择一个满意的方案并进行适当编辑，如图 9-4 所示。

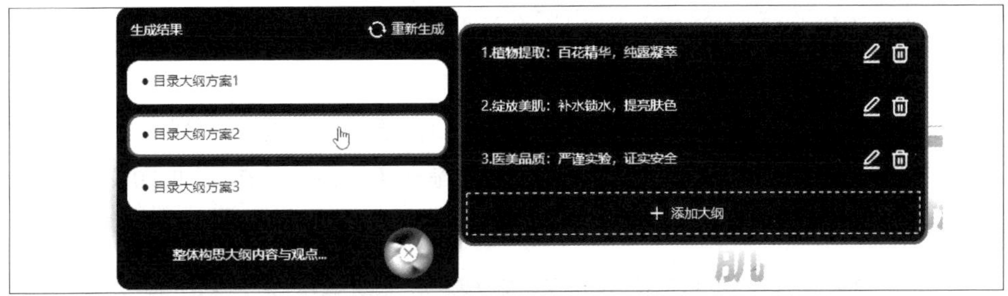

图 9-4

步骤 04　**选择内容丰富度**。随后选择内容丰富度为“普通”，生成的演示文稿效果如图 9-5 所示。

图 9-5

步骤 05　**进一步完善演示文稿**。ChatPPT 生成的演示文稿中肯定会有许多不尽如人意的地方，还需要进行人工修改。在修改过程中可以充分利用各种 AI 工具来提高效率。例如，利用 DeepSeek 将冗长的文字总结成简洁的要点，利用通义千问、Vega AI 等工具生成配图，利用 AIVA、Soundraw 等工具为演示文稿创作背景音乐。

9.4 制作演讲者备忘稿

在修改演示文稿的过程中，我们将部分幻灯片中需要进一步展开讲解的内容书写在了备注中。例如，图 9-6 所示的幻灯片备注中包含要详细介绍的各种花卉的护肤功效。下面使用 DeepSeek 编写 Python 代码，将所有备注导出成一个 Word 文档，以便打印出来使用。

图 9-6

步骤01 **生成代码**。打开 DeepSeek，进行如下所示的对话。

请帮我编写一段 Python 代码，从一个“.pptx”格式的演示文稿中提取每张幻灯片的序号和备注，并导出成 Word 文档。

要提取每张幻灯片的序号和备注，需要使用 Python 中的 python-pptx 模块。为了将提取的数据导出到 Word 文档中，还需要使用 Python 中的 python-docx 模块。

首先，我们需要安装这两个模块：

```
pip install python-pptx
pip install python-docx
```

接下来，我们可以编写下面的代码来提取序号和备注并将其导出到 Word 文档中：

```
from pptx import Presentation
from docx import Document

# 新建一个Word文档
document = Document()

# 打开演示文稿
file_path = "presentation.pptx"
pr = Presentation(file_path)

# 遍历所有幻灯片
for i, slide in enumerate(pr.slides):
    # 获取幻灯片备注
    notes_text = slide.notes_slide.notes_text_frame.text.strip()
    # 如果备注不为空
    if notes_text:
        # 获取幻灯片序号
        slide_number = i + 1
        # 将幻灯片序号和备注添加到Word文档中
        document.add_heading(f"Slide {slide_number}", level=1)
        document.add_paragraph(notes_text)

# 保存Word文档
output_file_path = "pptx_notes.docx"
document.save(output_file_path)
```

步骤 02 **运行代码**。先按照 DeepSeek 的提示安装所需的 Python 模块，然后创建代码文件，粘贴 DeepSeek 生成的代码并修改文件路径，再运行代码。代码运行完毕后，打开生成的 Word 文档，效果如图 9-7 所示。可以看到成功地提取了幻灯片的备注，但是中文文本的字体看起来不正常。

Slide 4

小苍兰：滋润皮肤、镇定神经、消除疲劳、促进睡眠。

金盏菊：增强肌肤的防御功能，抗氧化，舒缓镇静。

马鞭草：消炎，软化皮肤。

大马士革玫瑰：舒缓刺激，提升肤质，保湿锁水。

山茶花：抗氧化，阻挡紫外线，预防黄褐斑形成。

Slide 8

注意强调产品按照相关国家标准进行了严谨的安全性实验。

图 9-7

步骤 03 **将问题反馈给 DeepSeek**。返回 DeepSeek，通过追问反馈发现的问题，对话过程如下。

这段代码生成的 Word 文档的中文文本的字体看起来不正常，是什么原因呢？

这种情况通常是因为在使用 python-docx 模块创建 Word 文档时没有指定正确的字体，而默认的字体不支持中文字符集。解决这个问题的方法是，在创建 Word 文档对象时，指定一个支持中文字符集的字体，如“宋体”。可以使用以下代码替换第 5 行：

```
document = Document()
document.styles["Normal"].font.name = "宋体"
```

这样，创建的 Word 文档对象将使用“宋体”来显示正文内容，从而避免中文字符集出现乱码或字体异常的问题。

步骤 04 **修改和运行代码**。按照 DeepSeek 的回答修改代码并再次运行，打开生成的 Word 文档，发现字体效果并没有改变。选中部分文字后打开“字体”对话框，发现代码只将“西文字体”设置成了“宋体”，如图 9-8 所示。

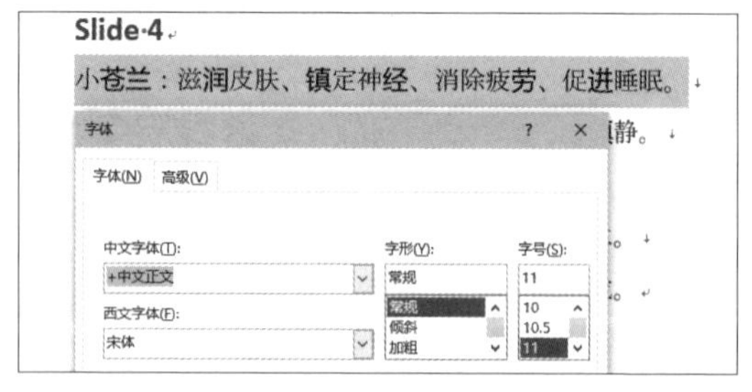

图 9-8

步骤 05 **再次反馈问题**。返回 DeepSeek，通过追问反馈新的问题，对话过程如下。

上面所说的方法只能设置文本的“西文字体”，不能设置文本的“中文字体”。我想设置 Word 文档的默认正文字体，其中“中文字体”为“宋体”，“西文字体”为“Times New Roman”。

抱歉，我的回答不够准确。在 python-docx 模块中，要设置中文字体，需要使用基于 OpenXML 的扩展包。可以使用以下代码分别设置中文字体和西文字体：

```
from docx import Document
from docx.oxml.ns import qn

# 新建一个Word文档
document = Document()

# 设置中文字体和西文字体
document.styles["Normal"].font.name = "Times New Roman"
document.styles["Normal"]._element.rPr.rFonts.set(qn("w:eastA-
sia"), "宋体")
```

在上述代码中，qn("w:eastAsia") 表示对中文字符的字体进行设置。这样，Word 文档中就可以正确地显示中文字符了。

步骤 06 **再次修改代码**。按照 DeepSeek 的回答修改代码，修改后的代码如下：

```
from pptx import Presentation
from docx import Document
from docx.oxml.ns import qn

# 新建一个Word文档
document = Document()

# 设置正文字体
document.styles["Normal"].font.name = "Times New Roman"
document.styles["Normal"]._element.rPr.rFonts.set(qn("w:eastA-
```

```
sia"), "宋体")

# 打开演示文稿
file_path = "presentation.pptx"
pr = Presentation(file_path)

# 遍历所有幻灯片
for i, slide in enumerate(pr.slides):
    # 获取幻灯片备注
    notes_text = slide.notes_slide.notes_text_frame.text.strip()
    # 如果备注不为空
    if notes_text:
        # 获取幻灯片编号
        slide_number = i + 1
        # 将幻灯片编号和备注添加到Word文档中
        document.add_heading(f"Slide {slide_number}", level=1)
        document.add_paragraph(notes_text)

# 保存Word文档
output_file_path = "pptx_notes.docx"
document.save(output_file_path)
```

步骤07 **再次运行代码**。运行修改后的代码，打开生成的 Word 文档，发现字体效果恢复正常。选中部分文字后打开“字体”对话框进行验证，如图 9-9 所示。

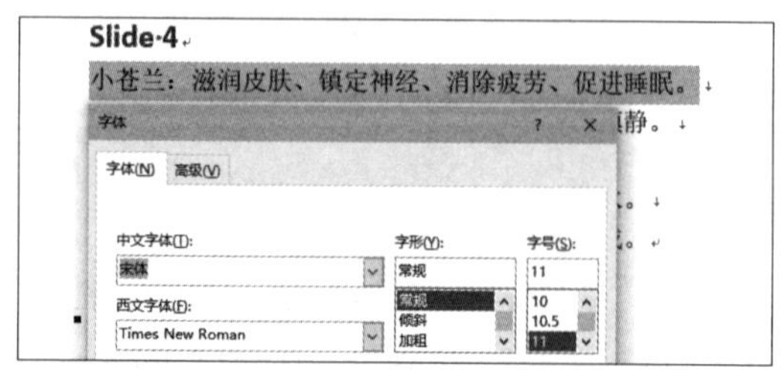

图 9-9

附录

智能体的基础知识

简单来说，智能体是一种能够自主代表用户执行任务的系统，它基于通用模型（通常是大语言模型）进行任务理解、分步推理和工作流程规划，并动态调用知识和工具扩展自身的能力，从而实现目标。可以把智能体想象成一位智能管家：它不需要主人手把手指挥，就能主动分析任务目标并规划步骤，协调使用所需的知识和工具完成任务。例如，主人要外出就餐，智能体会自动查询主人的日程安排并选择合适的时间，然后访问餐馆的网站并预订座位，再根据主人的口味偏好和健康情况点菜，如图附 -1 所示。

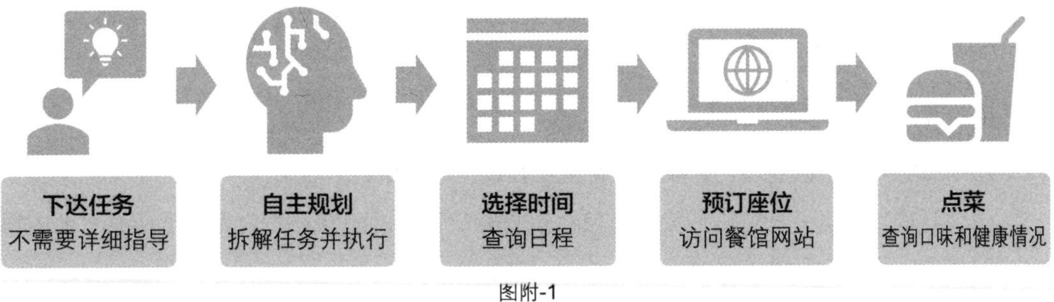

图附-1

1. 智能体与通用模型的区别

智能体与通用模型的区别主要体现在以下几个方面：

（1）工作主动性：通用模型仅在用户明确提问时给出答案，无法主动推动任务进展。智能体则能主动理解用户需求，并自主规划步骤，完成任务。例如，用户问“哪里有好吃的餐厅”，通用模型可能只会给出餐厅列表，而智能体还会进一步帮助预订。

（2）工具运用能力：通用模型通常仅提供文本或图像输出，无法直接调用外部工具。智能体则能调用多种外部工具（如 API、数据库、第三方服务）完成复杂的任务。

（3）记忆能力：通用模型缺乏记忆能力，与用户的每次对话是独立的，无法保留上下文信息。智能体则能通过知识库或数据库存储用户的个性化数据或之前的对话内容，从而在不同的对话中保持对用户需求的连贯理解。

（4）个性化服务能力：通用模型通常基于通用的训练数据生成标准化答案，难以针对个体差异提供定制化服务。智能体则能基于知识库或所记忆的用户数据，逐渐学习和适应用户的习惯和偏好，为用户提供个性化服务。

上述对比的总结见表附 -1。

表附 -1

比较维度	通用模型	智能体
工作主动性	被动响应，等待指令	预测需求，主动规划
工具运用能力	无法直接调用外部工具	能调用多种工具完成复杂任务
记忆能力	无记忆，每次对话独立	记忆用户历史，跨会话连贯
个性化服务能力	标准化输出，缺乏个性化	持续学习用户偏好，提供定制化服务

2. 智能体的适配场景

从前面的对比可以看出，智能体适合应用在以下场景中：

（1）开放性任务：任务执行者需要自己规划完成任务的步骤，因为无法把所有可能的解决方式都预先固定在工作流程中。

（2）多步骤流程：任务复杂度较高，不可能一步完成，任务执行者需要在多个步骤中借助工具或专业知识才能达到目的。

（3）持续改进能力：任务执行者需要通过接收来自环境或用户的反馈不断提升自身能力，从而更好地满足用户需求。

由此可见，智能体特别适合用于提升办公效率。它能够整合多种外部工具以优化工作流程，通过分析数据提供相应报告，动态调整工作策略以适应不同的项目需求，从而显著提升工作效率与决策质量。